冷 作 工

主　编　杨成柱
副主编　刘发强
参　编　李洪波　吴从跃　范　宁

机 械 工 业 出 版 社

本书按金属结构的主要形式和冷作工艺的主要内容进行编写，包括基础篇、薄板篇、厚板篇、型材篇和拓展篇五大模块，将冷作工的基础知识与冷作技术进行有机融合，做了较为系统的介绍。本书理论与实践相结合，全面反映工程机械冷作技术，侧重应用性，能够培养学生观察问题、分析问题和解决问题的能力。

本书可作为技工院校、职业院校的教材，也可供相关技术人员参考。

图书在版编目（CIP）数据

冷作工/杨成柱主编. —北京：机械工业出版社，2023. 1
ISBN 978-7-111-72272-4

Ⅰ. ①冷…　Ⅱ. ①杨…　Ⅲ. ①冷加工-教材　Ⅳ. ①TG386

中国国家版本馆 CIP 数据核字（2023）第 010662 号

机械工业出版社（北京市百万庄大街 22 号　邮政编码 100037）
策划编辑：侯宪国　　责任编辑：侯宪国　王　良
责任校对：潘　蕊　邵鹤丽　　责任印制：邓　博
北京盛通商印快线网络科技有限公司印刷
2023 年 6 月第 1 版第 1 次印刷
184mm×260mm · 15 印张 · 367 千字
标准书号：ISBN 978-7-111-72272-4
定价：49. 80 元

电话服务　　网络服务
客服电话：010-88361066　　机　工　官　网：www. cmpbook. com
010-88379833　　机　工　官　博：weibo. com/cmp1952
010-68326294　　金　书　网：www. golden-book. com
封底无防伪标均为盗版　　机工教育服务网：www. cmpedu. com

前　言

随着一体化教学的不断推进、“新型学徒制”人才培养模式的开展，以及校企合作潜力的挖掘，培养“到企业就能用，一用就成功”的合格人才，逐渐成为技术教育的潮流，而且对人才的理论和实践的结合性要求也越来越高。冷作工是工程机械制造行业的主要工种之一，在产品制造的各工种中占有相当大的比例，而冷作技术又由许多自成体系的技术综合而成，要求学生要有较为广泛的理论知识和过硬的操作技能。为此，我们结合生产实际编写了本书。

本书是任务驱动型教材，每个任务既独立成章又密切相连，以企业按图样、按工艺、按标准的“三按”生产要求为主导，按金属结构的主要形式和冷作工艺的主要内容进行编写，包括基础篇、薄板篇、厚板篇、型材篇和拓展篇五大模块，将冷作工的基础知识与冷作技术有机融合、理论与实践相结合，全面反映工程机械冷作技术，侧重应用性，培养学生观察问题、分析问题和解决问题的能力，适用于工程机械冷作工一体化实习教学。

本书由徐工技师学院杨成柱任主编，刘发强任副主编，参加编写的还有李洪波、范宁、吴从跃。本书可作为职业院校冷作工专业技能实训教学用书，也可作为企业在岗工人自学或上岗前培训用书。

本书在编写过程中得到徐工技师学院的陈逗逗、纵泽天等老师提供了大力支持与帮助，在此表示感谢！

由于编者水平有限，书中难免有疏漏错误之处，敬请读者批评指正。

编　者

目　录

模块一　基 础 篇

任务一　安 全 教 育

一、任务描述

安全在任何一个领域都无处不在，没有安全做保证，无论哪种工作都将是不能成功的，甚至是徒劳的。因此，不管哪种工作在未开始实施之前都必须考虑安全的重要性以及忽视安全所应付出的代价。安全是促进各项工作顺利开展的有力保障，是创建安全文明校园的基础工作。对学生进行学前安全教育，旨在培养学生的安全意识，只有提高学生的安全意识，才能使学生在以后的学习与实习中注重安全，确保各项工作的顺利进行。同时，安全也是构建社会和学校和谐的需要，提高学生的安全意识和防范技能将会起到维护安全和稳定的积极作用。

冷作工实习场地的安全注意事项主要包括劳保用品穿戴、安全操作规程、现场管理、安全用电常识等。

二、学习目标

1. 通过相关安全知识的学习，树立安全生产的意识，让安全警钟长鸣，并按规定穿戴劳保用品。
2. 了解安全操作规程的重要性。
3. 了解现场管理的内容和意义。
4. 了解安全用电常识的内容。

三、安全相关知识

安全是企业的生命，安全文明生产是指在生产过程中自觉遵守安全操作规程和生产管理制度，使生产在安全、高效的状态下有条不紊地进行。安全促进生产，生产必须安全，安全文明生产的有效贯彻执行，将充分体现出企业良好的职业道德氛围和良好的动态生产管理状态。

1. 劳保用品穿戴

（1）安全帽（图 1-1）　当作业人员受到高处坠落物、硬质物体的冲击或挤压时，安全帽可以减少冲击力，消除或减轻物体对人体头部的伤害。在冲击过程中，从坠落物接触头部开始的瞬间，到坠落物离开帽壳，安全帽的各个部件（帽壳、帽衬、插口、拴绳、缓冲垫等）首先将冲击力分解，然后通过各个部分的变形作用将大部分冲击力吸收，使最终作用在人体头部的冲击力减弱，从而起到保护作用。

（2）工作服（图 1-2） 工作服是企业员工精神面貌的最好体现，它可树立和提升企业形象，彰显企业文化，增强企业的凝聚力，规范员工的行为，提高工作效率。就安全而言，工作服可有效地防止飞溅物对人的伤害，避免磕碰划伤以有效地保护人的皮肤。

（3）防护镜（图 1-3） 防护镜俗称劳保眼镜，它主要是保护人的眼睛免受紫外线、红外线和微波等电磁波的辐射，防止粉尘、金属颗粒以及化学溶液等溅射的损伤等。

图 1-1 安全帽

图 1-2 工作服

图 1-3 防护镜

（4）耳塞（图 1-4） 耳塞的作用是防止外部噪声对人体所造成的危害，因而戴耳塞是工作中必不可少的一项防护措施。尤其是冷作工的生产现场，机器的轰鸣声、钢板的锤击声相对较大，所以冷作工在工作现场必须佩戴耳塞。

（5）口罩（图 1-5） 口罩是呼吸防护用品，它可有效地阻止外部的烟雾、粉尘、有害气体等通过口腔、呼吸道对人体的肺脏所造成的危害，由于钢结构生产现场的烟雾、粉尘相对较大，选择和佩戴合适的口罩尤为重要。冷作工最常佩戴的口罩有纱布口罩和防尘口罩，后者的防尘效果更佳。

（6）手套（图 1-6） 冷作工常用的手套为帆布手套或线手套。顾名思义，手套的作用就是保护人的手部避免遭受外部物品的伤及。金属结构及其零部件的棱边、割瘤、毛刺的存在，使手部在工作和搬运工件过程中稍不注意就会被划伤，戴上手套就可有效地防止划伤的发生，所以冷作工在工作中必须戴手套。但如果操作旋转机床则不得戴手套，以防铁屑缠绕手套将手和手臂卷入旋转机床。在使用大锤时也不得戴手套，以防锤柄从手中滑脱。

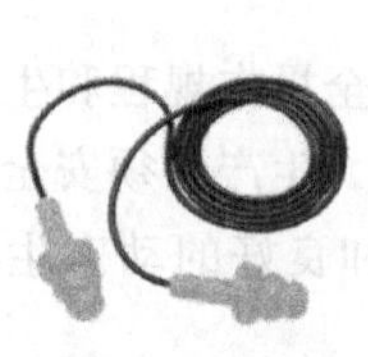

图 1-4 耳塞

图 1-5 口罩

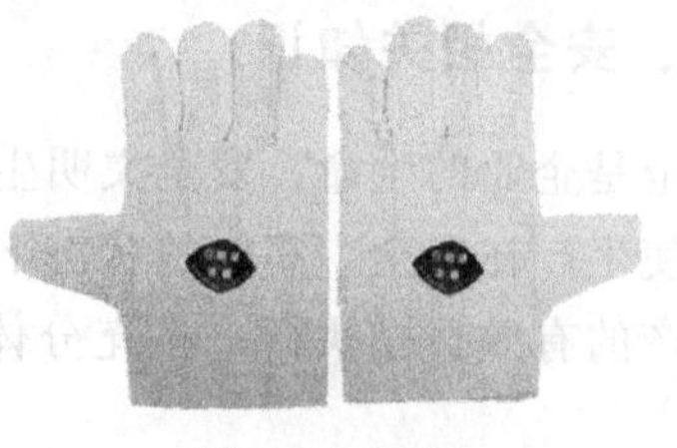

图 1-6 手套

（7）劳保鞋（图 1-7） 劳保鞋是一种对足部有安全防护作用的鞋。劳保鞋的种类有很多，如保护足趾、防刺穿、绝缘、耐酸碱等的劳保鞋。劳保鞋应根据工作环境的危害性质和危害程度进行选用。冷作工常用的劳保鞋是钢包头劳保鞋，它在一定程度上能有效地防止外物在冲击力作用下伤及人的脚和脚趾。

图 1-7　劳保鞋

2. 安全操作规程

为了确保设备和人身安全，企业对所有的设备都制订了相应的安全操作规程。安全操作规程规范了人们操作设备的行为和操作程序，使生产在安全、高效的状态下有条不紊地进行，它的有效贯彻执行，将充分体现出企业良好的动态生产管理水平。作为一个设备操作者，在操作设备之前，都应熟知设备的安全操作规程，严格按其去精心使用和维护保养设备，否则将可能造成人身伤亡事故和设备事故，后果不堪设想。

3. 现场管理

现场管理是指为实现现场高效、有序、均衡、和谐运行所进行的计划、组织、指挥、协调、控制和改进的活动，其目的就是提升企业形象，营造舒适的工作环境，有效地促进安全生产。现场文明生产是现场管理的重要组成部分，推行现场“5S”管理，是现场管理的一项重要举措，其内容如下：

（1）整理（Seiri），区分必需和不必需。

（2）整顿（Seiton），分类摆放。

（3）清扫（Seiso），没有垃圾和脏乱现象。

（4）清洁（Seiketsu），保持洁净和卫生。

（5）素养（Shitsuke），养成良好的习惯。

现场管理“16 字”方针是当今企业不断提高其管理水平的又一新的举措，对生产现场的物料摆放提出了更高的要求，其内容是：

正南正北、正东正西、同物同向、标识清晰。

4. 安全用电常识

电是各种设备、电动工具运行的能源，人在工作中要操作这些设备和使用电动工具，如果不严格遵守设备安全操作规程，就有可能造成触电等事故。

人体接触或靠近带电体所引起的人体内部或局部受伤现象称为触电。电对人体的伤害有电击和电伤两种。电击是指电流对人体内部的伤害，由于它是电流流过人体所引起的，因而对人体的伤害很大，也是最危险的触电事故。而电伤则是指人体外部受伤，如电弧灼伤、与带电体接触的皮肤红肿以及在大电流下熔化而飞溅出的金属对皮肤的烧伤等。

人体的皮肤潮湿、多汗，沾有水或带有导电粉尘时，均会降低人体电阻；人体与导电体的接触压力加大，也会使人体的电阻下降，于是在相同电压的条件下，流过人体的电流就会增加，触电的危险性也就会增大。

安全用电的原则是不接触低压带电体，不靠近高压带电体。安全用电的措施如下：

1）相线必须接入开关。

2）合理选择照明电压。

3）合理选择导线和熔体。

4）电气设备要有一定的绝缘电阻。

5）电气设备安装要正确。

6）采用各种保护用具。

7）正确使用移动电动工具。

8）正确实施电气设备的保护接地和保护接零。

任务二　冷作工基础概述

一、任务描述

冷作工是工程机械制造业中的主要工种之一，也是工程机械产品制造过程中的先行工种。为了适应一体化教学，适应企业的生产，更好地发挥冷作工工种的能动作用，了解冷作工的相关理论知识至关重要。本任务将讲述冷作工的相关概念、金属结构的形式及连接方式、金属结构的特点等相关知识，剖析冷作工的工艺内容。

二、学习目标

1）通过冷作工相关基础知识的学习，了解其概念，对金属结构产生感性认识。

2）在老师的引导下，了解冷作工的工艺内容及金属结构的连接方式。

3）通过生产现场参观和工程机械产品观摩，能辨识相关冲压设备和金属结构的形式。

三、相关知识

1. 冷作工艺与冷作工

将金属板材、型材及管材，在不改变其断面特征的情况下，加工成各种金属结构制品的综合工艺称为冷作工艺。

从事冷作工艺的工人称为冷作工。冷作工是铆工和钣金工的统称，俗称钢裁缝，企业工人习惯叫铆工。冷作工是工程机械制造业中的主要工种之一。冷作技术是由许多自成体系的技术综合而成，综合性很强。

2. 金属结构的种类和主要形式

金属结构按所使用的材料不同可分为钢结构、非铁金属结构和混合结构。其中，钢结构数量较多。金属结构的主要形式有桁架结构、容器结构、箱体结构和一般结构。

（1）桁架结构　以型材为主体制造的金属结构，如起重机的副臂、履带起重机的吊臂等。桁架结构如图 1-8 所示。

a) 起重机的副臂

b) 履带起重机的吊臂

图 1-8　桁架结构

(2) 容器结构　以板材为主体制造的金属结构，如储气罐、锅炉等，如图 1-9 所示。

(3) 箱体结构和一般结构　箱体结构和一般结构都是以板材和型材混合制造的金属结构，如起重机的吊臂，挖掘机的动臂、斗杆和挖斗等。箱体结构的显著特点就是它的横断面一定是封闭的箱形。图 1-10 所示为箱体结构，图 1-11 所示为一般结构。

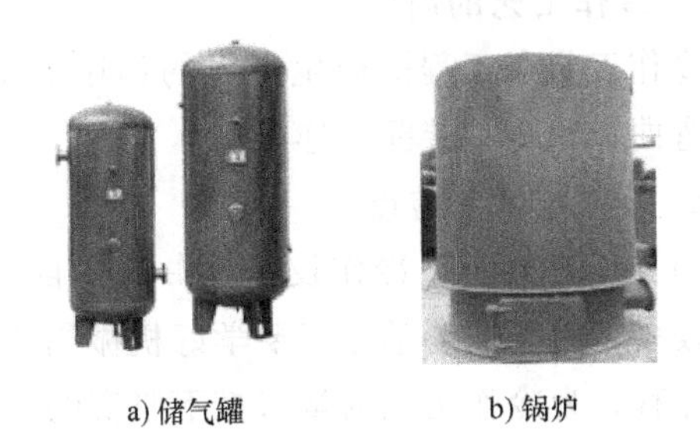

a) 储气罐　　b) 锅炉

图 1-9　容器结构

a) 起重机的吊臂

b) 挖掘机的动臂、斗杆

图 1-10　箱体结构

3. 金属结构的连接方式

金属结构的连接方式有焊接、铆接、螺栓连接和胀接。金属结构的连接形式如图 1-12 所示。其中采用焊接的金属结构越来越多，而铆接的金属结构日趋减少，但不会完全被取代。

图 1-11　一般结构

4. 金属结构的特点

采用金属结构的产品具有较高的强度和刚度，其结构设计灵活，在结构的不同部位根据其受力和工作情况可选用不同强度和具有不同耐磨、耐蚀、耐高温等性能的材料，各部位厚度可以相差很大，产品制造所用设备简单，生产周期短，切削加工量小，材料损耗少，生产成本低。因而金属结构制品在工程机械领域得到广泛应用，被人们誉为是工程机械的躯体和铁骨脊梁。

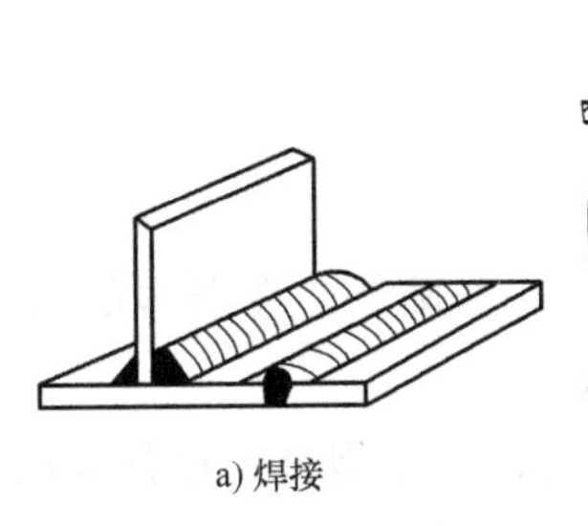

a) 焊接

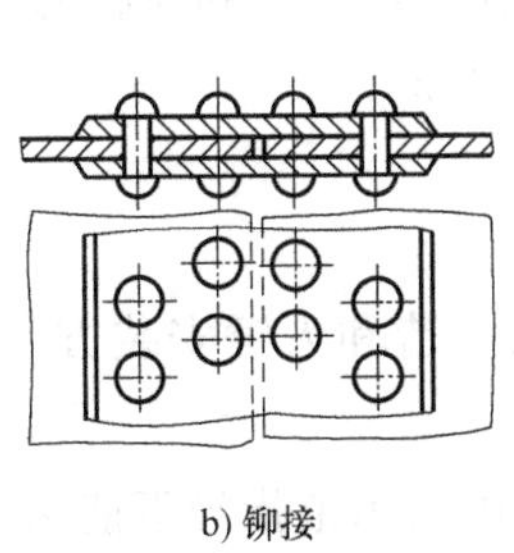

b) 铆接

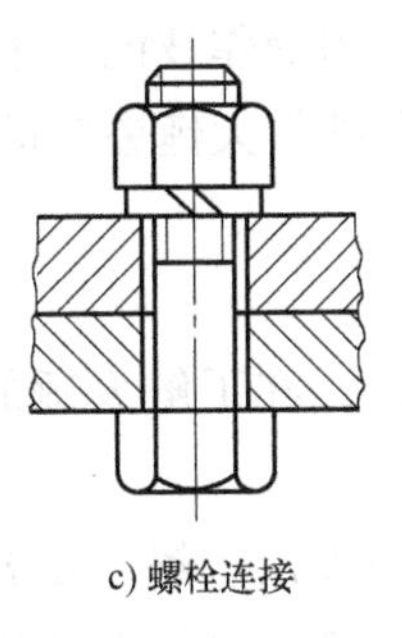

c) 螺栓连接

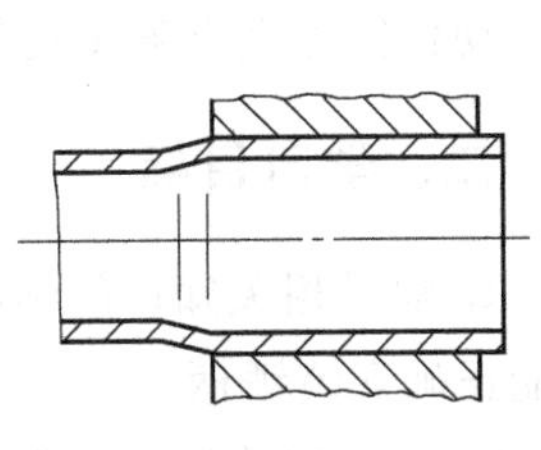

d) 胀接

图 1-12　金属结构的连接形式

5. 冷作工艺的内容

冷作工艺在工程机械生产中的作用非常明显，它的主要内容有矫正、放样、号料、下料、弯曲、冲压、装配、连接等。

6. 冷作技术的特点

（1）综合性强　冷作技术是由许多自成体系的技术综合而成的，综合性强。它包含的工序较多，因而需要学习者要学好机械制图、公差配合、机械基础、金属材料、工程力学等基础课程，为冷作工艺的学习打下坚实的基础。此外，冷作工还要对焊工、钳工、起重工等相关工种有所了解。

（2）集体配合性强　冷作工在实际的工作中，多数是2人以上的群体作业，如零部件的矫正、大型零件的弯曲；结构件的拼点装配以及整形等工序，因而集体作业观念、团队协作、默契配合等至关重要，既要当好指挥官，又要服从命令、听从指挥，既能当好主操作，又能当好副操作，以锤炼自己组织作业生产的能力。

（3）劳动强度大　虽然现代生产的机械化程度在不断提高，但与车、铣、刨、磨等工种相比较，冷作工的劳动强度相对还是较大，在各个工序中手工操作仍然占有很大的比例，加之结构件的体积较大，作业面积广等，因而需要冷作工要有强壮的体质，同时要在具有一定专业理论的基础上，在工作中大力开展技术革新和技术改造，以提高生产效率、减轻劳动强度。

（4）安全问题突出　由于冷作工工作性质所在，不安全的因素也就较多。因此，必须搞好安全生产，让安全的警钟长鸣，遵守操作规程，遵章作业，杜绝设备、人身安全事故的发生。

随着科学技术的发展，先进的工艺和设备将会给冷作工带来福音，同时也需要冷作工不断学习新技术、新工艺，以适应和满足生产的需要。

任务三　基本功训练

一、任务描述

打大锤是冷作工的一项基本功，它不仅在手工操作中能发挥很大作用，而且在机械化作业中也常用它来完成一些辅助工作。作为冷作工，必须熟练掌握打大锤技术，以适应企业生产实际的需要，彰显其独特的操作技能。本任务从工具和器材的了解入手，以把握打大锤的标准动作作为重点来实施各种打大锤姿势的训练。

二、学习目标

1. 通过相关知识的学习，在了解大锤的构造和大锤安装方法的基础上，在老师的指导下能正确安装锤柄。

2. 通过相关标准动作的理论了解，在老师的示范指导下能按标准动作抱打、抡打大锤。

3. 基于能按标准动作抱打、抡打大锤的基础，在老师的指导下，能俩人默契配合抱打、抡打大锤。

三、相关知识

1. 训练场地及器材

（1）场地　冷作工打大锤训练，是在训练场地安置锤桩，以大锤击打锤桩来练习打大锤技术。训练场地应宽阔、平整，场地中不应有任何妨碍训练的杂物，各锤桩间间距至少为5m。

（2）大锤　冷作工用大锤如图1-13所示。训练时可视操作者体力情况选质量为3.6kg或质量为2.7 kg的锤头。

（3）锤桩　锤桩由一合适直径的钢棒镶入钢板制作的底座构成。锤桩如图1-14所示。锤桩的高度最好与训练者的身高相适应，一般以800~1000mm为宜。

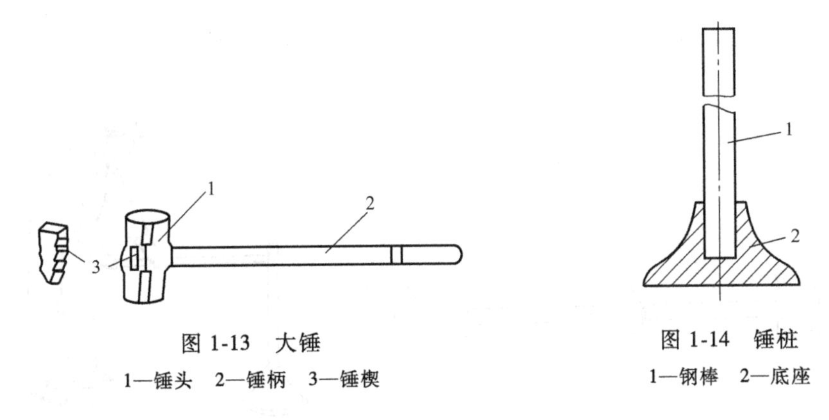

图1-13　大锤

1—锤头　2—锤柄　3—锤楔

图1-14　锤桩

1—钢棒　2—底座

在正式训练前，要学会安装锤柄。选择锤头时，主要看其孔眼是否端正，大小是否适宜。选择锤柄时，既要看它整体是否平直，还要看它的木纹是直的还是斜的，斜向木纹的锤柄因其受震易断，不宜选用。锤柄的长度一般为900~1000mm。

选择好锤头、锤柄后，用斧子将锤柄较粗的一端的一段（与锤头孔眼的深度相似），砍削成与锤头孔眼相适应的形状和尺寸，然后将锤柄紧密打入锤头的孔眼，并在装入锤头孔眼的锤柄端头钉入一两枚楔钉，使两者结合更牢固。

2. 抱打大锤

（1）抱打大锤的概念　所谓抱打大锤，是指用大锤击打工件后，再沿落锤运动轨迹将大锤举起的打锤方法。

（2）抱打大锤的动作要领及要求

1）预备。抱打大锤的预备姿势如图1-15所示。操作者面对锤桩站立，与锤桩间的距离和锤柄长度相等，左脚后撤半步，两脚成外八字自然开立，张开角度为40°~60°；左手握住锤柄的后端，右手握在锤柄的中间，两手的距离为300~500mm，将锤头正置于锤桩上，腰身自然下弯，双膝微屈。

2）起锤。抱打大锤的起锤姿势如图1-16所示。腰身挺起，双腿站直，带动双臂将锤举起，身体向右后方扭转，使左肩对着锤桩，两手握锤柄随腰身的扭转尽量后送，两眼正视锤桩。

3）落锤。舒展的腰肢回收，与双臂同时发力带动大锤下落，击打锤桩，整个锤面必须与锤桩被击打面接触（保证将来以大锤击打工件时落锤平稳，不损伤工件表面）。落锤后的

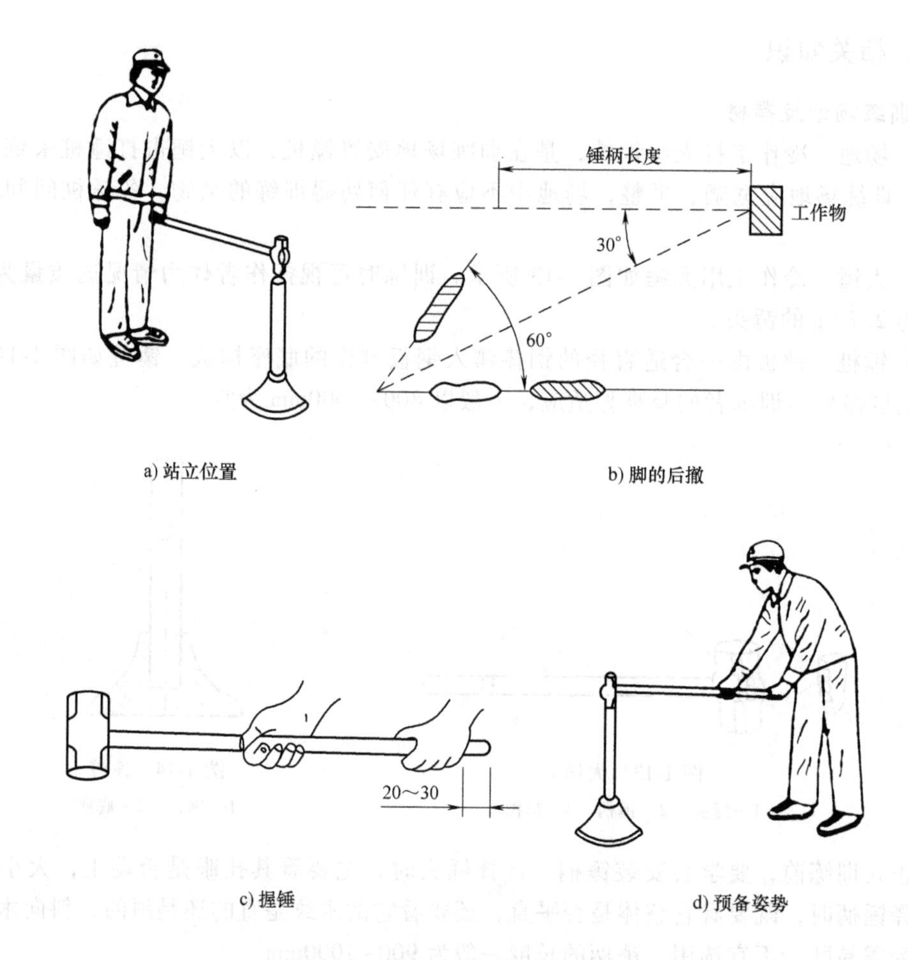

a) 站立位置　　b) 脚的后撤

c) 握锤　　d) 预备姿势

图 1-15　抱打大锤的预备姿势

姿势与预备姿势相同，如图 1-15d 所示。

4）要求。上述动作分解训练后，便可将其连贯起来练习，其连续动作如图 1-17 所示。整套动作应达到身体站立稳定、锤击点准确、落锤有力的要求。

抱打大锤技术是其他打锤方法的基础，应适当增加训练时间，并注意及时纠正错误动作，使技术动作正确定型。

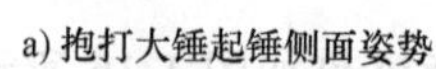

a) 抱打大锤起锤侧面姿势　　b) 抱打大锤起锤正面姿势

图 1-16　抱打大锤的起锤姿势

3. 抡打大锤

（1）抡打大锤的概念　所谓抡打大锤是指在打锤时大锤起落的运动轨迹绕肩关节形成封闭曲线的打锤方法。抡打大锤分为竖向抡打大锤和横向抡打大锤。

图 1-17　抱打大锤连续动作

（2）竖向抡打大锤的动作要领

1）竖向抡打大锤的概念。所谓竖向抡打大锤是指锤头自上而下运动的抡打大锤方法。

2）动作要领。

① 预备。两脚站立位置与抱打大锤时正好相反，左脚在前、右脚在后，略成外八字自然开立，握锤方法和身体姿势与抱打大锤相同。竖向抡打大锤预备姿势如图 1-18 所示。

② 起锤。两手握锤自然下垂（以求省力）靠近身体右侧，以右肩关节为轴将锤从前下方送到身后上方，直至举起。竖向抡打大锤起锤姿势如图 1-19 所示。

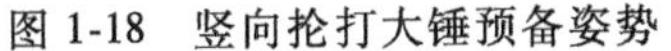

图 1-18　竖向抡打大锤预备姿势

图 1-19　竖向抡打大锤起锤姿势

③ 落锤。除两脚前后位置与抱打大锤有别外，其他动作及其要求与抱打大锤基本相同。

（3）横向抡打大锤的动作要领

1）横向抡打大锤的概念。所谓横向抡打大锤是指大锤横向击打工作物的抡打方法。进行横向抡打大锤训练，要预先将锤桩横向固定。

2）动作要领。

① 预备。横向抡打大锤的预备姿势如图 1-20 所示。站在锤桩的一侧，双脚略呈外八字自然开立，两脚分开角度及两脚与锤桩的相对位置如图 1-21 所示。双腿微屈，腰身稍躬，双手握锤柄使锤头正抵锤桩，站立位置应远近适宜。

② 起锤。身体起立，带动双臂握锤贴着身体外侧，将锤从下方送至身后上方举起。举锤姿势与竖向抡打大锤基本相同，横向抡打大锤起锤姿势如图 1-22 所示。

③ 落锤。屈腿收腰身体回转，同时右臂下沉使大锤成横扫之势，腰、腿、手臂共同用力于锤去打锤桩。锤的下落轨迹后段应与锤桩几乎成一直线。横向抡打大锤落锤姿势如图 1-23 所示。

图 1-20 横向抡打大锤预备姿势

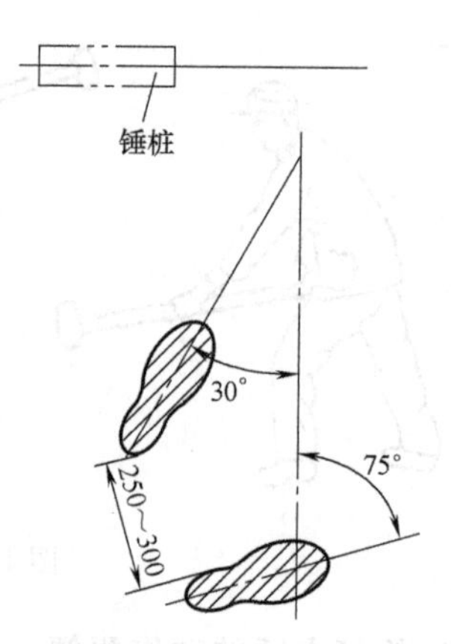

图 1-21 横向抡打大锤两脚分开角度及两脚与锤桩的相对位置

图 1-22 横向抡打大锤起锤姿势

图 1-23 横向抡打大锤落锤姿势

四、任务实施

1. 训练准备

（1）人员分组　一般 5~10 人为一组，并选举组长一名，负责小组训练器材的领用与回收摆放、人员的组织、秩序的维护及安全保障等工作。

（2）领取训练器材　大锤 1 把、锤桩 1 个、橡胶垫一块。

2. 抱打大锤训练

一人出列训练，其余人员在锤桩的左侧站成一列进行观摩，并相互纠正训练过程中的不规范动作。

（1）站立位置练习　集中练习。老师示范，学生观摩并进行反复练习。

（2）预备姿势练习　老师示范，学生观摩后按小组轮番进行反复练习。

（3）起锤练习　老师示范，学生观摩后按小组轮番进行反复练习。

（4）落锤练习　老师示范，学生观摩后按小组轮番进行反复练习。

（5）连续动作训练　老师示范，学生观摩后按小组轮番进行反复练习，每个人以连续击打 3 次锤桩为宜。中途若有打空、锤桩倾倒等失败动作，则必须从头开始训练。

（6）两人配合抱打大锤训练　两人面对锤桩站立，两人的相对位置角度为 90°。小组内人员自由组合，轮番进行训练，以每个人连续击打 3 次锤桩为宜。训练时，两人配合一定要默契（打锤前要事先定好谁先起锤），切记安全。

3. 竖向抡打大锤训练

一人出列训练，其余人员在锤桩的左侧站成一列进行观摩，并相互纠正训练过程中的不规范动作。

（1）站立位置练习　老师示范，学生观摩并进行反复练习。

（2）预备姿势练习　老师示范，学生观摩按小组轮番进行反复练习。

（3）起锤练习　老师示范，学生观摩按小组轮番进行反复练习。

（4）落锤练习　老师示范，学生观摩按小组轮番进行反复练习。

（5）连续动作训练　老师示范，学生观摩后按小组轮番进行反复练习，每个人以连续击打3次锤桩为宜。中途若有打空、锤桩倾倒等失败动作，则必须从头开始训练。

（6）两人配合抡打大锤训练　两人面对锤桩站立，两人的相对位置角度为90°。小组内人员自由组合，轮番进行训练，以每个人连续击打3次锤桩为宜。训练时，两人配合一定要默契（打锤前要事先定好谁先起锤），切记安全。

4. 横向抡打大锤训练

将锤桩横置固定，一人出队训练，其余人员在训练者的前面站成一排进行观摩，并相互纠正训练过程中的不规范动作。

（1）站立位置练习　老师示范，学生观摩并进行反复练习。

（2）预备姿势练习　老师示范，学生观摩按小组轮番进行反复练习。

（3）起锤练习　老师示范，学生观摩按小组轮番进行反复练习。

（4）落锤练习　老师示范，学生观摩按小组轮番进行反复练习。

（5）连续动作训练　老师示范，学生观摩后按小组轮番进行反复练习，每个人以连续击打3次锤桩为宜。中途若有打空、锤桩倾倒等失败动作，则必须从头开始训练。

五、操作技能评定

打大锤操作技能评定见表1-1。

表1-1　打大锤操作技能评定

考核项目	考核内容	考核要求	分值	评分标准	扣分
操作技能	抱打大锤	1. 站位符合规定要求	5	根据符合程度适当扣分	
		2. 预备姿势符合规定要求	5	根据符合程度适当扣分	
		3. 起锤姿势符合规定要求	5	根据符合程度适当扣分	
		4. 落锤姿势符合规定要求	5	根据符合程度适当扣分	
		5. 动作连续，站立稳定，锤击点准确，落锤有力，并能连续3次击打锤桩	10	根据符合程度适当扣分，打空1次加扣2分	
	竖向抡打大锤	6. 站位符合规定要求	5	根据符合程度适当扣分	
		7. 预备姿势符合规定要求	5	根据符合程度适当扣分	
		8. 起锤姿势符合规定要求	5	根据符合程度适当扣分	
		9. 落锤姿势符合规定要求	5	根据符合程度适当扣分	

（续）

考核项目	考核内容	考核要求	分值	评分标准	扣分
操作技能	竖向抡打大锤	10. 连续动作规范，站立稳定，锤击点准确，落锤有力，并能连续3次击打锤桩	10	根据符合程度适当扣分，打空1次加扣2分	
	横向抡打大锤	11. 站位符合规定要求	5	根据符合程度适当扣分	
		12. 预备姿势符合规定要求	5	根据符合程度适当扣分	
		13. 起锤姿势符合规定要求	5	根据符合程度适当扣分	
		14. 落锤姿势符合规定要求	5	根据符合程度适当扣分	
		15. 连续动作规范，站立稳定，锤击点准确，落锤有力，并能连续3次击打锤桩	10	根据符合程度适当扣分，打空1次加扣2分	
训练现场	安全文明	16. 场地清洁，按规定穿戴劳保用品，无妨碍训练的杂物，无安全隐患	10	发现一次不符合规定扣2分，扣完为止。存在安全隐患不得分	
合计得分					

模块二　薄　板　篇

任务一　混凝土搅拌罐体制作

一、识读图样及工艺

混凝土搅拌罐体及各部分图样如图 2-1～图 2-6 所示，其工艺过程卡见表 2-1～表 2-8。

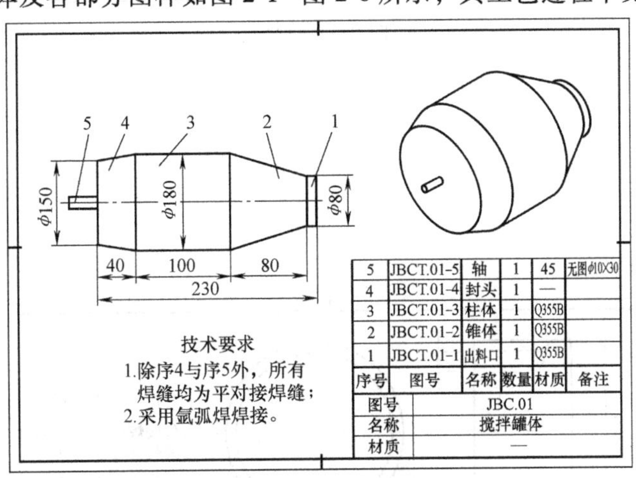

5
4
3
2
1
φ150
φ180
φ80
40
100
80
230
技术要求
1.除序4与序5外，所有焊缝均为平对接焊缝；
2.采用氩弧焊焊接。
5 JBCT.01-5 轴 1 45 无图φ10×30
4 JBCT.01-4 封头 1 —
3 JBCT.01-3 柱体 1 Q355B
2 JBCT.01-2 锥体 1 Q355B
1 JBCT.01-1 出料口 1 Q355B
序号 图号 名称 数量 材质 备注
图号 JBC.01
名称 搅拌罐体
材质 —

图 2-1　混凝土搅拌罐体

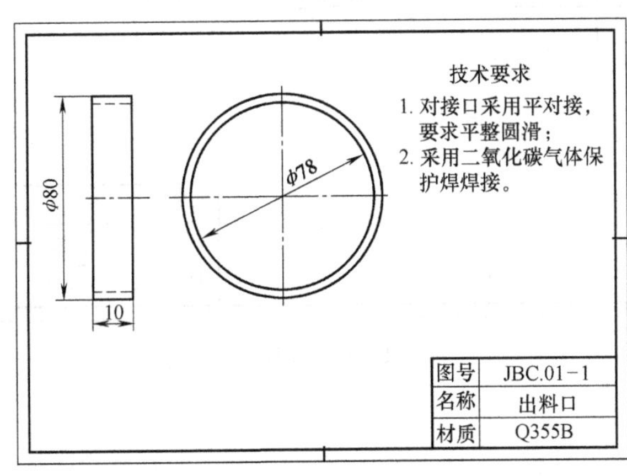

图 2-2　出料口

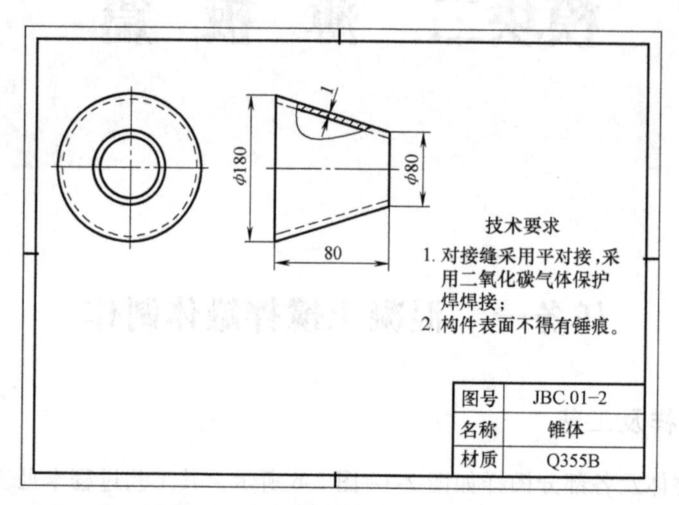

1
φ180
φ80
80
技术要求
1. 对接缝采用平对接，采用二氧化碳气体保护焊焊接；
2. 构件表面不得有锤痕。
图号
JBC.01-2
名称
锥体
材质
Q355B

图 2-3 锥体

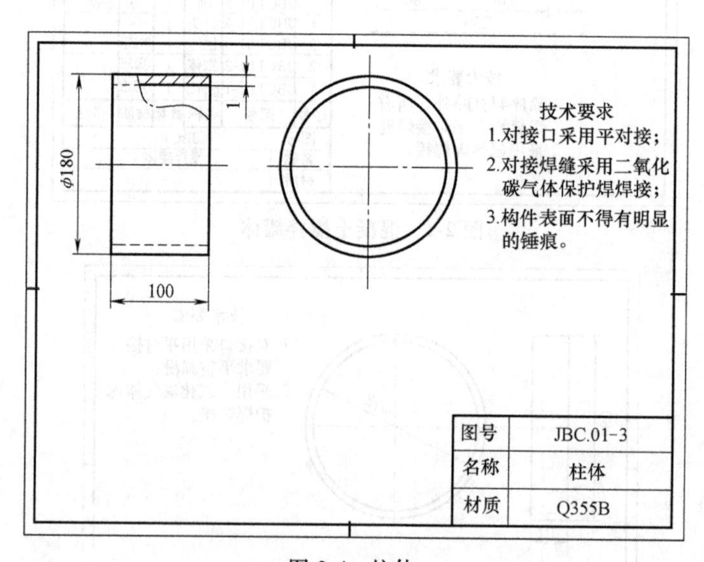

1
φ180
100
技术要求
1.对接口采用平对接；
2.对接焊缝采用二氧化碳气体保护焊焊接；
3.构件表面不得有明显的锤痕。
图号
JBC.01-3
名称
柱体
材质
Q355B

图 2-4 柱体

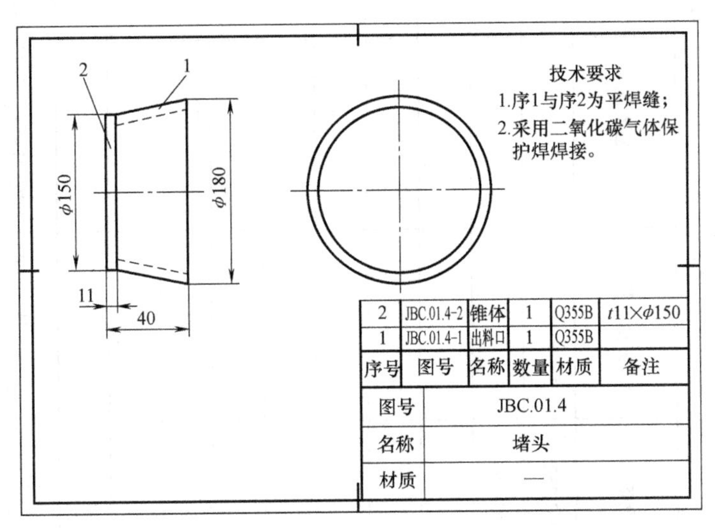
2
1
技术要求
1.序1与序2为平焊缝；
2.采用二氧化碳气体保护焊焊接。
φ150
φ180
11
40
2 JBC.01.4-2 锥体 1 Q355B t11×φ150
1 JBC.01.4-1 出料口 1 Q355B
序号 图号 名称 数量 材质 备注
图号 JBC.01.4
名称 堵头
材质 —

图 2-5　堵头

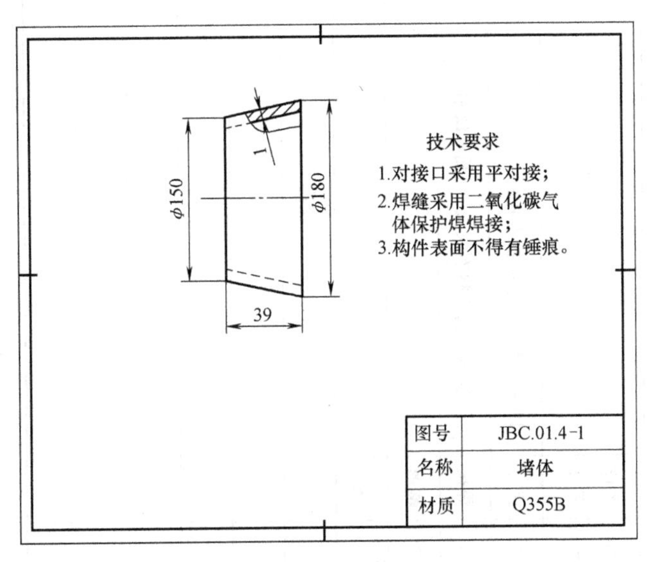
1
φ150
φ180
39
技术要求
1.对接口采用平对接；
2.焊缝采用二氧化碳气体保护焊焊接；
3.构件表面不得有锤痕。
图号 JBC.01.4-1
名称 堵体
材质 Q355B

图 2-6　堵体

表 2-1　搅拌罐体工艺卡

艺卡-02　总　页　第　页

徐工技师学院		工艺过程卡		产品型号	JBC. 00	零部件图号	JBC. 01	物料编码	
				产品名称	混凝土搅拌车	零部件名称	搅拌罐体	共 8 页	第 1 页
材料种类	—	材料牌号	—	材料规格	—	每毛坯件数	—	每台数量	1

工序号	工序名称	工序内容	工作中心	设备	刃量工具	工艺装备	辅料	工时
1	拼点	以序 3 为基准依次拼点各件		NBC-350				1.00
2	焊接	焊接各焊缝，不得有夹渣、气孔等缺陷		NBC-350				1.00
3	整形							0.30
	检							
		交库						

底图号

装订号

										设计（日期）	审核（日期）	标准化（日期）	批准（日期）
标记	处数	更改文件号	签　字	日　期	标记	处数	更改文件号	签　字	日　期	高大伟	刘晓	王军	郑磊

表 2-2　出料口工艺过程卡

艺卡-02　　总　页　　第　页

徐工技师学院		工艺过程卡		产品型号	JBC. 00	零部件图号	JBC. 01-1	物料编码	
				产品名称	混凝土搅拌车	零部件名称	出料口	共 8 页	第 2 页
材料种类	钢板	材料牌号	Q355B	材料规格	t1mm×251mm×10mm	每毛坯件数	1	每台数量	1

工序号	工序名称	工序内容	工作中心	设备	刃量工具	工艺装备	辅料	工时
1	号料	号成 t1mm×251mm×10mm			划针			0. 10
2	剪切	手工剪成 t1mm×251mm×10mm			薄钢板剪刀			0. 10
3	调平	手工调平			木锤			0. 10
4	弯曲	手工按图弯曲成形			木锤	台虎钳、圆钢		0. 10
5	焊接	将对接口焊接		NBC-350				0. 05
6	整形	手工整形(包括圆度和平面度)			500mm 钢直尺、木锤	台虎钳、圆钢		0. 15
	检							
		拼成 JBC. 01						

底图号

装订号

标记	处数	更改文件号	签　字	日　期	标记	处数	更改文件号	签　字	日　期	设计(日期)	审核(日期)	标准化(日期)	批准(日期)
										高大伟	刘晓	王军	郑磊

表 2-3　锥体工艺过程卡

艺卡-02　　总　页　　第　页

徐工技师学院		工艺过程卡		产品型号	JBC. 00	零部件图号	JBC. 01-2	物料编码	
				产品名称	混凝土搅拌车	零部件名称	锥体	共 8 页	第 3 页
材料种类	钢板	材料牌号	Q355B	材料规格	t1mm×310mm×410mm	每毛坯件数	1	每台数量	1

工序号	工序名称	工序内容	工作中心	设备	刃量工具	工艺装备	辅料	工时
1	放样	按图样展开放样，并制作样板			绘图仪器		纸板	0.30
2	号料	按样板号料			划针			0.10
3	剪切	手工按外轮廓剪切下料			薄钢板剪刀			0.20
4	调平	手工调平			木锤			0.05
5	弯曲	手工弯曲成形，注意对接口平整，表面不得有锤痕			木锤	台虎钳、锥形钢		0.15
6	焊接	将对接口焊接		NBC-350				0.10
	整形	手工整形（包括大、小口圆度和平面度）			钢卷尺、木锤	台虎钳、锥形钢		0.30
	检							
		拼成 JBC. 01						

底图号

装订号

										设计（日期）	审核（日期）	标准化（日期）	批准（日期）
标记	处数	更改文件号	签　字	日　期	标记	处数	更改文件号	签　字	日　期	高大伟	刘晓	王军	郑磊

表 2-4　柱体工艺过程卡

					艺卡-02	总　页	第　页
徐工技师学院	工艺过程卡	产品型号	JBC. 00	零部件图号	JBC. 01-3	物料编码	
		产品名称	混凝土搅拌车	零部件名称	柱体	共 8 页	第 4 页
材料种类	钢板	材料牌号	Q355B	材料规格	t1mm×565mm×100mm	每毛坯件数	1
						每台数量	1

工序号	工序名称	工序内容	工作中心	设备	刃量工具	工艺装备	辅料	工时
1	号料	号成 t1mm×565mm×100mm			划针、钢直尺			0. 10
2	剪切	手工剪成 t1mm×565mm×100mm			薄钢板剪刀			0. 20
3	调平	手工调平			木锤			0. 05
4	弯曲	手工弯曲成形，注意对接口平整，表面不得有锤痕			木锤	台虎钳、锥形钢		0. 15
5	焊接	将对接口焊接		NBC-350				0. 10
	整形	手工整形（包括圆度和平面度）			钢卷尺、木锤	台虎钳、锥形钢		0. 30
	检							
		拼成 JBC. 01						
底图号								
装订号								

标记	处数	更改文件号	签　字	日　期	标记	处数	更改文件号	签　字	日　期	设计（日期）	审核（日期）	标准化（日期）	批准（日期）
										高大伟	刘晓	王军	郑磊

表 2-5　堵头工艺过程卡

艺卡-02　总　页　第　页

徐工技师学院	工艺过程卡	产品型号	JBC. 00	零部件图号	JBC. 01. 4	物料编码	
		产品名称	混凝土搅拌车	零部件名称	堵头	共 8 页	第 5 页
材料种类 —	材料牌号 —	材料规格	—	每毛坯件数	—	每台数量	1

工序号	工序名称	工序内容	工作中心	设备	刃量工具	工艺装备	辅料	工时
1	拼点	以序 1 为基准拼点序 2		NBC-350				0. 10
2	焊接	焊缝不得有夹渣、气孔等缺陷		NBC-350				0. 15
3	整形							0. 10
	检							
		拼成 JBC. 01						

底图号

装订号

标记	处数	更改文件号	签　字	日　期	标记	处数	更改文件号	签　字	日　期	设计(日期)	审核(日期)	标准化(日期)	批准(日期)
										高大伟	刘晓	王军	郑磊

表 2-6　锥体工艺过程卡

艺卡-02　　总　页　　第　页

徐工技师学院	工艺过程卡	产品型号	JBC. 00	零部件图号	JBC. 01. 04-1	物料编码	
		产品名称	混凝土搅拌车	零部件名称	锥体	共 8 页	第 6 页

材料种类	钢板	材料牌号	Q355B	材料规格	t1mm×310mm×410mm	每毛坯件数	1	每台数量	1

	工序号	工序名称	工序内容	工作中心	设备	刃量工具	工艺装备	辅料	工时
	1	放样	按图样展开放样，并制作样板			绘图仪器		纸板	0. 30
	2	号料	按样板号料			划针			0. 10
	3	剪切	手工按外轮廓剪切下料			薄钢板剪刀			0. 20
	4	调平	手工调平			木锤			0. 05
	5	弯曲	手工弯曲成形，注意对接口平整，表面不得有锤痕			木锤	台虎钳、锥形钢		0. 15
	6	焊接	将对接口焊接		NBC-350				0. 10
		整形	手工整形（包括大、小口圆度和平面度）			钢卷尺、木锤	台虎钳、锥形钢		0. 30
		检							
			拼成 JBC. 01						
底图号									
装订号									

标记	处数	更改文件号	签　字	日　期	标记	处数	更改文件号	签　字	日　期	设计（日期）	审核（日期）	标准化（日期）	批准（日期）
										高大伟	刘晓	王军	郑磊

表 2-7　封板工艺过程卡

		艺卡-02	总　页	第　页

徐工技师学院	工艺过程卡	产品型号	JBC. 00	零部件图号	JBC. 01. 04-2	物料编码	
		产品名称	混凝土搅拌车	零部件名称	封板	共 8 页	第 7 页
材料种类	钢板	材料牌号	Q355B	材料规格	t1mm×ϕ150mm	每毛坯件数	1
每台数量	1						

工序号	工序名称	工序内容	工作中心	设备	刃量工具	工艺装备	辅料	工时
1	号料	号成 ϕ150mm 圆			划规、样冲、锤子			0. 05
2	剪切	手工剪成 ϕ150mm 圆			薄钢板剪刀			0. 10
3	调平	手工调平			木锤			0. 05
	检							
		拼成 JBC. 01						

底图号

装订号

标记	处数	更改文件号	签　字	日　期	标记	处数	更改文件号	签　字	日　期	设计(日期)	审核(日期)	标准化(日期)	批准(日期)
										高大伟	刘晓	王军	郑磊

表 2-8　轴工艺过程卡

艺卡-02　　总　页　　第　页

徐工技师学院		工艺过程卡		产品型号	JBC. 00	零部件图号	JBC. 01-5	物料编码	
				产品名称	混凝土搅拌车	零部件名称	轴	共 8 页	第 8 页
材料种类	圆钢	材料牌号	45#	材料规格	ϕ10mm×30mm	每毛坯件数	1	每台数量	1

工序号	工序名称	工序内容	工作中心	设备	刃量工具	工艺装备	辅料	工时
1	号料	$L=30$mm			钢卷尺			0.05
2	锯切	手工锯切下料			弓锯			0.10
3	调直	手工调直			木锤			0.05
	检							
		拼成 JBC. 01						

底图号

装订号

标记	处数	更改文件号	签　字	日　期	标记	处数	更改文件号	签　字	日　期	设计(日期)	审核(日期)	标准化(日期)	批准(日期)
										高大伟	刘晓	王军	郑磊

二、任务描述

搅拌罐体是混凝土搅拌车的主要部件之一。为了增加对混凝土搅拌车的了解，模拟设计该搅拌罐体作为工作任务之一。冷作工是产品加工过程中的头道工序，其产品质量直接影响整机的装配。为了能保质保量地完成工作任务，对于冷作工而言，需要具备相关的理论知识和一定的操作技能。因此，本章从机械识图入手，融入相关的展开放样基础知识和操作技能，结合企业的“按图纸、按工艺、按标准”的三按生产，来了解从展开放样到构件制作的全过程。

三、学习目标

1）接受工作任务后，识读产品图样和工艺。

2）在识读图样和工艺的基础上，能按比例绘制构件单线图。

3）通过相关知识的学习，能分析和鉴别线段并会用旋转法求出一般位置直线段的实长。

4）根据构件特征，通过形体分析，能独立地运用放射线法和平行线法完成构件的展开放样及样板制作。

5）在老师的指导下，能独立地进行号料、下料及构件的弯曲制作和装配。

6）在老师的指导下，能对已制作的构件进行检测，并进行质量分析。

四、相关知识

所谓展开放样就是将几何形体的表面按其实际形状的大小，依次摊平在一个平面上的过程，所画的图形称为展开图，展开图上所有的线均为实长线。

展开放样的前提是在识读构件图的基础上，按 1∶1 的比例绘制构件的单线图，并用一定的方法作出表面素线，再对所有的线段进行线段分析，求出线段实长，用适宜的展开方法进行展开。圆周等分、截交线、相贯线、断面实形等等绘图法都是支撑放样的基础。

1. 三视图的形成及投影特性

当一束光线照射物体时，在物体后的平面上就会出现一个图形，该图形就是物体的投影，如图 2-7 所示，光线称为投影线。投影分为两类：一类称为中心投影，即所有投影线聚交于一点，如图 2-7a 所示；另一类为平行投影，即所有投影线相互平行，如图 2-7b 所示。中心投影的光线与投影平面（投影面）倾斜，具有放大作用，不能正确地表达物体的真实形状和大小，而平行投影的光线与投影平面（投影面）垂直，能够正确表达物体的真实形状和大小，且绘图方法也较为简单，所以在机械制图中平行投影得到广泛应用。平行投影被称为正投影。

将物体置于三个相互垂直的空间直角坐标体系（即三个相互垂直的投影面）中，利用正投影分别进行投影便得到三个主要视图。视图中对零件的可见轮廓用粗实线画出，不可见部分用虚线画出，其对称的中心线用点画线表示，然后将三个相互垂直的投影面摊平在一个平面上，便得到了三视图。能够正确反映物体长、宽、高尺寸的正投影工程图（主视图、俯视图、左视图三个基本视图）称为三视图，如图 2-8 所示。

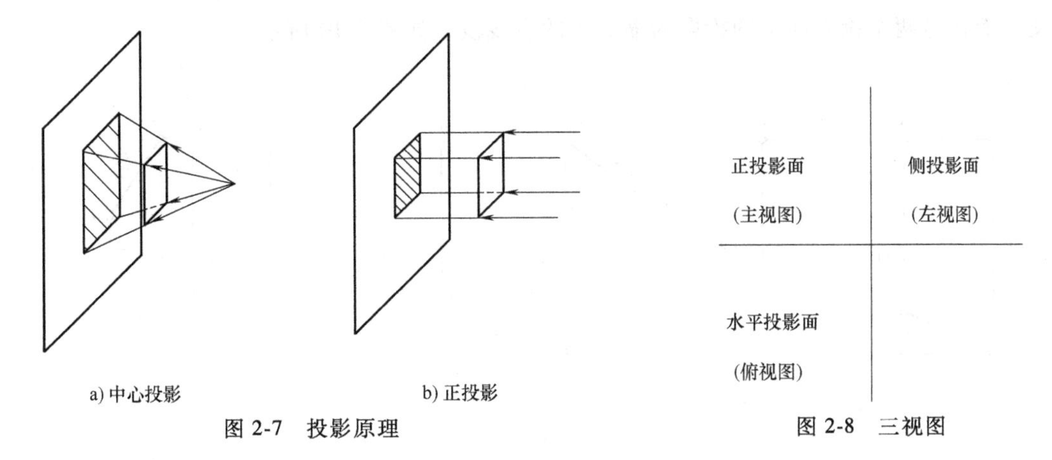

a) 中心投影　　b) 正投影

图 2-7　投影原理

图 2-8　三视图

2. 投影规律（投影特性）

主、俯视图——长对正；主、左视图——高平齐；俯、左视图——宽相等。

3. 线段分析

两点连成线，三点连成面。构件上所有的面都是由线连接而成的，而线段在图样上并非都反映实长，因此，必须正确分析构件上的每一条线段，并根据线段的投影特性来鉴别该线段是否反映实长。

（1）线段实长的鉴别

1）垂直线：在三视图中，垂直于一个投影面，而平行于另两个投影面的线段称为垂直线。垂直线又分为铅垂线、正垂线、侧垂线三种。垂直线在它所垂直的投影面上的投影为一个点，具有积聚性；而在与其平行的另两个投影面上的投影反映实长，如图 2-9 所示。

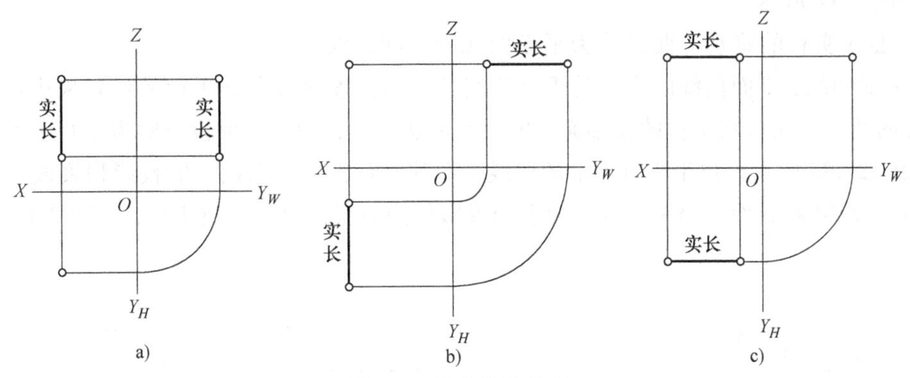

图 2-9　垂直线的投影

① 铅垂线：线段垂直于水平投影面，投影聚成一个点，而在其他两个投影面上的投影为直线，且都平行于投影轴，故铅垂线在主、左视图上反映实长，如图 2-9a 所示。

② 正垂线：线段垂直于正投影面，投影聚成一个点，而在其他两个投影面上的投影为直线，且都平行于投影轴，故正垂线在俯、左视图上反映实长，如图 2-9b 所示。

③ 侧垂线：线段垂直于侧投影面，投影聚成一个点，而在其他两个投影面上的投影为直线，且都平行于投影轴，故侧垂线在主、俯视图上反映实长，如图 2-9c 所示。

2）平行线：在三视图中，平行于一个投影面，而倾斜于另两个投影面的线段称为平行线。平行线又分为水平线、正平线、侧平线三种。平行线在其所平行的投影面上的投影反映实长，而在另两个投影面上的投影为缩短了的直线段，如图 2-10 所示。

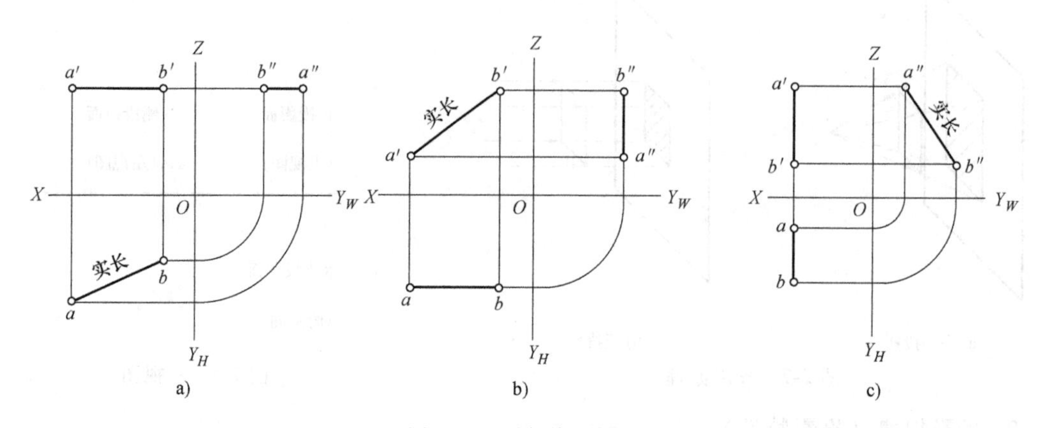

图 2-10　平行线的投影

① 水平线：线段平行于水平投影面，其投影为倾斜于投影轴的直线，而在主、左视图上的投影均为平行于投影轴的直线，故水平线在俯视图上反映实长，如图 2-10a 所示。

② 正平线：线段平行于正投影面，其投影为倾斜于投影轴的直线，而在俯、左视图上的投影均为平行于投影轴的直线，故正平线在主视图上反映实长，如图 2-10b 所示。

③ 侧平线：线段平行于侧投影面，其投影为倾斜于投影轴的直线，而在主、俯视图上的投影均为平行于投影轴的直线，故侧平线左视图上反映实长，如图 2-10c 所示。

3）一般位置直线（一般位置的空间线段）：在三视图中，与三个投影面均倾斜的线段称为一般位置直线，它在三个投影面上的投影均不反映实长。因投影聚缩，因而均较实长线而短，如图 2-11 所示。

（2）曲线实长的鉴别　曲线分为平面曲线和空间曲线。

1）平面曲线：平面曲线的投影是否反映实长，是由该曲线所在平面的位置来决定的。位于平行面的曲线，在与它平行的投影面上的投影反映实长，而另两面投影则为平行于投影轴的直线，如图 2-12a 所示。位于垂直面上的曲线，在其所垂直的投影面上的投影积聚成直线（该直线倾斜于投影轴），而在另两个投影面上的投影仍为曲线，但不反映实长，如图 2-12b 所示。

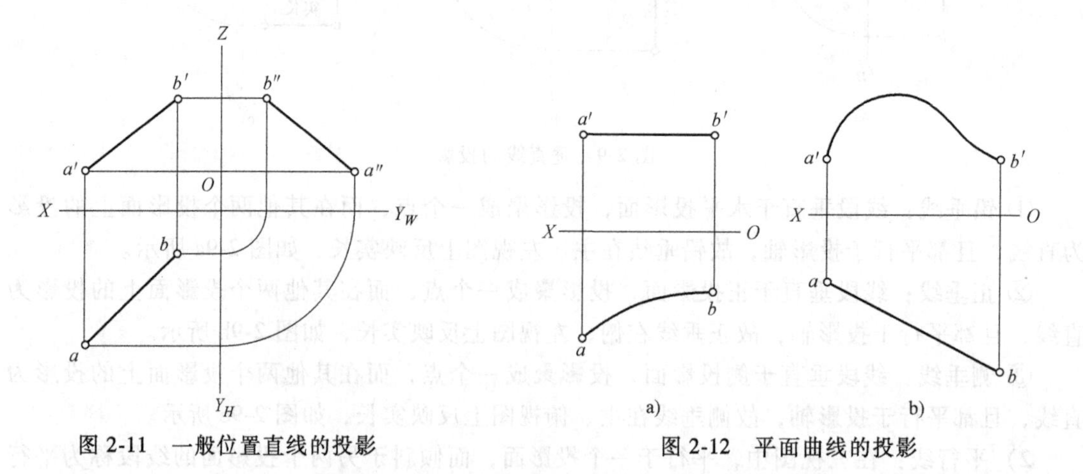

图 2-11　一般位置直线的投影

图 2-12　平面曲线的投影

当曲线位于一般位置平面时，其三面投影仍为曲线，均不反映实长，如图 2-13 所示。

2）空间曲线：空间曲线又称翘曲线，这种曲线上的各点不在同一平面上，它的各面投影均不反映实长，或者说只能是某一曲线段反映实长，因此，在作构件展开时，要根据二面或三面投影，一一对应地找出构件上各曲线段的投影，对其投影是否反映实长作出正确地判断，以确定非实长曲线段。

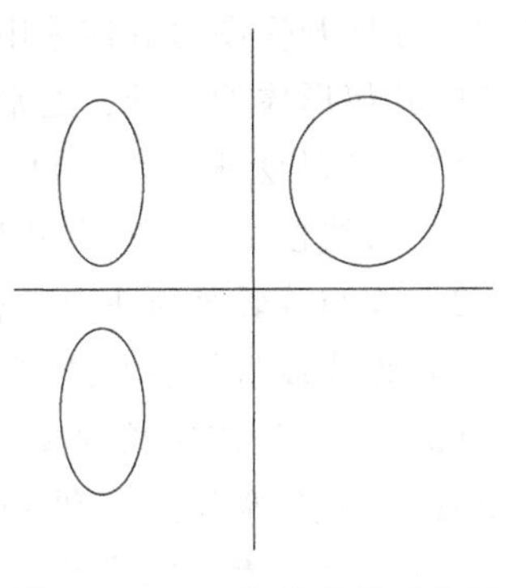

图 2-13　一般位置曲线的投影

（3）线段和曲线实长的鉴别技巧

1）只要发现线段的投影有点出现，就完全可以判定它为垂直线。垂直线垂直于哪个投影面，它就在哪个投影面上出现点，它就是哪个投影面的垂直线，它必定在另两个视图上反映实长。

2）只要发现线段的投影有一个倾斜于投影轴，而另两个平行于投影轴，就完全可以判定它为平行线。平行线平行于哪个投影面，哪个投影面上的投影就是倾斜于投影轴的直线，它就在哪个投影面上反映实长。

3）只要发现线段的投影均为倾斜于投影轴的直线，就完全可以判定它为一般位置的直线，它在三个视图中均不反映实长。

4）垂直线在两个视图上反映实长；平行线在一个视图上反映实长；一般位置的直线在三个视图上均不反映实长。

5）只要发现某一视图上的投影为曲线，且另两个视图上的投影为平行于投影轴的直线时，那么它一定是平行于投影面的平面曲线，且该平面曲线在其所平行的投影面上反映实长；否则，只要不符合上述投影规律的其他曲线，在三视图中均不反映实长。

4. 旋转法求线段实长

（1）概念　旋转法求线段实长，是将空间一般位置的直线段，绕一垂直于投影面的固定轴旋转成投影面平行线，则该线在与之平行的投影面上的投影反映实长，如图 2-14a 所示。图 2-14b 是将一般位置的直线旋转成正平线，而图 2-14c 是将一般位置的直线旋转成水

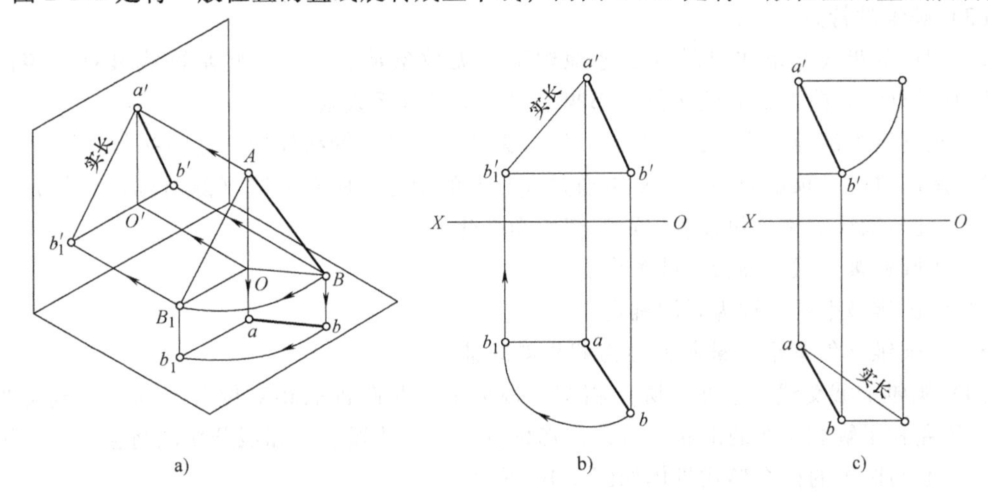

图 2-14　旋转法求实长

平线。在展开作图时具体采用什么平行线，要根据具体情况而定，对表面素线或棱线相交于一点的几何形体的展开，通常是将一般位置的直线旋转成正平线。

（2）旋转法求实长要领

1）过线段一端设一与投影面垂直的旋转轴。

2）在与旋转轴所垂直的投影面上，将线段的投影绕该轴旋转至与投影轴平行。

3）作线段旋转后与之平行的投影面上的投影，则该投影反映线段实长。

（3）旋转法求实长的实例　图 2-15 所示为一斜圆锥，为了作出斜圆锥的展开图，须先作出其圆周各等分点与锥顶连线（表面素线）。这些表面素线除主视图两边轮廓线 O'-1′、O'-5′为正平线，在主视图上反映实长外，其余各表面素线均为一般位置的直线，均在视图上不反映实长，须求出其实长。

以 O 点为圆心，分别以 O-2、O-3、O-4 为半径画弧，交于 O-5 线上各点，由各交点向上引垂线交于主视图 2′、3′、4′点，再将这些点和 O' 相连，所得即为所求素线的实长。此时应作好明显的标记，勿与主视图上的表面素线混淆。

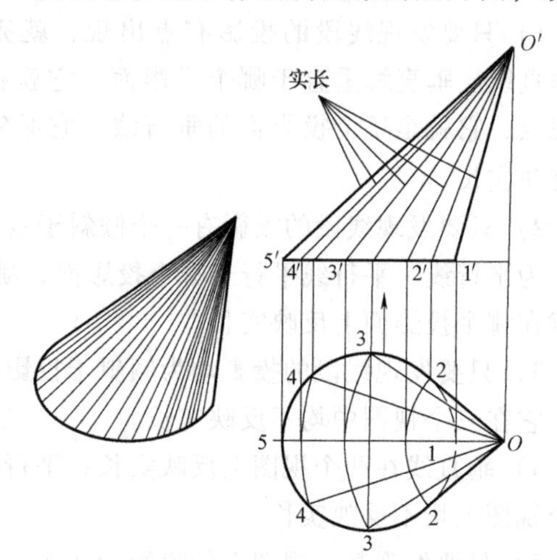

图 2-15　旋转法求实长举例

5. 放射线展开法

放射线展开法适用于表面素线（或棱线）相交于一点的几何形体的表面展开。在学习放射线展开法时首先应对圆锥的形成及圆锥的特点要有所了解。

（1）圆锥的形成　由一条母线绕一轴线（母线与轴线相交于一点）旋转一周所形成的几何形体称为圆锥。

（2）圆锥种类　圆锥分为正圆锥和斜圆锥。

（3）圆锥的特点

1）圆锥的母线在形成时随处随地地留下了无数条足迹线，这些足迹线被称为表面素线，即圆锥母线在曲面上的任何位置都叫素线，素线有无数条。

2）正圆锥的高通过底面圆的中心，所有素线等长且与轴线保持一定的夹角。

3）斜圆锥的锥顶偏向一边，高不通过底平面的中心，所有素线（除对称位置外）都不一样长，且与轴线的夹角随素线位置的变化而变化。

4）正圆锥被平截，称为正圆锥台。

5）斜圆锥被平截，称为斜圆锥台。

6）正圆锥（斜圆锥）被斜截称为截头斜圆锥。

（4）圆锥的截交线　平面与圆锥相交，根据平面与圆锥的相对位置不同，其截交线也不同，研究和了解截交线的形状，对几何形体分析、求线段实长和展开作图将会起到一定的帮助。平面与圆锥的截交形式具体如图 2-16 所示。

1）圆：截平面与圆锥轴线垂直（图 2-16a）。

2）椭圆：截平面与圆锥轴线倾斜，并截圆锥所有素线（图 2-16b）。

3）抛物线：截平面与圆锥母线平行而与圆锥轴线相交（图 2-16c）。

4）双曲线：截平面与圆锥轴线平行（图 2-16d）。

5）相交两直线：截平面通过锥顶（见图 2-16e）。

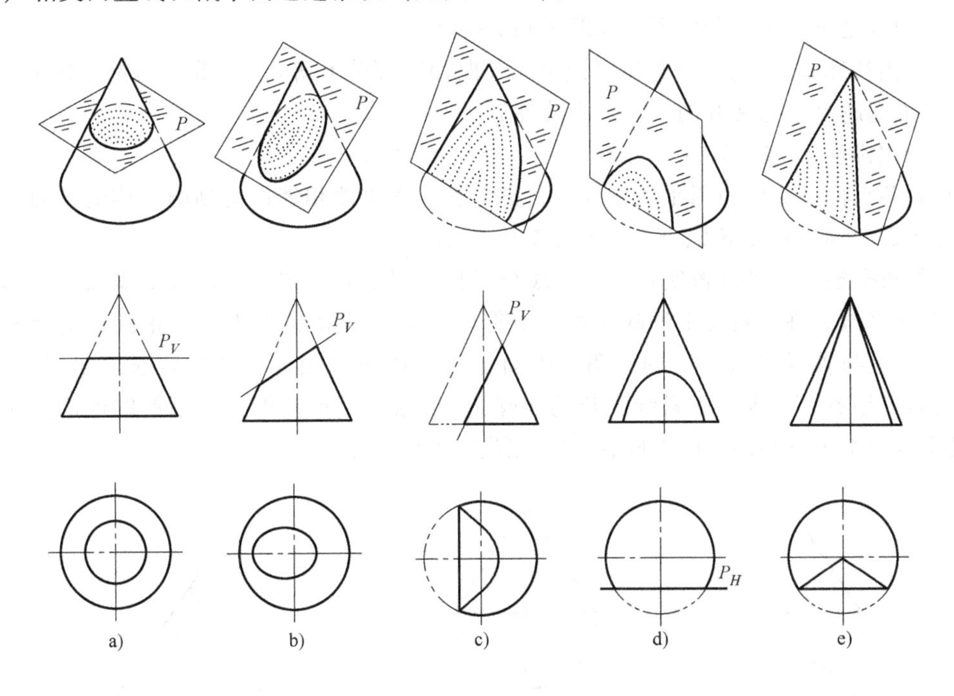

图 2-16 圆锥截交线

（5）圆的 12 等分的画法

1）画十字中心线，两线垂直交于一点 O。

2）以 O 点为圆心，以指定长度为半径画圆，交十字中心线于 1、4、7、10 点。

3）分别以 1、4、7、10 点为圆心，以 O-1 长度为半径（同等半径）左、右画圆，交于圆上 1、2、3、4、5、6、7、8、9、10、11、12 各点，即得 12 等分圆周，如图 2-17a 所示。为了便于展开作图，通常对称标注，即 1、2、3、4、5、6、7、6、5、4、3、2、1，如图 2-17b 所示。

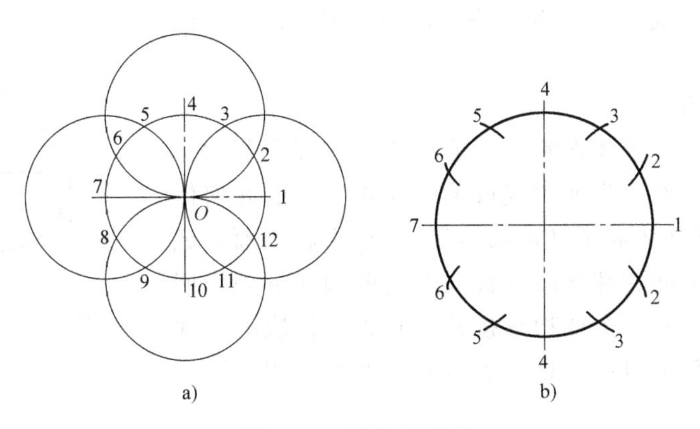

图 2-17 圆的 12 等分

（6）正圆锥的展开步骤

1）根据工程图，按 1∶1 的比例画出主、俯视图的单线图，如图 2-18a 所示。在工程图中，给定一个视图就已完全把正圆锥表达清楚了，在展开画单线图时还应按投影规律画出其俯视图，通常是下接 1/2 断面图，如图 2-18b 所示。

2）将俯视图圆周等分 12 等份（或将 1/2 断面图等分 6 等份），等分的份数越多，展开的准确程度就越高，但展开的工作效率就越低。

3）依次标注 1、2、3、4、5、6、7、6、5、4、3、2、1。

4）过各点向圆锥底口引垂线得各点，再将各点和锥顶相连便得到圆锥体的表面素线 *S*-1、*S*-2、*S*-3、*S*-4、*S*-5、*S*-6、*S*-7，如图 2-19 所示。

5）线段分析及求各线段实长：经线段分析位于最右边、最左边的表面素线（母线）*S*-1、*S*-7 为正平线，在主视图上反映实长。根据圆锥的形成及特点得知，正圆锥的所有表面素线等长，且与轴线保持一定的夹角，因而正圆锥的所有表面素线的实长就是 *S*-1 或 *S*-7（此时可略去用旋转法求表面素线实长的步骤）。根据投影特性得知正圆锥的底圆是平面曲线，且平行于水平投影面，所以底圆在俯视图上反映实长。

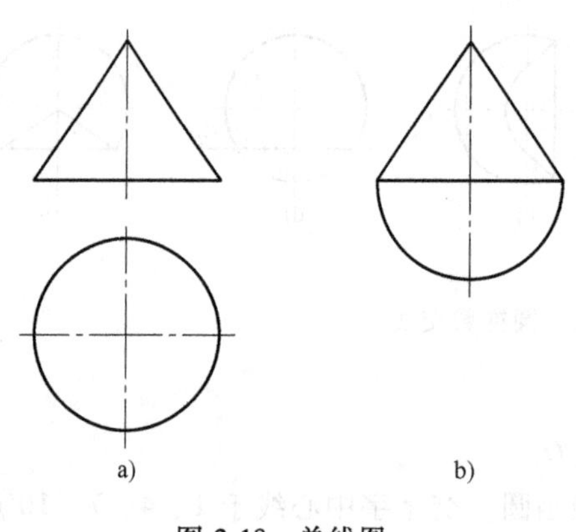

图 2-18　单线图

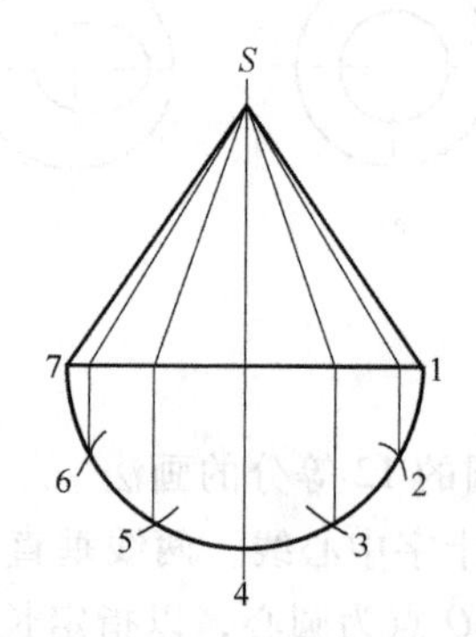

图 2-19　圆锥体的表面素线

6）展开作图：以 *S* 点为圆心，以 *S*-1 长（实长）为半径画弧（生产工人叫甩大尾巴线），在所画的弧上依次截取与 12 等份弧长相同的弧长，得 1、2、3、4、5、6、7、6、5、4、3、2、1 各点，再将各点与 *S* 点相连，即得展开图，如图 2-20 所示。

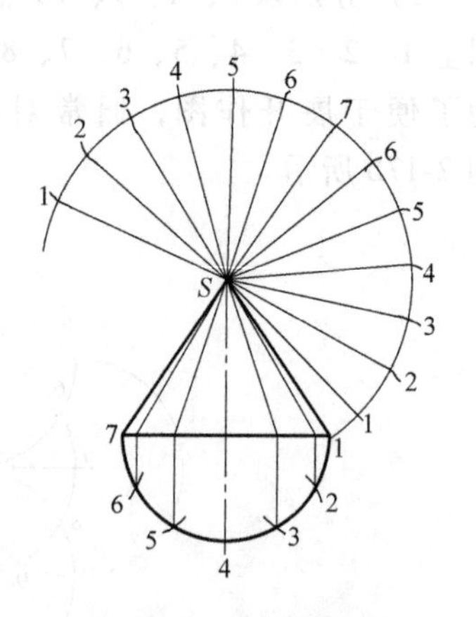

图 2-20　圆锥展开图

6. 平行线展开法

平行线展开法适用于表面素线（或棱线）相互平行的几何形体的表面展开。对于表面素线或棱线互相平行的几何体（如各种棱柱体、圆柱体和圆柱曲面体等），如果将表面划成一系列四边形，并取两相邻素线或棱线及其两端线分别为四边形的边长，然后将每一个四边形按其实际大小依次顺序地摊平到平面上而得到展开图。这种画展开图的方法叫作平行线展开法。

在学习平行线展开法时首先应对圆柱的形成及圆柱的特点要有所了解。

（1）圆柱的形成　由一条母线绕一轴线（母线与轴线相互平行）旋转一周所形成的几何形体称为圆柱。

（2）圆柱的特点

1）圆柱的母线在形成时随处随地地留下了无数条足迹线，这些足迹线被称为表面素线，即圆柱母线在曲面上的任何位置都叫素线，素线有无数条。

2）圆柱的所有素线相互平行，所有素线距圆柱的中心线等距。

（3）圆柱的截交线　平面与圆柱相交，根据平面与圆柱的相对位置不同，其截交线也不同，研究和了解截交线的形状，对几何形体分析、求线段实长和展开作图将会起到一定的帮助。平面与圆柱的截交形式具体如图 2-21 所示。

1）圆：截平面与圆柱轴线垂直（图 2-21a）。

2）平行两直线：截平面与圆柱轴线平行（图 2-21b）。

3）椭圆：截平面与圆柱轴线倾斜（图 2-21c）。

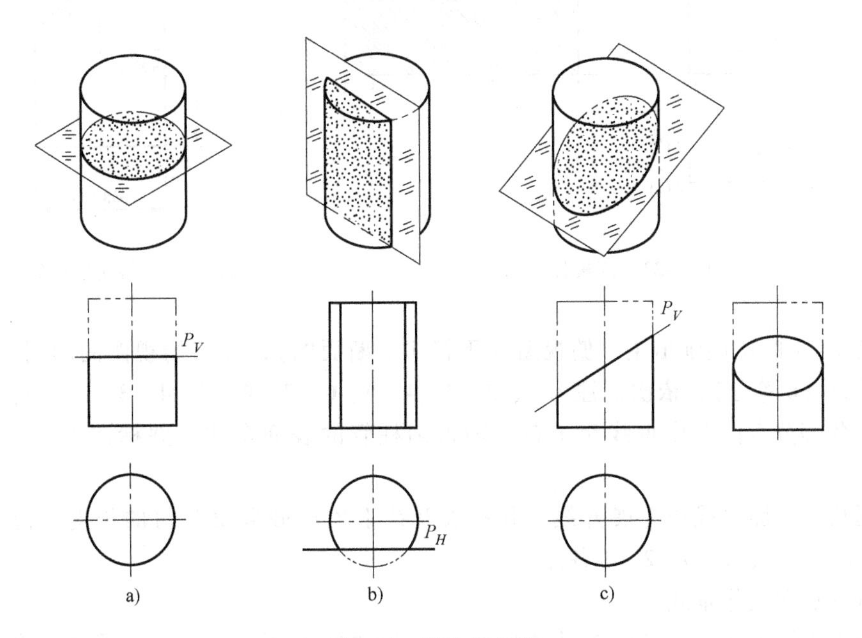

图 2-21　圆柱截交线

（4）棱柱管的展开　图 2-22 所示为顶口倾斜的四棱柱管，它由四个平面组成，前后两面为正平面，在正投影面上的投影反映实形；左右两面为侧平面，在侧投影面上的投影反映实形。

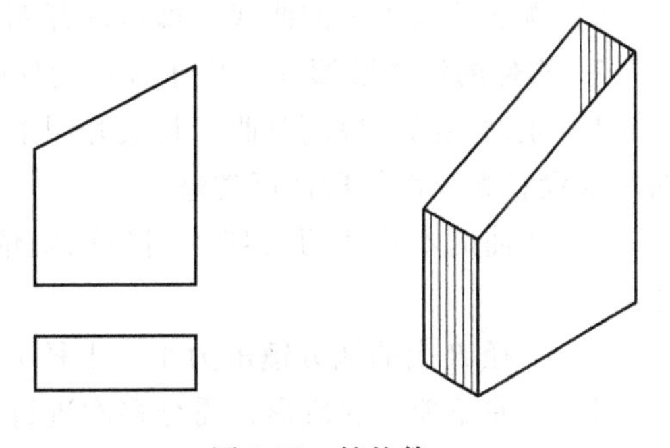

图 2-22　棱柱管

展开步骤：

1）根据已知尺寸，按 1∶1 的比例画出主、俯视图（单线图），并标注各点。

2）线段分析：单线图中线段 1-1′、2-2′、3-3′、4-4′为铅垂线，在主视图上反映实长；线段 1-2、3-4 为侧垂线，在主、俯视图上反映实长；线段 2-3、4-1、2′-3′、4′-1′为正垂线，在俯视图上反映实长；线段 1′-2′、3′-4′为正平线，在主视图上反映实长。

3）由主视图下口线 1-2 向右引延长线，将俯视图中 1-2-3-4-1 各点之间的距离依次量取在延长线上，得 1、2、3、4、1 各点，并通过各点向上作垂线。

4）通过主视图上口棱线上的各点向右引水平线与各垂直线对应相交（或用圆规截取主视图上相应棱线的高度）得 1′、2′、3′、4′、1′各点。

5）按顺序将各点连接，即得所求展开图，如图 2-23 所示。

（5）斜切圆柱管的展开　图 2-24 所示为一斜切圆柱管，根据圆柱管的形成及其特点，可用平行线展开法进行展开。具体步骤如下：

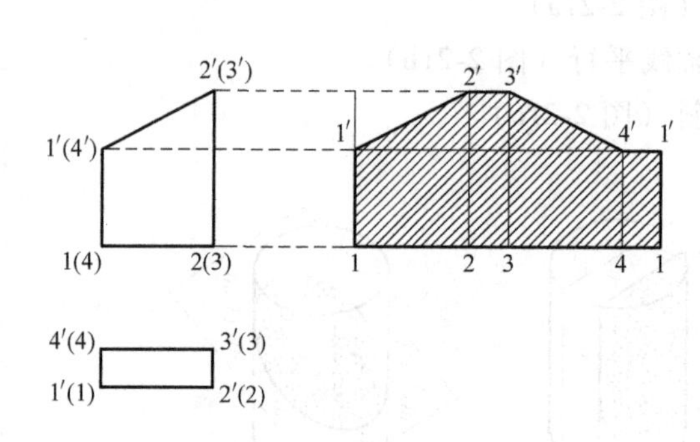

图 2-23　四棱柱管的展开

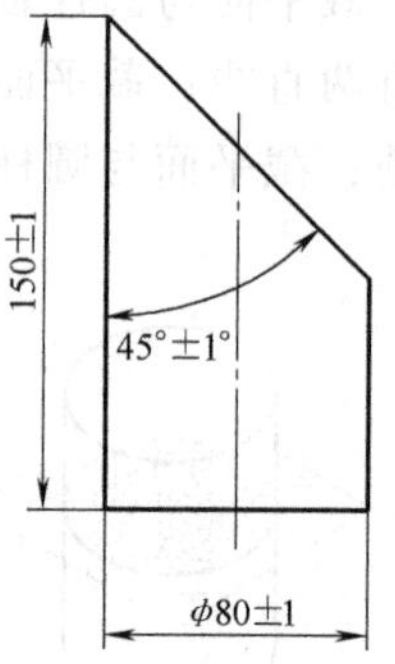

150±1
45°±1°
ϕ80±1

图 2-24　斜切圆柱管

1）按 1∶1 的比例画出主、俯视图（下接 1/2 断面图），并将俯视图的圆周（或半圆）等分 12 等分（6 等分），依次标注为 1、2、3、4、5、6、7（6、5、4、3、2、1）。

2）过各等分点向上作垂线至上口，即得圆柱管的表面素线，并标注 1′、2′、3′、4′、5′、6′、7′。

3）延长主视图底线作为展开线，并在展开线上依次截取每等份的长度，得 1、2、3、4、5、6、7、6、5、4、3、2、1 各点。

4）将各点向上作垂线。

5）由主视图上相应的点向右引水平线，与相应的点的垂直线相交，即得每条垂线的高（或用圆规将主视图中的素线长度量取，直接在展开图上相应的素线上截取）。

6）顺次连成光滑的曲线，即得展开图，如图 2-25 所示。

7. 构件的制作要领（适用于各种构件的制作）

1）正面画线，翻面弯曲。将展开图上的所有表面素线过画到背面上去，并按其进行弯曲。对没有方向性的构件可省略。

2）弯曲时本着从两头到中间的原则依次按表面素线进行弯曲。若是扣接应先将扣缝弯出。

3）半径 R 大的地方锤击力小，半径 R 小的地方锤击力大。

4）弯曲不能一次成形，需分多次进行弯曲，直至达到要求。

5）曲面上的表面素线不可弯出棱线（借助锥形钢进行弯曲），以使弧面美观，棱线必须弯出，但弯出的棱线一定要平直。

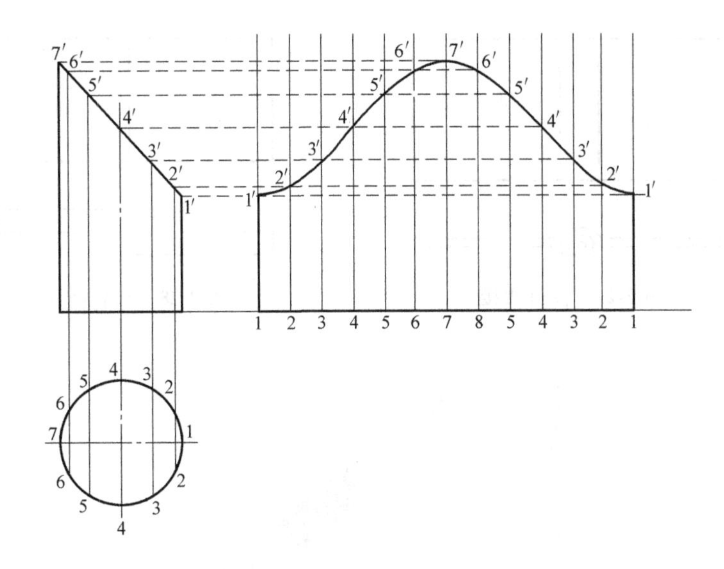

图 2-25 斜切圆柱管的展开图

6）弯曲时，弯曲线一定要和规铁的棱边相吻合，先击打两头，以便定位，然后再击打中部。

7）对接口应尽可能选在接口长度较短的平面上，组合的几何形体的各对接口不要放在同一位置，注意上下口要平齐。

8）制作时表面应避免出现锤痕。

8. 薄板构件的对接口形式

（1）平对接　即板料的两边采用平行对接。为了对接美观平整，要求板料的边要平直，两边对接不得有缝隙和错位，如图 2-26 所示。

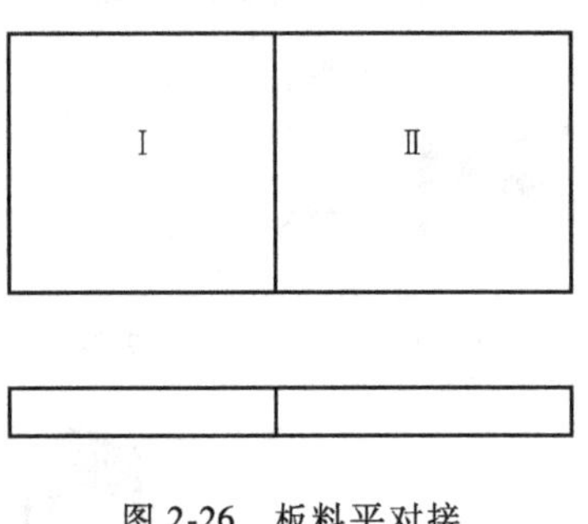

图 2-26 板料平对接

（2）扣接　扣接又称咬缝，将薄板料的边缘相互折转扣合压紧的连接方法称为扣缝。扣缝一般用于 0.2～1.5mm 板料的连接，其扣缝宽度随板料厚度而定。当板料厚度在 0.2～0.5mm 时，扣缝宽度取 3～5mm；当板料厚度在 0.75～1.5mm 时，扣缝宽度取 5～8mm。扣缝的扣接通常是手工操作，如图 2-27 所示。

（3）搭接　搭接是指板料的一边搭在板料的另一边上，其制作较为简单，便于焊接，对边口的直线度要求不高，对搭边量没有严格要求，但板料的两边相搭必须严实，如图 2-28 所示。

9. 展开放样的工具与量具

展开放样的工具与量具主要有三角板、圆规、铅笔、橡皮等，如图 2-29 所示。

10. 构件制作的工具与量具

（1）剪刀　主要用于纸质样板下料，如图 2-30a 所示。

（2）划针　用于在构件原材料上号料时画线，如图 2-30b 所示。

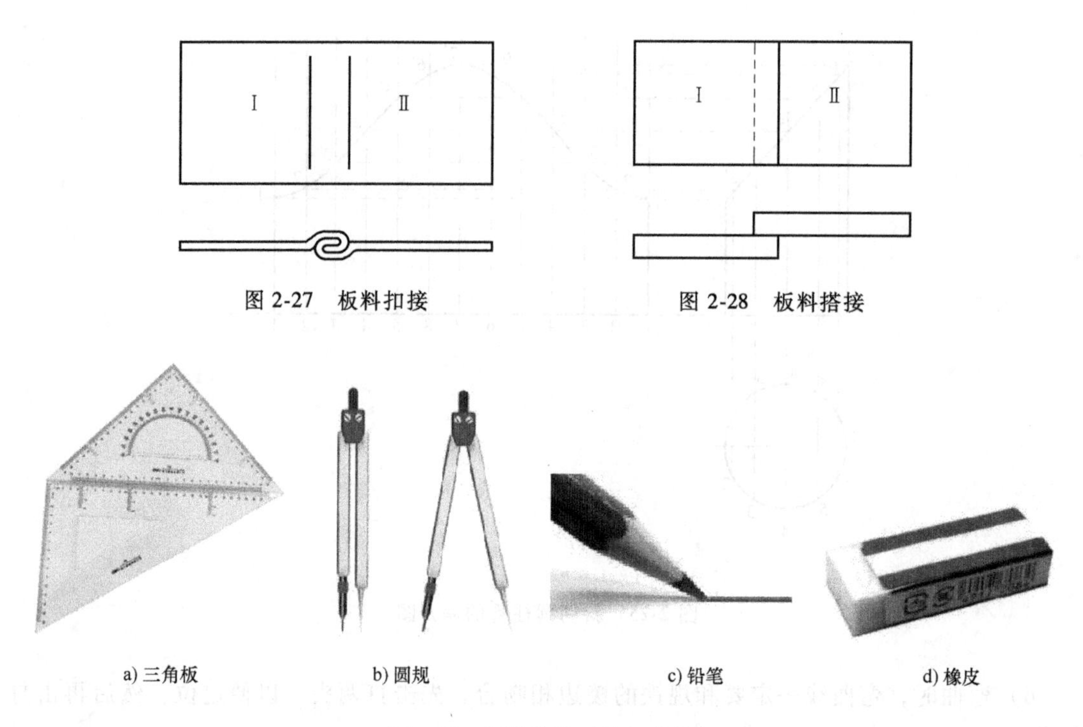

图 2-27　板料扣接

图 2-28　板料搭接

a) 三角板　b) 圆规　c) 铅笔　d) 橡皮

图 2-29　展开放样工具与量具

（3）划规　用于画圆和圆弧，如图 2-30c 所示。

（4）薄钢板剪刀　用于号料后的薄板手工剪切下料，如图 2-30d 所示。

（5）木锤　用于薄板的调平、构件的弯曲制作，如图 2-30e 所示。

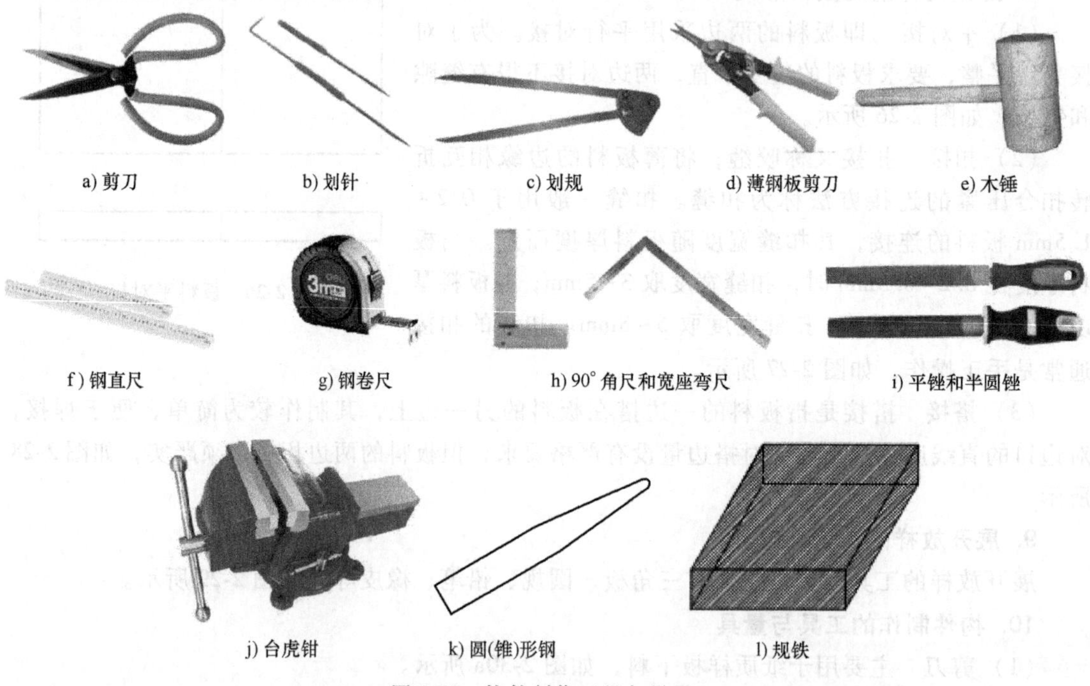

a) 剪刀　b) 划针　c) 划规　d) 薄钢板剪刀　e) 木锤

f) 钢直尺　g) 钢卷尺　h) 90° 角尺和宽座弯尺　i) 平锉和半圆锉

j) 台虎钳　k) 圆(锥)形钢　l) 规铁

图 2-30　构件制作工具与量具

（6）钢直尺　构件制作常用的钢直尺长度有 300mm、500mm 和 1000mm，可根据构件的大小选用。它主要用于画直线和度量尺寸，如图 2-30f 所示。

（7）钢卷尺　冷作工常用的钢卷尺有 1000mm、3000mm 两种，它主要用于度量尺寸，可替代钢直尺，如图 2-30g 所示。

（8）90°角尺和宽座弯尺　冷作工常用的 90°角尺为 500mm，它主要用于画基准线、直线和度量构件的垂直度，有时也用于测量构件的垂直高度。宽座弯尺主要用于度量构件的垂直度和测量构件的垂直高度，如图 2-30h 所示。

（9）平锉和半圆锉　分别用于手工修整构件上直边的直线度和曲线的圆滑以及剪切下料后的毛刺等，如图 2-30i 所示。

（10）台虎钳　用于夹持构件制作工具，如图 2-30j 所示。

（11）圆（锥）形钢　是制作圆形构件和锥形构件必不可少的工具，主要用于构件的弯曲和整形。圆柱部分用于表面素线或棱线相互平行构件的弯曲和整形，圆锥部分用于表面素线或棱线汇交于一点的构件的弯曲和整形，如图 2-30k 所示。

（12）规铁　用于构件制作时其表面素线或棱线的弯曲。将表面素线或棱线对准规铁的棱边，用木锤击打板料，弯曲棱边便清晰可见，如图 2-30l 所示。

五、任务实施

1. 生产前准备

（1）识读图样（图 2-1～图 2-6）及工艺（表 2-1～表 2-8）

（2）自备放样工具和量具　准备放样所用的三角板、圆规、铅笔、橡皮、剪刀等。

（3）领取构件制作工具与量具　领取划针、钢直尺、薄钢板剪刀、锉、木锤、钢卷尺、宽座弯尺、圆（锥）形钢等。

（4）领取纸板和材料

1）领取放样用纸板。

2）根据图样、工艺要求领取相应材料：t1mm 薄钢板、ϕ10mm 圆钢。

2. 构件制作

（1）放样及样板制作

1）件 JBC. 01-1，该件是圆柱几何形体，其展开是一个矩形，无须放样制作样板，可用计算法直接算出其所用料的大小。根据图样尺寸和工艺得知其展开料尺寸为 t1mm×251mm×10mm。

2）件 JBC. 01-2 的展开放样及样板制作：

① 在样板材料上用放射线法对 JBC. 01-2 进行展开放样，其展开图如图 2-31 所示。

② 用剪刀沿展开图轮廓线剪切，其样板如图 2-32 所示。

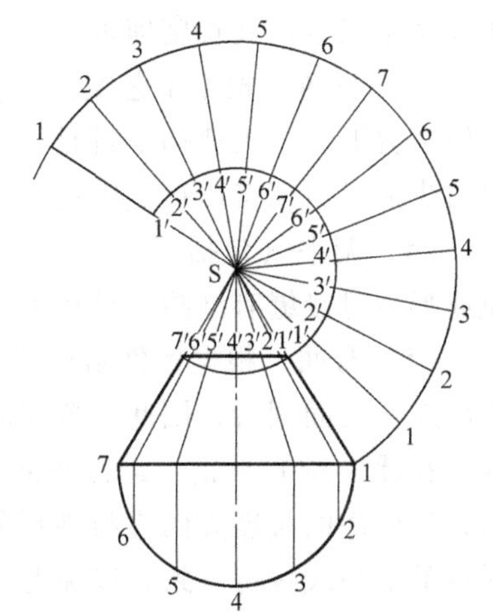

图 2-31　JBC. 01-2 展开图

3）件 JBC. 01-3，该件是圆柱几何形体，其展开是一个矩形，无须放样制作样板，可用计算法直接算出其所用料的大小。根据图样尺寸和工艺得知其展开料尺寸为 t1mm×565mm×100mm。

4）件 JBC. 01. 4-1 的展开放样及样板制作：

① 在样板材料上用放射线法将 JBC. 01. 4-1 进行展开放样，其展开图如图 2-33 所示。

② 用剪刀沿展开图轮廓线剪切，其样板如图 2-34 所示。

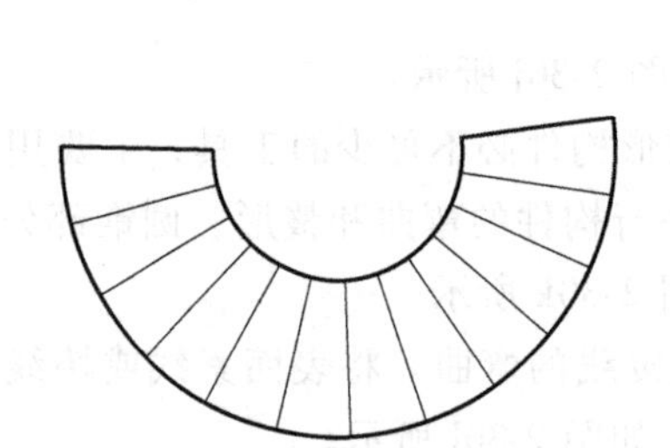

图 2-32　JBC. 01-2 样板

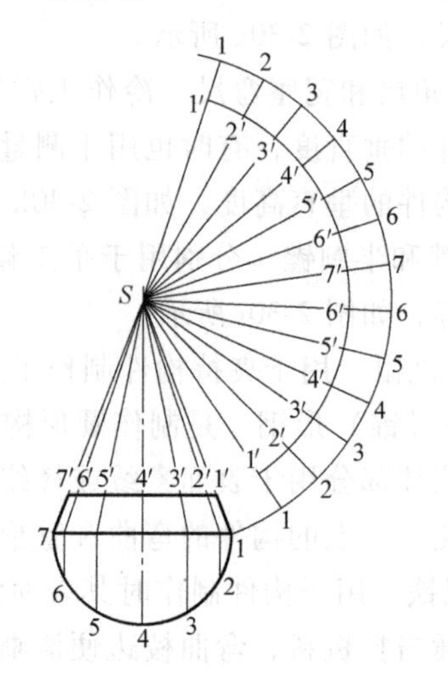

图 2-33　JBC. 01. 04-1 展开图

5）件 JBC. 01. 4-2 为 t1mm×ϕ150mm 的圆，故不需展开和制作样板，用划规可直接进行号料。

（2）号料　号料应将同材质同厚度的零件进行集中套排，以提高材料利用率。根据搅拌罐零部件的图样、工艺得知，所有板件均为同材质和同厚度，故可以进行集中套排。将样板覆在薄钢板上，用划针沿样板轮廓画线，并号出所有表面素线或棱线的端点，移去样板，将表面素线或棱线连接出来，以作为弯曲的依据。无样板零件的号料，按其尺寸在薄钢板上直接进行线型放样。JBC. 01-5 为圆钢件，直接采用手工号出其长度即可。

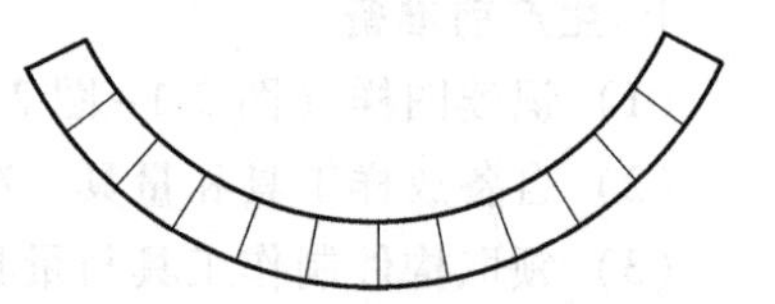

图 2-34　JBC. 01. 04-1 样板

（3）下料　根据工艺安排，板件下料均采用薄钢板剪刀手工剪切下料。下料时沿号料外轮廓剪下。手工剪切下料时，不要将剪刀剪到底，应不断跟进剪刀一点一点地剪，避免因剪刀尖造成剪切挤压痕点影响下料件周边质量。

（4）调平（包括调直）　用木锤进行调平。同时用平锉将工件对接口的边修平直，以免成形后对接缝有缝隙，导致无法修复。

（5）弯曲　根据构件制作要领，从两端到中间依次进行弯曲。构件表面为弧面时，弯曲后应使表面圆滑，因此，弯曲时表面素线不应弯出，表面素线只作为圆柱体构件和圆锥体构件在圆（锥）形钢上进行弯曲保持素线与中心线一致的依据。锥形体构件在锥形钢上弯曲，其构件的锥度方向应与锥形钢的方向一致。弯曲过程应使构件的表面素线与圆（锥）形钢的中心线保持一致，以免弯曲时出现扭曲现象。弯曲时特别要注意构件表面不得出现锤痕。弯曲后的构件上下口应平齐，不得有错口现象。

（6）焊接　按焊接参数操作，焊缝须有足够的熔深，不得有夹渣、气孔等焊接缺陷。避免焊穿。

（7）整形

1）圆度：将构件套在圆（锥）形钢上，用木锤沿圆周方向反复进行圆度整形，边整边进行测量，确保圆口的直径尺寸在任意位置测量都保持一致。在整形过程中应特别注意构件要与圆（锥）形钢贴实，否则将会出现翻口现象。

2）平面度：将工件放在平台上检查其端口是否与平台贴合严实。若有缝隙出现，用平锉将高出的部分进行锉削，此过程要反复多次进行才能达到平面度的要求。在修整平面度时，将会影响构件的高度尺寸，因而在修整过程中一定要兼顾其高度尺寸。

3）去毛刺：将构件周边因锉削产生的毛刺（包括剪切下料时产生的毛刺）用半圆锉修除。

（8）装配

1）装配 JBC. 01. 04：以 JBC. 01. 04-1 为基准拼点 JBC. 01. 04-2，并进行内部焊接。

2）以 JBC. 01-3 为基准，依次拼点各件。拼点时，应将各件的接口错开（一般错位 90°）。装配时应严格控制构件的整体尺寸，避免因误差积累造成整个构件的总体尺寸超差。

（9）焊接　按焊接参数操作，焊缝须有足够的熔深，不得有夹渣、气孔等焊接缺陷，避免焊穿。

（10）整形　按图样尺寸进行整形，并去除焊接飞溅，焊缝严禁打磨。

（11）检验　按图样、工艺进行自检。

六、操作技能评定

搅拌罐操作技能评分表见表 2-9。

表 2-9　搅拌罐操作技能评分表

考核项目	考核内容	考核要求	分值	评分标准	实测	扣分
主要项目	尺寸	1. 总长尺寸 230mm±1mm	10	超差 1mm 扣 2 分，扣完为止		
		2. 出料口直径 80mm±1mm	10	超差 1mm 扣 2 分，扣完为止		
		3. 罐体直径 180mm±1mm	10	超差 1mm 扣 2 分，扣完为止		
	几何误差	4. 出料口平面度误差≤1mm	10	超差 1mm 扣 2 分，扣完为止		
		5. 罐体左端面与水平面的垂直度误差≤1mm	10	超差 1mm 扣 2 分，扣完为止		
		6. 罐体右端面与水平面的垂直度误差≤1mm	10	超差 1mm 扣 2 分，扣完为止		
	外观	7. 表面无明显锤痕和折弯痕迹	10	发现 1 处扣 2 分，扣完为止		
		8. 外露件下料周边圆滑、无毛刺	5	发现 1 处扣 1 分，扣完为止		
	焊接质量	9. 焊缝无夹渣、气孔、未熔合等	5	发现 1 处扣 1 分，扣完为止		
		10. 焊缝美观度	5	视焊缝美观程度适当扣分		

（续）

考核项目	考核内容	考核要求	分值	评分标准	实测	扣分
一般项目	工、量具的正确使用	11. 钢直尺、90°角尺、钢卷尺、划针、薄钢板剪刀、锉、圆规、样冲等工、量具的用法	5	发现一次不正确使用扣1分，扣完为止		
	操作熟练程度	12. 熟练程度	5	视熟练程度适当扣分		
生产现场	安全文明生产	13. 场地清洁，按规定穿戴劳保用品，工业垃圾随时清理，无安全隐患	5	发现一次不符合规定扣2分，存在安全隐患不得分		
合计得分						

任务二　导风罩制作

一、识读图样及工艺

导风罩图样如图2-35所示，其工艺过程卡见表2-10。

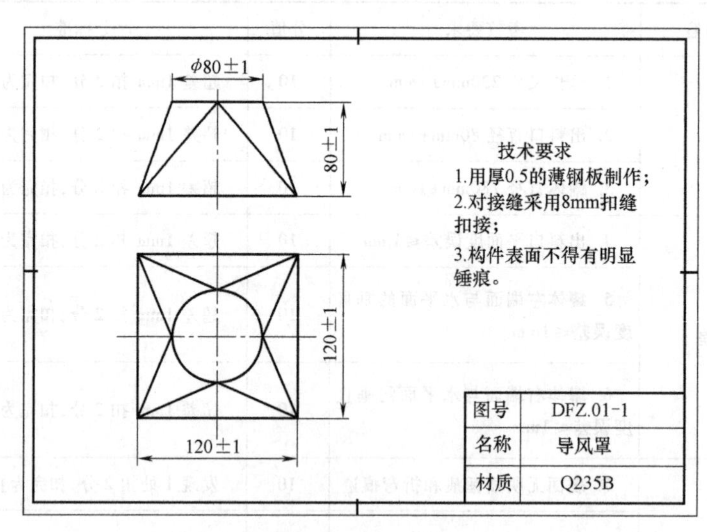

图2-35　导风罩

表 2-10　导风罩工艺过程卡

艺卡-02　　总　页　　第　页

徐工技师学院	工艺过程卡	产品型号	DFZ. 00	零部件图号	DFZ. 01-1	物料编码	
		产品名称	导风装置	零部件名称	导风罩	共 1 页	第 1 页
材料种类	钢板	材料牌号	Q235B	材料规格	t0. 5mm×330mm×160mm	每毛坯件数	1
每台数量	1						

工序号	工序名称	工序内容	工作中心	设备	刃量工具	工艺装备	辅料	工时
1	展开放样	按图样展开放样					纸板	0. 45
2	样板制作	根据展开图,制作样板			剪刀		纸板	0. 10
3	号料	按样板号外形,标出各表面素线位置并连接			划针		薄钢板	0. 10
4	下料	手工剪切外轮廓			薄钢板剪刀			0. 20
5	调平	手工调平并修整扣缝端边的直线度			木锤			0. 10
6	弯曲	手工弯曲成形,注意对接口平整,表面不得有锤痕			木锤	台虎钳、规铁		1. 00
7	扣接	扣接扣缝			木锤、钢直尺	台虎钳、规铁		0. 15
8	整形	手工整形,包括方口的棱形、圆口的圆度以及上下口的平面度			木锤、钢直尺	台虎钳、规铁		1. 10
	检							
		交付						

底图号

装订号

标记	处数	更改文件号	签　字	日　期	标记	处数	更改文件号	签　字	日　期	设计(日期)	审核(日期)	标准化(日期)	批准(日期)
										高大伟	刘晓	王军	郑磊

二、任务描述

在企业的焊接车间、铸造车间和涂装车间，为了排出生产所产生的烟尘、粉尘及有害气体等均装有排风设备，以导风罩（天圆地方）为典型的几何形体则是排风装置中的主要部件之一，多以 2.5mm 以下的薄板制作。在具有一定的展开放样基础知识的同时，通过直角三角形法求实长和三角形展开法的学习，对构件进行展开制作。

三、学习目标

1）接受工作任务后，在老师的引导下，能识读产品图样和工艺。

2）在识读图样和工艺的基础上，能按比例绘制构件单线图。

3）融入相关知识的学习后，能通过线段分析进行线段鉴别，并会用直角三角形法求出一般位置直线的实长。

4）根据构件特征，通过形体分析，能独立地运用三角形展开法完成构件的展开放样及样板制作。

5）在老师的指导下，能独立地进行号料、下料及构件的弯曲制作。

6）在老师的指导下，能对已制作的构件进行检测，并进行质量分析。

四、相关知识

1. 形体分析

在识读图样的基础上进行形体分析，形体分析要透彻，便于选择合适的展开方法，也将为后续求线段实长和展开作图提供帮助，可大大提高求线段实长和展开作图的效率。

2. 求线段实长（直角三角形法求一般位置直线的实长）

线段实长求的正确与否以及所求实长的精确与否，将直接影响所画展开图的精确与否，因而精确地求出线段实长至关重要。在求线段实长时一定要仔细认真地逐条去求，并作好标识。

直角三角形法求实长的概念及要领：以一面投影的垂直高度作为一条直角边，以另一面投影的实际长度作为另一条直角边，连成一个直角三角形，其斜边就是该线段的实长。如图 2-36 所示。

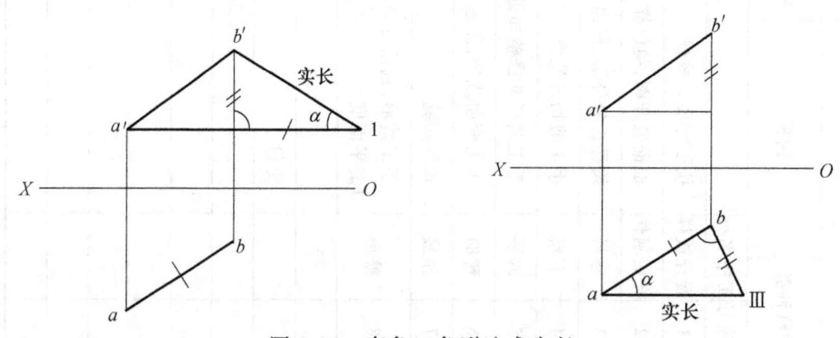

图 2-36　直角三角形法求实长

3. 三角形展开法

（1）三角形展开法的概念　三角形展开法是以立体表面素线或棱线为主，并画出必要的辅助线，将立体表面分割成一定数量的三角形（三角形数量越多越精确，但展开的效率就越低），然后求出每个三角形的实形，并依次画在平面上，从而得到立体表面的展开图。

三角形展开法适用于各种几何形体的展开，只是展开的便利程度和精确程度不同而已。

（2）展开示例　作正四棱锥管的展开，如图 2-37 所示。

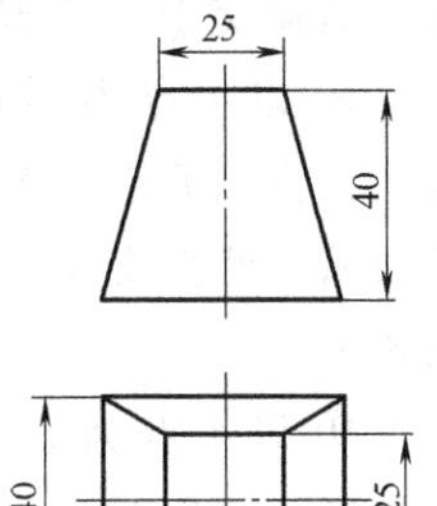

图 2-37　正四棱锥管展开图

其展开步骤如下：

1）根据图示尺寸按 1∶1 的比例画出主、俯视图，并标注各点。

2）形体分析：根据图样尺寸看得出来，该构件上口是个正方形，下口是个长方形，由四个梯形面组成，且上下口同心，前后（与 X 轴）对称，左右（与 Y 轴）对称。

3）在俯视图上依次连出各面的对角线 1-6、2-7、3-8、4-5，并求出它们在主视图上的对应位置，如图 2-38 所示。

4）线段分析：

1-2 侧垂线，在主、俯视图上反映实长。

2-3 正垂线，在俯、左视图上反映实长。

3-4 侧垂线；在主、俯视图上反映实长。

1-4 正垂线；在俯、左视图上反映实长。

5-6 侧垂线；在主、俯视图上反映实长。

6-7 正垂线；在俯、左视图上反映实长。

7-8 侧垂线；在主、俯视图上反映实长。

8-5 正垂线；在俯、左视图上反映实长。

1-5、2-6、3-7、4-8 为一般位置的直线段，需求其实长。

1-6、2-7、3-8、4-5 为一般位置的直线段，需求其实长。

5）求线段实长（直角三角形法）：以主视图上各一般位置的直线的垂直高度作为一条直角边，以俯视图上各一般位置的直线的投影的实际长度作为另一条直角边，分别连成直角三角形，其斜边分别就是所求一般位置直线的实长，如图 2-38 所示。

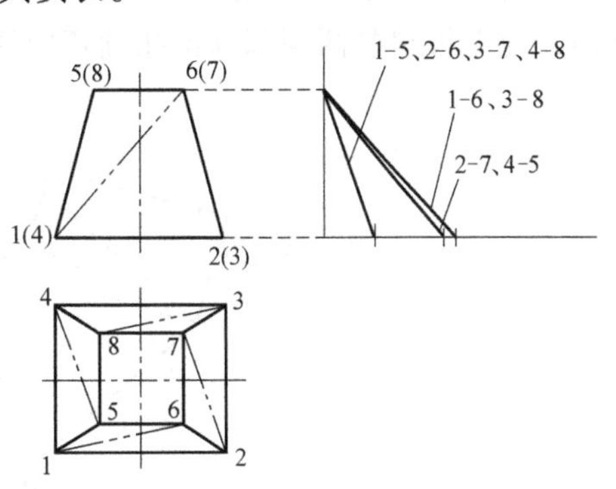

图 2-38　求正四棱锥管的实长

6）作展开图：

① 画一直线，截取 1-2 的长度。

② 以 1 点为圆心，以 1-6 的实长为半径画弧，再以 2 点为圆心，以 2-6 的实长为半径画弧，两弧交于一点即为 6 点，连接 1-6 和 2-6。

③ 以 1 点为圆心，以 1-5 的实长为半径画弧，再以 6 点为圆心，以 5-6 的实长为半径画弧，两弧交于一点即为 5 点，连接 1-5 和 6-5。

④ 以 2 点为圆心，以 2-7 实长为半径画弧，再以 6 点为圆心，以 6-7 的实长为半径画弧，两弧交于一点即为 7 点，连接 2-7 和 6-7。

⑤ 以 2 点为圆心，以 2-3 的实长为半径画弧，再以 7 点为圆心，以 3-7 的实长为半径画弧，两弧交于一点即为 3 点，连接 2-3 和 7-3。

⑥ 以 3 点为圆心，以 3-8 实长为半径画弧，再以 7 点为圆心，以 7-8 的实长为半径画弧，两弧交于一点即为 8 点，连接 3-8 和 7-8。

⑦ 以 3 点为圆心，以 3-4 的实长为半径画弧，再以 8 点为圆心，以 4-8 的实长为半径画弧，两弧交于一点即为 4 点，连接 3-4 和 8-4。

⑧ 以 4 点为圆心，以 4-5 实长为半径画弧，再以 8 点为圆心，以 8-5 的实长为半径画弧，两弧交于一点即为 5 点，连接 4-5 和 8-5。

⑨ 以 4 点为圆心，以 4-1 的实长为半径画弧，再以 5 点为圆心，以 1-5 的实长为半径画弧，两弧交于一点即为 1 点，连接 4-1 和 5-1，即得正四棱锥管的展开图，如图 2-39 所示。

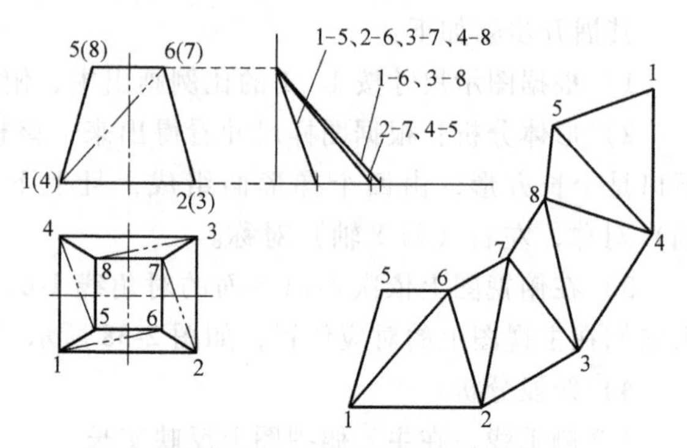

图 2-39　正四棱锥管的展开图

4. 扣缝制作

（1）扣缝（咬缝）的概念　将薄板料的边缘相互折转扣合压紧的连接方法称为扣缝。

（2）扣缝工艺　扣缝一般用于厚度为 0.2~1.5mm 板料的连接，其扣缝宽度随板料厚度而定。当板料厚度在 0.2~0.5mm 时，扣缝宽度取 3~5mm；当板料厚度在 0.75~1.5mm 时，扣缝宽度取 5~8mm。扣缝的扣接通常是手工操作，一般制作步骤如下：

1）确定扣缝余量：扣缝余量是扣缝宽度的 3 倍。

2）在板料边缘画出扣缝弯曲线，一板边为扣缝宽度，另一板边为扣缝宽度的 2 倍，另外，在扣缝余量等于扣缝宽度的一板边再向展开图内多画一个扣缝宽度，如图 2-40 所示。因板厚的原因（以 8mm 宽扣缝为例），一般将最外边的扣缝宽度 8mm 做成 7.5mm。为便于弯曲，应在板料的两面都画出扣缝弯曲线。

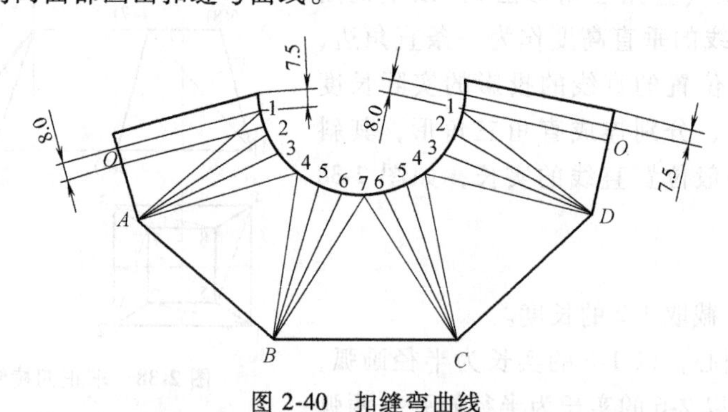

图 2-40　扣缝弯曲线

3）将板料的弯曲线对准规铁的棱边，用木锤敲击成 90°，如图 2-41 所示。木锤应击打在边料的棱边处，弯曲处的 R 越大越好，避免出现清根（死根）现象，板料两边缘的折弯方向应相反。

4）将板料翻转，用木锤击打板料进一步折弯成如图 2-42 所示。注意折弯时要留出大于板厚的间隙，否则会因另一板边无法插入而不能扣接（可用 2 倍的边角余料做垫片塞入弯曲，以保证开口缝隙均匀平直）。

5）将板料前移略大于折弯板边宽度的距离，即第二根折弯线对准规铁棱边，用木锤敲击弯成约45°，如图2-43所示。此时，弯曲处的 R 越小越好，可用木锤锤击上平面，另一板边也用同样方法制作。板料两边反折的角度应一致，以便扣合时能很容易地挂合。

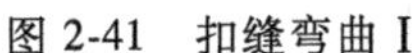

图2-41　扣缝弯曲Ⅰ

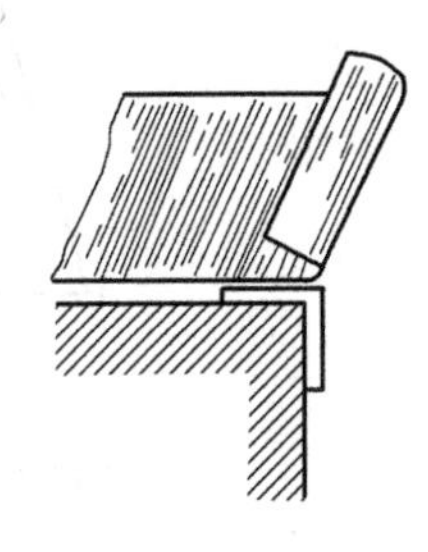

图2-42　扣缝弯曲Ⅱ

图2-43　扣缝弯曲Ⅲ

6）将两板料扣合，并敲击压紧，如图2-44所示。注意应分别先将两端扣合敲击压紧，然后再锤击中部压紧。

图2-44　扣缝弯曲Ⅳ

五、任务实施

1. 生产前准备

（1）识读图样（图2-35）及工艺（表2-10）

（2）自备放样工具与量具　准备放样所用的三角板、圆规、铅笔、橡皮、剪刀等。

（3）领取构件制作工具与量具　领取划针、钢直尺、薄钢板剪刀、锉、木锤、钢卷尺、宽座弯尺、圆（锥）形钢、方规铁等。

（4）领取纸板和材料

1）领取放样用纸板：t1mm×500mm×400mm。

2）根据图样、工艺要求领取薄钢板 t0.5mm×330mm×160mm。

2. 构件制作

（1）展开放样　在纸板上进行展开放样，其步骤如下：

1）用已知尺寸（按1∶1的比例）画出主、俯视图（单线图），如图2-45所示。

2）形体分析：该构件是由四个全等斜圆锥面和四个等腰三角形平面组合而成的。上口为圆，下口为方，且上下口同心，前后（与 X 轴）对称，左右（与 Y 轴）对称，属于完全对称的构件。

3）等分俯视图上的圆周12等份，得1、2、3、4、5、6、7、6、5、4、3、2、1、各点；在俯视图上依次连接各表面素线 A-2、A-3、B-5、B-6、C-6、C-5、D-3、D-2，并求出它

们在主视图上的对应投影，得 A-1′、A-2′、A-3′、A-4′、B-4′、B-5′、B-6′、B-7′，并选择 O-1 为构件的对接缝，如图 2-46 所示。

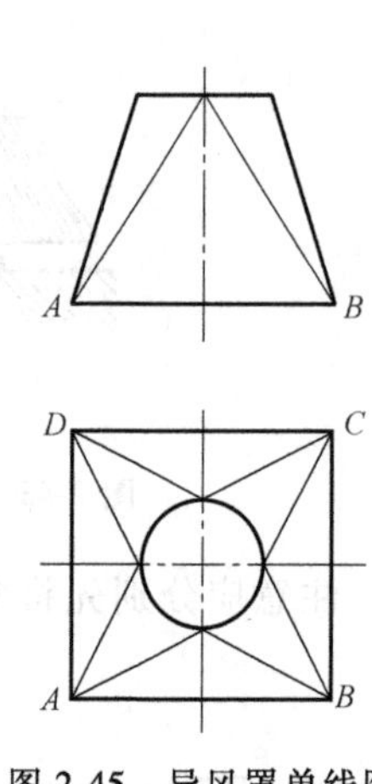

图 2-45　导风罩单线图

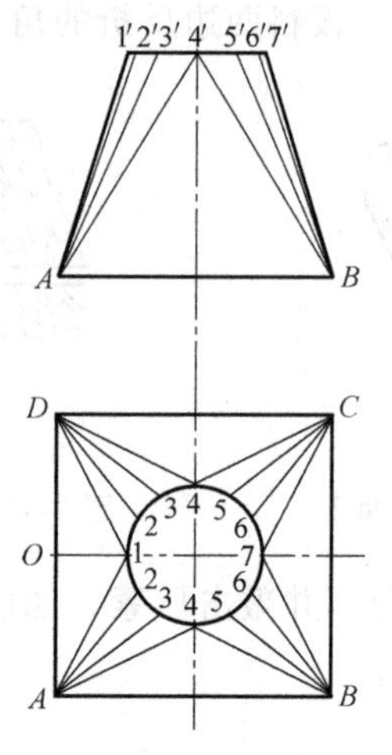

图 2-46　导风罩表面素线

4）线段分析：

A-B 侧垂线，在主、俯视图上反映实长。

B-C 正垂线，在俯、左视图上反映实长。

C-D 侧垂线，在主、俯视图上反映实长。

A-O 正垂线，在俯、左视图上反映实长。

D-O 正垂线，在俯、左视图上反映实长。

上口圆为平行于水平投影面的平面曲线，在俯视图上反映实长。

A-1 一般位置的直线，在三个视图上均不反映实长。

A-2 一般位置的直线，在三个视图上均不反映实长。

A-3 一般位置的直线，在三个视图上均不反映实长。

A-4 一般位置的直线，在三个视图上均不反映实长。

B-4 与 A-4 对称，一般位置的直线，在三个视图上均不反映实长。

B-5 与 A-3 对称，一般位置的直线，在三个视图上均不反映实长。

B-6 与 A-2 对称，一般位置的直线，在三个视图上均不反映实长。

B-7 与 A-1 对称，一般位置的直线，在三个视图上均不反映实长。

C-7 与 B-7 对称，一般位置的直线，在三个视图上均不反映实长。

C-6 与 B-6 对称，一般位置的直线，在三个视图上均不反映实长。

C-5 与 B-5 对称，一般位置的直线，在三个视图上均不反映实长。

C-4 与 B-4 对称，一般位置的直线，在三个视图上均不反映实长。

D-4 与 A-4 对称，一般位置的直线，在三个视图上均不反映实长。

D-3 与 A-3 对称，一般位置的直线，在三个视图上均不反映实长。

D-2 与 A-2 对称，一般位置的直线，在三个视图上均不反映实长。

D-1 与 A-1 对称，一般位置的直线，在三个视图上均不反映实长。

O-1 正平线，在主视图上反映实长（A-1′）。该直线是构件上的一条特殊线，它是选取的扣缝线，也是天圆地方表面上唯一的一条平行线，展开作图需特别注意，以免用错。

5）求线段实长（直角三角形法）：从线段分析可以看出，天圆地方的各表面素均为一般位置的直线，需对其求出实长。根据直角三角形法求实长的概念及要领，依次求出一般位置直线的实长。即以主视图上各表面素线的垂直高度作为一条直角边，以俯视图上各表面素线投影的实际长度作为另一条直角边，作成直角三角形，其斜边就是所求的各表面素线的实长，如图 2-47 所示。

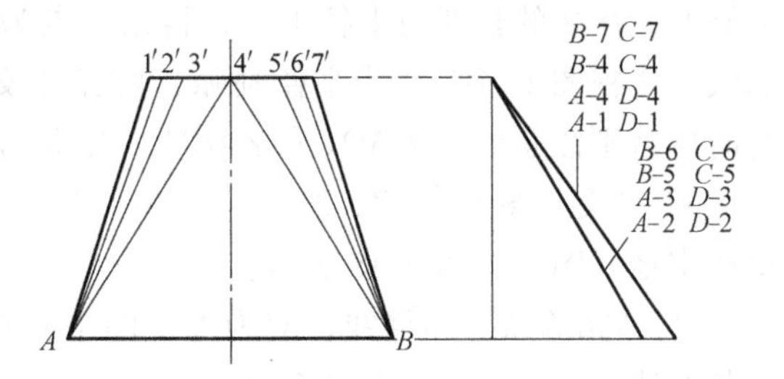

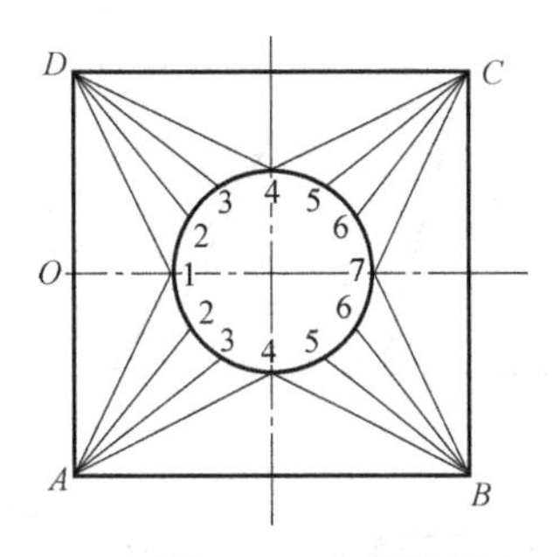

图 2-47　求导风罩表面素线的实长

6）作展开图：根据构件的对称关系和所选择的对接口，为提高展开的效率，从 B-C 开始向两边对称展开，其展开步骤如下：

① 画线段 B-C。知道了 B 点、C 点找 7 点。以 B 点为圆心，B-7 的实长为半径画弧，再以 C 点为圆心，以 C-7 的实长为半径画弧，两弧相交于一点，即为 7 点，连接 B-7 和 C-7，即得三角形 BC7。

② 知道了 B 点（C 点）、7 点找 6 点。以 B 点为圆心，B-6 的实长为半径画弧，以 C 点为圆心，C-6 的实长为半径画弧，再以 7 点为圆心，以 7-6（圆的 1/12 等份）长为半径左右画弧，两弧相交于一点，即为 6 点，连接 B-6 和 C-6。此时 7-6 暂时不连，等整个展开图作完后，再用光滑的曲线连接。

③ 知道了 B 点（C 点）、6 点找 5 点。以 B 点为圆心，B-5 的实长为半径画弧，以 C 点为圆心，C-5 的实长为半径画弧，再以 6 点为圆心，以 6-5（圆的 1/12 等份）长为半径画弧，两弧相交于一点，即为 5 点，连接 B-5 和 C-5。

④ 知道了 B 点（C 点）、5 点找 4 点。以 B 点为圆心，B-4 的实长为半径画弧，以 C 点为圆心，C-4 的实长为半径画弧，再以 5 点为圆心，以 5-4（圆的 1/12 等份）长为半径画弧，两弧相交于一点，即为 4 点，连接 B-4 和 C-4。

⑤ 知道了 B 点（C 点）、4 点找 A 点（D 点）。以 B 点为圆心，B-A 的长度为半径画弧，以 C 点为圆心，C-D 的长度为半径画弧，再以 4 点为圆心，以 A-4（D-4）的实长为半径画弧，两弧相交于一点，即为 A 点（D 点），连接 B-A（C-D）和 A-4（D-4）。

⑥ 知道了 A 点（D 点）、4 点找 3 点。以 A 点为圆心，A-3 的实长为半径画弧，以 D 点为圆心，D-3 的实长为半径画弧，再以 4 点为圆心，4-3（圆的 1/12 等份）长为半径画弧，两弧相交于一点，即为 3 点，连接 A-3 和 D-3。

⑦ 知道了 A 点（D 点）、3 点找 2 点。以 A 点为圆心，A-2 的实长为半径画弧，以 D 点为圆心，D-2 的实长为半径画弧，再以 3 点为圆心，3-2（圆的 1/12 等份）长为半径画弧，两弧相交于一点，即为 2 点，连接 A-2 和 D-2。

⑧ 知道了 A 点（D 点）、2 点找 1 点。以 A 点为圆心，A-1 的实长为半径画弧，以 D 点为圆心，D-1 的实长为半径画弧，再以 2 点为圆心，2-1（圆的 1/12 等份）长为半径画弧，

两弧相交于一点，即为 1 点，连接 *A*-1 和 *D*-1。

⑨ 知道了 *A* 点（*D* 点）、1 点找 *O* 点。以 *A* 点为圆心，*A*-*O* 的长度为半径画弧，以 *D* 点为圆心，*D*-*O* 的长度为半径画弧，再以 1 点为圆心，*O*-1 的实长（注意：*O*-1 是正平线，实长线为主视图上 *A*-1′）为半径画弧，两弧相交于一点，即为 *O* 点，连接 *A*-*O*、*D*-*O* 和 1-*O*。此时应特别注意的是∠AO1 和∠DO1 一定是直角。

⑩ 将展开图上 1、2、3、4、5、6、7、6、5、4、3、2、1 各点用光滑的曲线连接，即得所求展开图，如图 2-48 所示。

⑪ 画扣缝线：扣缝线，应为 *O*-1 的平行线，方口处应作 *O*-1 的延长线，圆口处的曲率应与曲线的曲率一致，如图 2-49 所示。

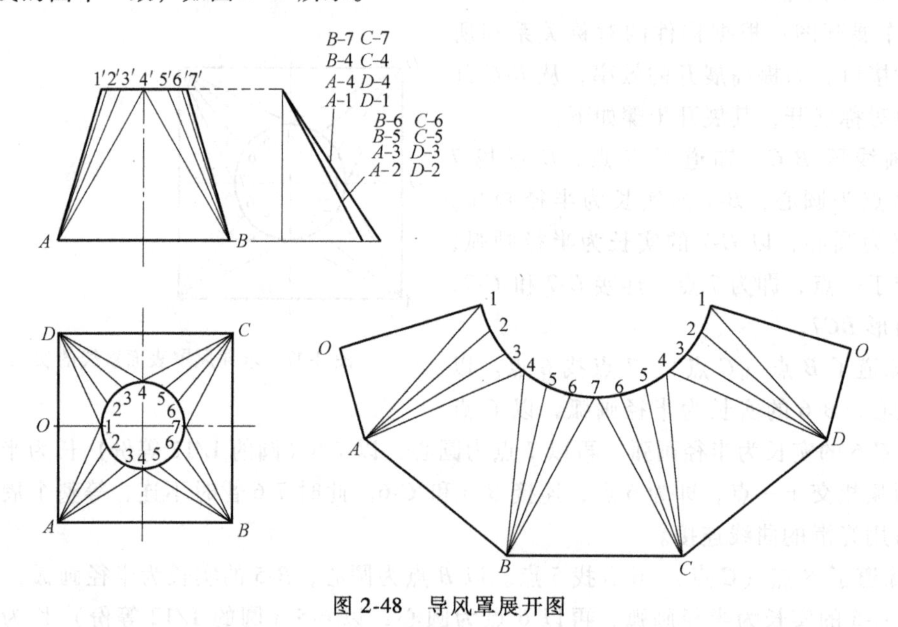

图 2-48　导风罩展开图

（2）制作样板　用剪刀沿展开图轮廓线剪切，其样板如图 2-50 所示。

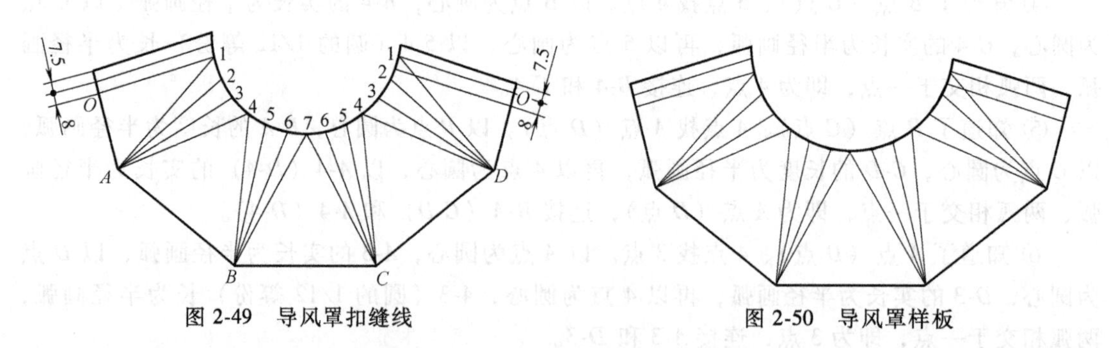

图 2-49　导风罩扣缝线　　图 2-50　导风罩样板

（3）号料　将样板覆在薄钢板上，用划针沿样板轮廓画线，并号出所有表面素线或棱线的端点，移去样板，将表面素线或棱线连接出来，以作为弯曲的依据。

（4）下料　根据工艺安排，其下料采用薄钢板剪刀手工剪切下料。下料时沿号料外轮廓剪下。手工剪切下料时，不要将剪刀剪到底，应不断跟进剪刀一点一点地剪，避免因剪刀尖造成剪切挤压痕点影响下料件周边质量。

（5）调平（包括调直） 用木锤进行调平。同时用平锉将工件对接口的边修平直，以免扣缝线弯曲后影响扣缝扣接。此时需将 4 条扣缝线过画到背面去，以满足扣缝反正弯曲所需。

（6）弯曲 弯曲时特别要注意构件表面不得出现锤痕。弯曲后的构件上下口应平齐，不得有错口现象。

1）首先按扣缝制作工艺，弯曲扣缝线（坯料两边一反一正进行弯曲）。弯曲时特别要注意避免扣缝死根现象的出现。

2）根据手工弯曲要领，从两端到中间依次进行棱线弯曲。将坯料放在规铁上，其表面棱线对准规铁的棱边，用木锤对准棱线轻轻地锤击，棱线便清晰可见，此时千万要注意在锤击的过程中坯料不得移动，若有移动，应再次将棱线与规铁棱边对齐后再进行锤击弯曲，各棱线弯曲曲率应保持大体一致。需注意的是，靠近扣缝处有一条棱线与扣缝线交叉，该棱线在弯曲时应尽可能地弯曲到扣缝线位置。

3）棱线弯曲后，再进行弧面弯曲。因弧面应保持光滑，故弧面的表面素线不应弯出，可在锥形钢上进行压赶弯曲，其锥度方向应与锥形钢的方向一致，弯曲过程中应使构件的表面素线与锥形钢的中心线保持一致，以免弯曲时出现扭曲现象。

4）弯曲至两扣缝基本平行接近时，先不要急于扣接，应对构件方口进行清根，将构件棱边与规铁棱边对齐，用锤子击打方口根部，此步骤需要重复进行，直至达到方口四个明显的 90°尖角以及方口的四个边接近平直时为止。

（7）扣接扣缝 该构件应先将方口端扣缝扣合敲击压紧，并保持扣缝底部平齐，再将圆口端扣缝扣合敲击压紧，若此时圆口的弯曲曲率过大，可用力拉住圆口部位，以使扣缝扣实为准。最后将扣缝置于圆钢上将扣缝中部进行敲击压紧。此时在扣缝的两边近处便会出现明显可见一凸一凹的止退槽（脊背印痕）。

（8）整形 整形时，要边整边进行测量。

1）修整方口：将构件棱线与规铁棱边放置吻合，根据方口边的直线度误差，用木锤从方口尖角处沿棱线向圆口方向锤击，直线度误差越大，锤击的距离就越长，直至方口的四个边自然平直为准。

2）修整圆口：将构件套在锥形钢上，用木锤沿圆周反复进行锤击，直至圆口直径尺寸在任意位置测量均保持一致为止。在修整过程中，需注意弧面的锥度方向应与锥形钢的锥度方向一致，工件放置要与锥形钢贴合（方口的尖角处不得抬起），以免圆口出现翻边现象。

3）修整方口、圆口平面度：将构件放在平台上，若与平台有缝隙，说明存在平面度误差，此时应将构件与平台贴合部位用平（半圆）锉进行锉削（即哪里高就锉哪里），以消除缝隙，直至达到规定的平面度要求。因为构件上的尺寸都是有相互关联的，因此，修整时还应兼顾构件的高度尺寸、圆口直径和方口尺寸等。

4）去毛刺：修整的同时，应及时去除方口和圆口的毛刺，以手感光滑为准。

（9）检验 按图样、工艺进行自检。

六、操作技能评定

导风罩操作技能评分表见表 2-11。

表 2-11 导风罩操作技能评分表

考核项目	考核内容	考核要求	分值	评分标准	实测	扣分
主要项目	尺寸公差	1. 上口尺寸 φ80mm±1mm	10	超差 1mm 扣 2 分,扣完为止		
		2. 下口尺寸 120mm±1mm	10	超差 1mm 扣 2 分,扣完为止		
		3. 高度尺寸 80mm±1mm	10	超差 1mm 扣 2 分,扣完为止		
	几何误差	4. 圆口平面度误差≤1mm	10	超差 1mm 扣 2 分,扣完为止		
		5. 方口平面度误差≤1mm	10	超差 1mm 扣 2 分,扣完为止		
	外观	6. 表面无明显锤痕	10	发现 1 处扣 1 分,扣完为止		
		7. 下料周边圆滑、无毛刺	5	发现 1 处扣 1 分,扣完为止		
	扣接质量	8. 扣接缝宽度 8mm±1mm	5	超差 1mm 扣 1 分,扣完为止		
		9. 扣接缝上下口平齐	5	超差 1mm 扣 1 分,扣完为止		
		10. 扣接缝平整美观	5	视平整程度适当扣分		
一般项目	工具的正确使用	11. 钢直尺、90°角尺、钢卷尺、划针、薄钢板剪刀、锉、圆规、样冲的用法	5	发现一次不正确使用扣 1 分,扣完为止		
	操作熟练程度	12. 熟练程度	5	视熟练程度适当扣分		
生产现场	安全文明生产	13. 场地清洁,按规定穿戴劳保用品,工业垃圾随时清理,无安全隐患	10	发现一次不符合规定扣 2 分,存在安全隐患扣 10 分		
合计得分						

任务三 底口倾斜天圆地方的制作

一、识读图样及工艺

底口倾斜天圆地方图样如图 2-51 所示，其工艺过程卡见表 2-12。

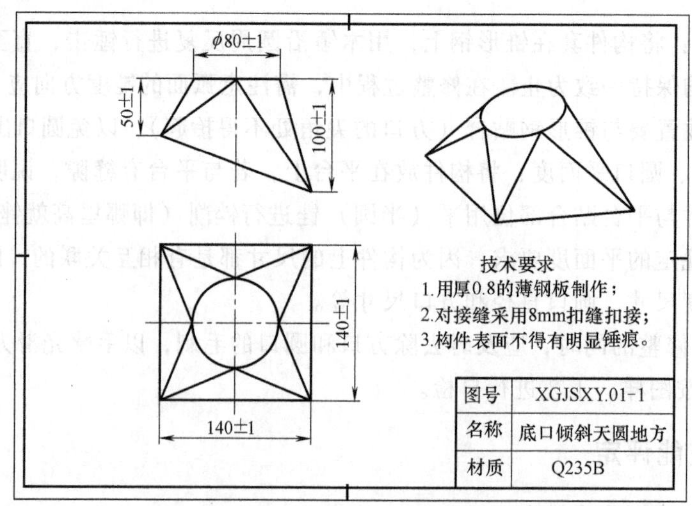

图 2-51 底口倾斜天圆地方

表 2-12 底口倾斜天圆地方工艺过程卡

艺卡-02	总 页	第 页

徐工技师学院	工艺过程卡	产品型号	XGJSXY. 00	零部件图号	XGJSXY. 01-1	物料编码	
		产品名称	导风装置	零部件名称	底口倾斜天圆地方	共 1 页	第 1 页

材料种类	钢板	材料牌号	Q235B	材料规格	t0. 8mm×360mm×200mm	每毛坯件数	1	每台数量	1

工序号	工序名称	工序内容	工作中心	设备	刃量工具	工艺装备	辅料	工时
1	展开放样	按图样展开放样					纸板	0. 45
2	样板制作	根据展开图，制作样板			剪刀		纸板	0. 10
3	号料	按样板号外形，标出各表面素线位置并连接			划针		薄钢板	0. 10
4	下料	手工剪切外轮廓			薄钢板剪刀			0. 20
5	调平	手工调平并修整扣缝端边的直线度			木锤			0. 10
6	弯曲	手工弯曲成形，注意对接口平整，表面不得有锤痕			木锤	台虎钳、规铁		1. 00
7	扣接	扣接扣缝			木锤、钢直尺	台虎钳、规铁		0. 15
8	整形	手工整形，包括方口的棱形、圆口的圆度以及上下口的平面度			木锤、钢直尺	台虎钳、规铁		1. 10
	检							
		交付						
底图号								
装订号								

									设计(日期)	审核(日期)	标准化(日期)	批准(日期)
标记	处数	更改文件号	签 字	日 期	标记	处数	更改文件号	签 字	日 期	高大伟	刘晓	王军	郑磊

二、任务描述

底口倾斜天圆地方是正心天圆地方的演变形式之一。该构件是冷作工通过国家劳动部门中级工鉴定的应会备选课题之一。在认知正心天圆地方的展开放样及制作的基础上，认真对构件进行形体分析和线段鉴别，从而保证该构件能够正确地进行展开放样。底口倾斜天圆地方在制作上与正心天圆地方相同。

三、学习目标

1）通过展开放样的拓展训练，能综合运用展开放样的基础知识，达到对不同几何形体的构件能进行展开放样及构件制作。

2）接受工作任务后，在老师的引导下，能识读产品图样和工艺。

3）在识读图样和工艺的基础上，能按比例绘制构件单线图。

4）融入相关知识的学习后，能通过线段分析进行线段鉴别，并会用直角三角形法求出一般位置直线的实长。

5）根据构件特征，通过形体分析，能灵活地运用展开放样的方法进行展开放样及样板制作。

6）在老师的指导下，能独立地进行号料、下料及构件的弯曲制作。

7）在老师的指导下，能对已制作的构件进行检测，并进行质量分析。

四、相关知识

1）天圆地方的种类。天圆地方也称圆方过渡接头，其基本形体是正心天圆地方，即圆的中心与方的中心在一条中心线上。通过基本形体的演变，有正偏心天圆地方（圆的中心沿方的十字中心线偏移）、完全偏心天圆地方（圆的中心不在方的十字中心上）、底口（方口）倾斜天圆地方、上口（圆口）倾斜天圆地方、上口（圆口）与下口（方口）垂直天圆地方。所有天圆地方的上口（圆口）也可演变成椭圆口或其他形状的封闭曲线，下口（方口）也可演变成长方形或其他形状的多边形。

2）无论哪种天圆地方，其展开方法不变，只是表面素线的实长线不同，所画展开图的形状和曲展程度不尽相同。由于不同几何形体的对称关系不同，求表面素线实长线的数量也不相同。只要对几何形体分析透彻，对构件上的每一条线进行正确鉴别，并求出所有一般位置直线的实长，在展开过程中仔细认真，不用错实长线，那么所有天圆地方的展开便看似复杂而不复杂了。

五、任务实施

1. 生产前准备

（1）识读图样（图 2-51）及工艺（表 2-12）。

（2）自备放样工具与量具　准备放样所用的三角板、圆规、铅笔、橡皮、剪刀等。

（3）领取构件制作工具与量具　领取划针、钢直尺、薄钢板剪刀、锉、木锤、钢卷尺、宽座弯尺、圆（锥）形钢、方规铁等。

（4）领取纸板和材料

1）领取放样用纸板；t1mm×500mm×400mm。

2）根据图样、工艺要求领取薄钢板 t0.8mm×360mm×200mm。

2. 构件制作

在纸板上进行展开放样，其步骤如下：

1）用已知尺寸（按 1∶1 的比例）画出主、俯视图（单线图），如图 2-52 所示。

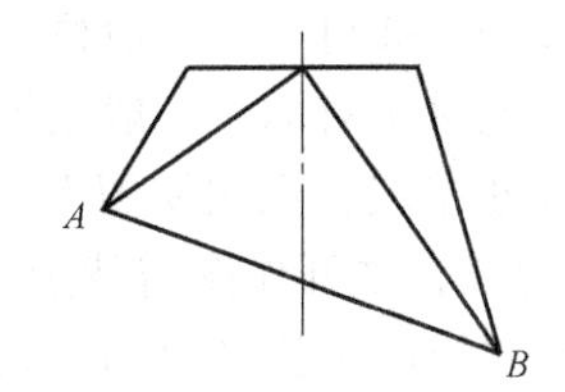

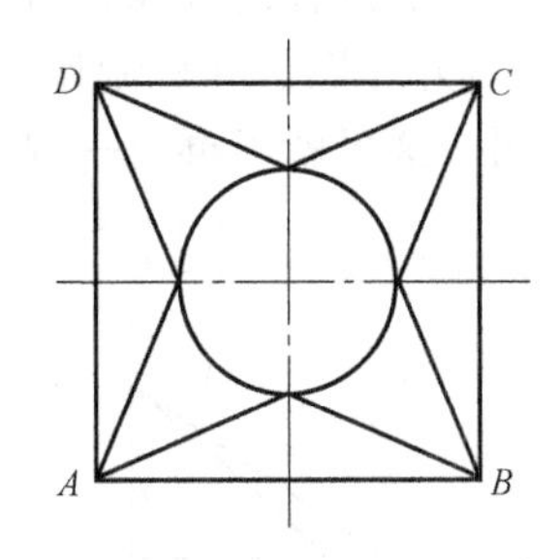

图 2-52 底口倾斜天圆地方单线图

2）形体分析：该构件由于底口倾斜，使前后两平面与圆口的切点偏离中线，从而改变了平、曲面分界线的位置。但在实际的制作过程中，由于分界点与中心线偏离的距离很小，故为了作图简单化，可忽略不计。该构件是由四个斜圆锥面和四个三角形平面组合而成的。上口为圆形，下口为长方形，前后（与 X 轴）对称，左右（与 Y 轴）不对称，属于不完全对称的构件。

3）等分俯视图上的圆周 12 等份，得 1、2、3、4、5、6、7、6、5、4、3、2、1 各点；在俯视图上依次连接各表面素线 A-2、A-3、B-5、B-6、C-6、C-5、D-3、D-2，并求出它们在主视图上的对应投影，得 A-1′、A-2′、A-3′、A-4′、B-4′、B-5′、B-6′、B-7′，并选择 O-1 为构件的对接缝，如图 2-53 所示。

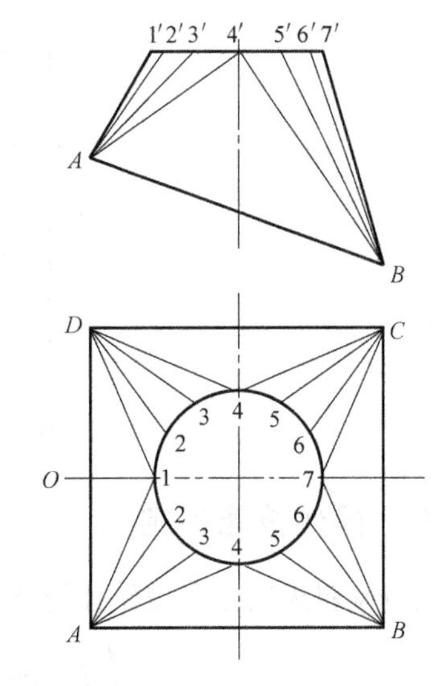

图 2-53 底口倾斜天圆地方表面素线

4）线段分析：

A-B 正平线，在主视图上反映实长，展开作图需特别注意，以免用错。

B-C 正垂线，在俯、左视图上反映实长。

C-D 正平线，在主视图上反映实长，展开作图需特别注意，以免用错。

A-O 正垂线，在俯、左视图上反映实长。

D-O 正垂线，在俯、左视图上反映实长。

上口圆为平行于水平投影面的平面曲线，在俯视图上反映实长。

A-1 一般位置的直线，在三个视图上均不反映实长；

A-2 一般位置的直线，在三个视图上均不反映实长；

A-3 一般位置的直线，在三个视图上均不反映实长；

A-4 一般位置的直线，在三个视图上均不反映实长；

B-4 一般位置的直线，在三个视图上均不反映实长；

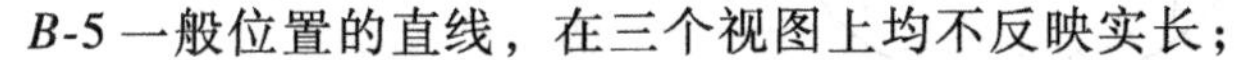

B-5 一般位置的直线，在三个视图上均不反映实长；

B-6 一般位置的直线，在三个视图上均不反映实长；

B-7 一般位置的直线，在三个视图上均不反映实长；

C-7 与 B-7 对称，一般位置的直线，在三个视图上均不反映实长；

C-6 与 B-6 对称，一般位置的直线，在三个视图上均不反映实长；

C-5 与 B-5 对称，一般位置的直线，在三个视图上均不反映实长；

C-4 与 *B*-4 对称，一般位置的直线，在三个视图上均不反映实长；
D-4 与 *A*-4 对称，一般位置的直线，在三个视图上均不反映实长；
D-3 与 *A*-3 对称，一般位置的直线，在三个视图上均不反映实长；
D-2 与 *A*-2 对称，一般位置的直线，在三个视图上均不反映实长；
D-1 与 *A*-1 对称，一般位置的直线，在三个视图上均不反映实长；

O-1 正平线，在主视图上反映实长（*A*-1′）。该直线是构件上的一条特殊线，它是选取的对接缝线，展开作图需特别注意，以免用错。

5）求线段实长（直角三角形法）：从线段分析可以看出，底口倾斜天圆地方的各表面素线均为一般位置的直线，需对其求出实长，如图 2-54 所示。

6）展开作图、样板制作、号料、下料、调平、弯曲、扣缝扣接、整形及检验与导风罩基本相同，这里就不再一一叙述了，其展开图如图 2-55 所示。

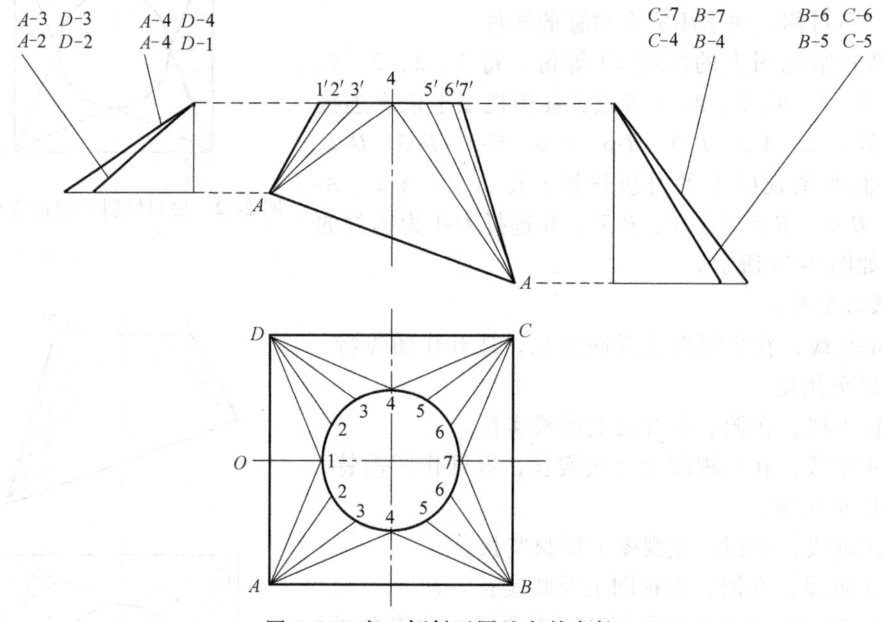

图 2-54　底口倾斜天圆地方的实长

六、操作技能评定

底口倾斜天圆地方操作技能评分表见表 2-13。

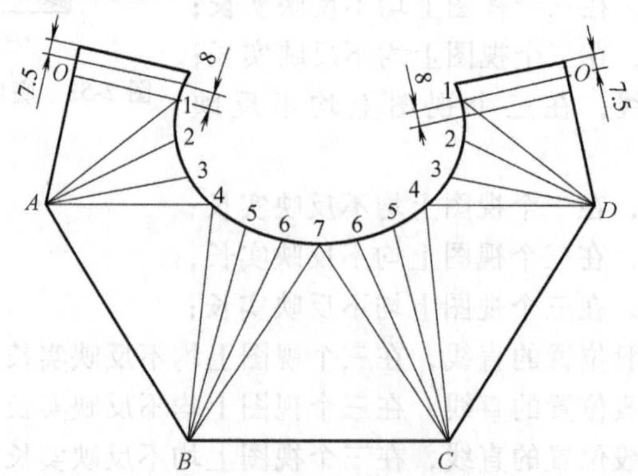

图 2-55　底口倾斜天圆地方展开图

表 2-13　底口倾斜天圆地方操作技能评分表

考核项目	考核内容	考核要求	分值	评分标准	实测	扣分
主要项目	尺寸公差	1. 上口尺寸 ϕ80mm±1mm	10	超差 1mm 扣 2 分,扣完为止		
		2. 下口尺寸 140mm±1mm	10	超差 1mm 扣 2 分,扣完为止		
		3. 高度尺寸 100mm±1mm	10	超差 1mm 扣 2 分,扣完为止		
		4. 高度尺寸 50mm±1mm	10	超差 1mm 扣 2 分,扣完为止		
	几何误差	5. 圆口平面度误差≤1mm	10	超差 1mm 扣 2 分,扣完为止		
		6. 底口平面度误差≤1mm	10	超差 1mm 扣 2 分,扣完为止		
	外观	7. 表面无明显锤痕	5	发现 1 处扣 1 分,扣完为止		
		8. 下料周边圆滑、无毛刺	5	发现 1 处扣 1 分,扣完为止		
	扣接质量	9. 扣接缝宽度 8mm±1mm	10	超差 1mm 扣 1 分,扣完为止		
		10. 扣接缝上下口平齐	5	超差 1mm 扣 1 分,扣完为止		
		11. 扣接缝平整美观	5	视平整程度适当扣分		
一般项目	工具的正确使用	12. 钢直尺、90°角尺、钢卷尺、划针、薄钢板剪刀、锉、圆规、样冲的用法	5	发现一次不正确使用扣 1 分,扣完为止		
	操作熟练程度	13. 熟练程度	5	视熟练程度适当扣分		
生产现场	安全文明生产	14. 场地清洁,按规定穿戴劳保用品,工业垃圾随时清理,无安全隐患		按国家颁发的有关法规或企业自定有关规定,每违反一项从总分中扣除 2 分,发生重大事故实行一票否决		
合计得分						

任务四　偏心天圆地方的制作

一、识读图样及工艺

偏心天圆地方图样如图 2-56 所示，其工艺过程卡见表 2-14。

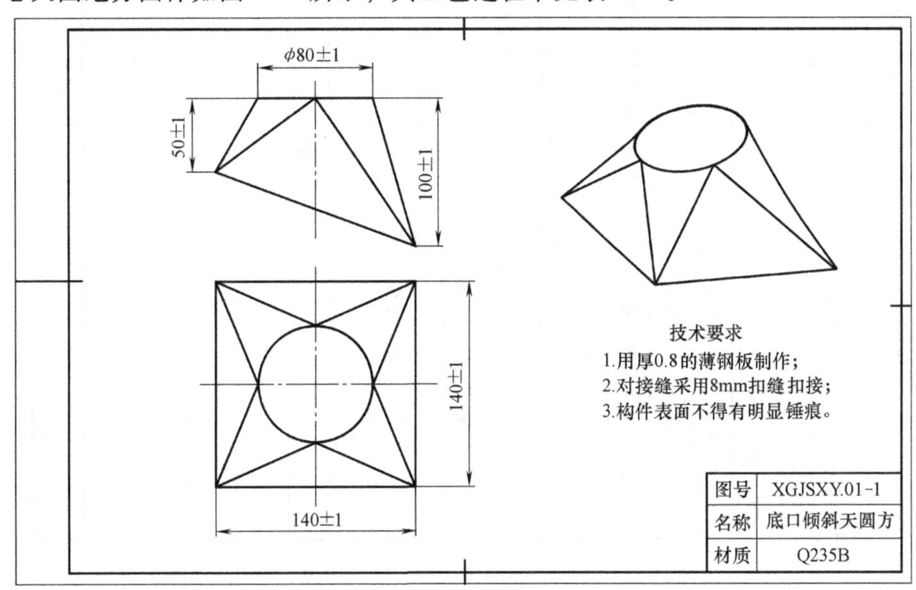

图 2-56　偏心天圆地方

表 2-14　偏心天圆地方工艺过程卡

艺卡-02　总　页　第　页

徐工技师学院	工艺过程卡	产品型号	XGJSXY.00	零部件图号	XGJSXY.02.-1	物料编码	
		产品名称	导风装置	零部件名称	偏心天圆地方	共1页	第1页
材料种类：钢板	材料牌号：Q235B	材料规格	t0.8mm×360mm×200mm	每毛坯件数	1	每台数量	1

工序号	工序名称	工序内容	工作中心	设备	刃量工具	工艺装备	辅料	工时
1	展开放样	按图样展开放样			绘图仪器		纸板	0.45
2	样板制作	根据展开图，制作样板			剪刀		纸板	0.10
3	号料	按样板号外形，标出各表面素线位置并连接			划针		铁皮	0.10
4	下料	手工剪切外轮廓			薄钢板剪切			0.20
5	调平	手工调平并修整扣缝端边的直线度			木锤、平锉			0.10
6	弯曲	手工弯曲成形，注意对接口平整，表面不得有锤痕			木锤	台虎钳、规铁、圆锥钢		1.00
7	扣接	扣接扣缝			木锤、钢直尺	台虎钳、规铁		0.15
8	整形	手工整形，包括方口的棱形、圆口的圆度以及上下口的平面度			木锤、钢直尺	台虎钳、规铁		1.10
	检							
		交付						

底图号

装订号

标记	处数	更改文件号	签字	日期	标记	处数	更改文件号	签字	日期	设计(日期)	审核(日期)	标准化(日期)	批准(日期)
										高大伟	刘晓	王军	郑磊

二、任务描述

偏心天圆地方是正心天圆地方的又一演变形式。该构件也是冷作工通过国家劳动部门中级工鉴定的应会备选课题之一。该几何形体的特点就是在正心天圆地方的基础上，上口圆沿 X 轴方向进行了偏移。由于偏心，展开该构件的关键就是进行线段分析，认真鉴别构件表面上的每一条素线和棱线。由于该件需求实长线的一般位置直线的数量较多，因而在求作实长线时应多加注意，应标识清晰，避免混淆。偏心天圆地方在制作上与正心天圆地方和底口倾斜天圆地方雷同。

三、学习目标

1）通过展开放样的又一拓展训练，能在综合运用展开放样的基础知识上，对偏心几何形体的构件能进行展开放样及构件制作。

2）接受工作任务后，在老师的引导下，能识读产品图样和工艺。

3）在识读图样和工艺的基础上，能按比例绘制构件单线图。

4）了解相关知识后，能对较为复杂的几何形体进行线段分析和鉴别，并会熟练运用直角三角形法求出一般位置直线的实长。

5）根据构件特征，通过形体分析，能熟练地运用展开放样的方法进行展开放样及样板制作。

6）在老师的指导下，能独立地进行号料、下料及构件的弯曲制作。

7）在老师的指导下，能对已制作的构件进行检测，并进行质量分析。

四、任务实施

1. 生产前准备

（1）识读图样（图 2-56）及工艺（表 2-14）

（2）自备放样工具与量具　准备放样所用的三角板、圆规、铅笔、橡皮、剪刀等。

（3）领取构件制作工具与量具　领取划针、钢直尺、薄钢板剪刀、锉、木锤、钢卷尺、宽座弯尺、圆（锥）形钢、方规铁等。

（4）领取纸板和材料

1）领取放样用纸板；t1mm×500mm×400mm。

2）根据图样、工艺要求领取薄钢板 t0. 8mm×360mm×200mm。

2. 构件制作

在纸板上进行展开放样，其步骤如下：

1）用已知尺寸（按 1∶1 的比例）画出主、俯视图（单线图），如图 2-57 所示。

2）形体分析：该构件与正心天圆地方相比，其上口圆沿 X 轴向左偏移了 20mm，使原本构件左右与 Y 轴的对称变成了不对称，构件只有前后与 X 轴对称。该构件上口仍为圆形，下口为方形，是由四个不等的斜圆锥面和四个不等的三角形平面组合而成，属于不完全对称的构件。

3）等分俯视图上的圆周 12 等份，得 1、2、3、4、5、6、7、6、5、4、3、2、1 各点；在俯视图上依次连接各表面素线 A-2、A-3、B-5、B-6、C-6、C-5、D-3、D-2，并求出它们在

主视图上的对应投影，得 A-1′、A-2′、A-3′、A-4′、B-4′、B-5′、B-6′、B-7′，并选择 O-1 为构件的对接缝，如图 2-58 所示。

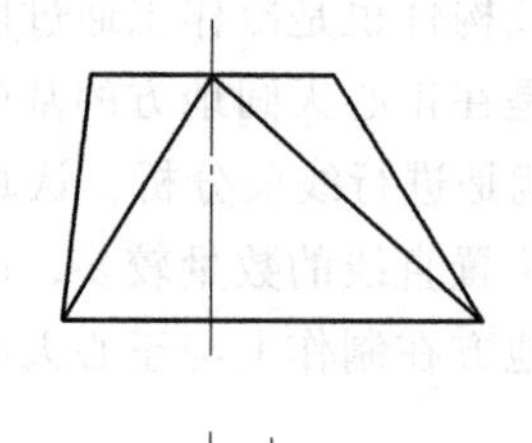

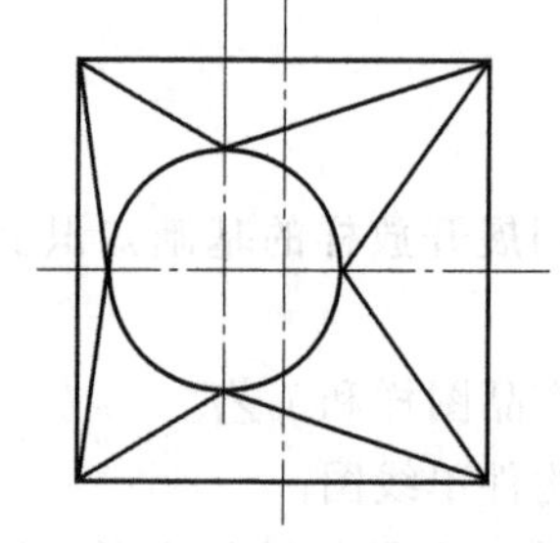

图 2-57　偏心天圆地方单线图

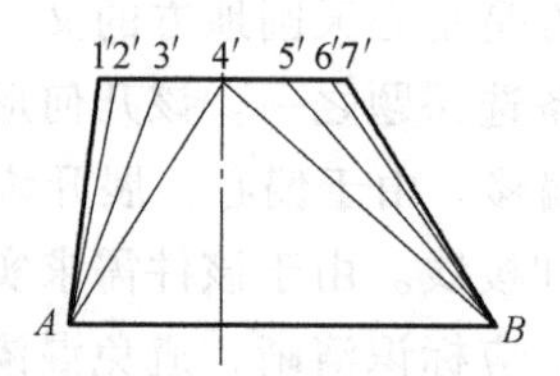

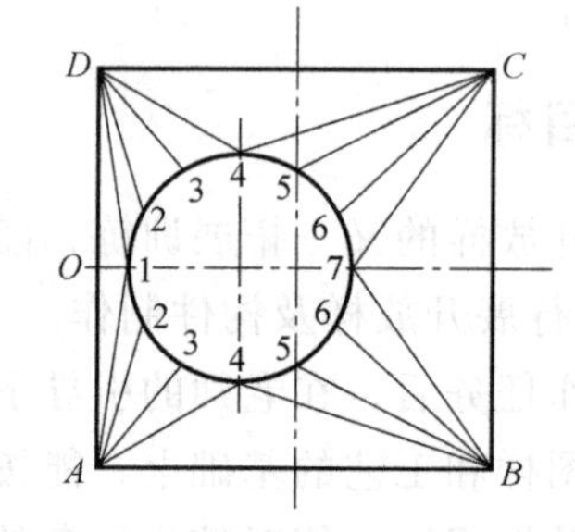

图 2-58　偏心天圆地方表面素线

4）线段分析：

A-B 侧垂线，在主、俯视图上反映实长。

B-C 正垂线，在俯、左视图上反映实长。

C-D 侧垂线，在主、俯视图上反映实长。

A-O 正垂线，在俯、左视图上反映实长。

D-O 正垂线，在俯、左视图上反映实长。

上口圆为平行于水平投影面的平面曲线，在俯视图上反映实长。

A-1 一般位置的直线，在三个视图上均不反映实长；

A-2 一般位置的直线，在三个视图上均不反映实长；

A-3 一般位置的直线，在三个视图上均不反映实长；

A-4 一般位置的直线，在三个视图上均不反映实长；

B-4 一般位置的直线，在三个视图上均不反映实长；

B-5 一般位置的直线，在三个视图上均不反映实长；

B-6 一般位置的直线，在三个视图上均不反映实长；

B-7 一般位置的直线，在三个视图上均不反映实长；

C-7 与 B-7 对称，一般位置的直线，在三个视图上均不反映实长；

C-6 与 B-6 对称，一般位置的直线，在三个视图上均不反映实长；

C-5 与 B-5 对称，一般位置的直线，在三个视图上均不反映实长；

C-4 与 B-4 对称，一般位置的直线，在三个视图上均不反映实长；

D-4 与 A-4 对称，一般位置的直线，在三个视图上均不反映实长；

D-3 与 A-3 对称，一般位置的直线，在三个视图上均不反映实长；

D-2 与 A-2 对称，一般位置的直线，在三个视图上均不反映实长；

D-1 与 A-1 对称，一般位置的直线，在三个视图上均不反映实长；

O-1 正平线，在主视图上反映实长（A-1′）。该直线是构件上的一条特殊线，它是选取的对接缝线，展开作图需特别注意，以免用错。

5）求线段实长（直角三角形法）：从线段分析可以看出，偏心天圆地方的各表面素线均为一般位置的直线，需对其求出实长。因该构件需求实长线的数量较多，且长短相差较小，为了清晰可见，建议在每个直角三角形中做两根实长线，以免展开放样时用错，如图2-59 所示。

6）展开作图、样板制作、号料、下料、调平、弯曲、扣缝扣接、整形及检验与底口倾斜天圆地方基本相同，这里就不再一一叙述，其展开图如图 2-60 所示。

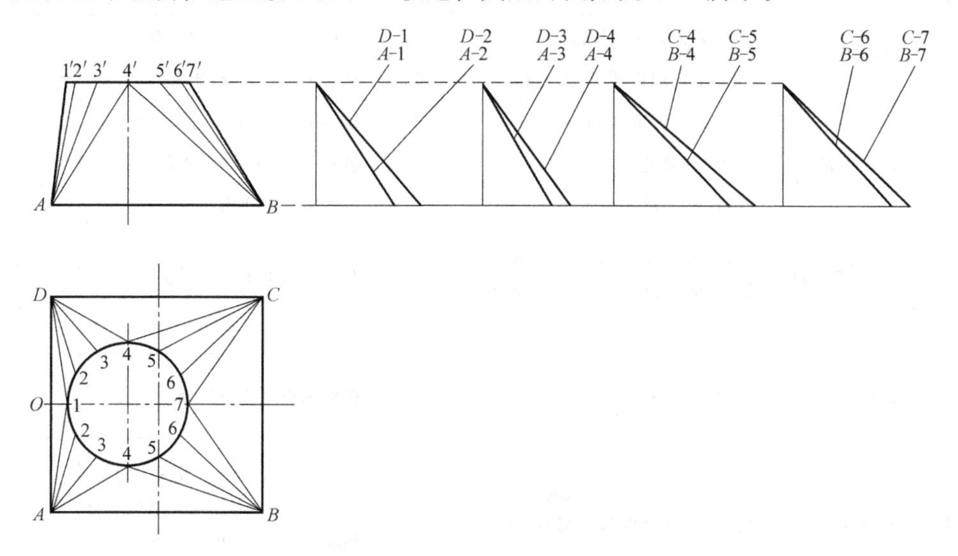

图 2-59 偏心天圆地方的实长

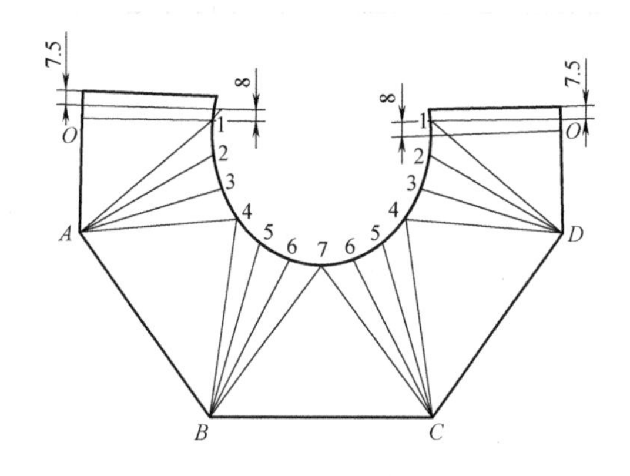

图 2-60 偏心天圆地方展开图

五、操作技能评定

偏心天圆地方操作技能评分表见表 2-15。

表 2-15　偏心天圆地方操作技能评分表

考核项目	考核内容	考核要求	分值	评分标准	实测	扣分
主要项目	尺寸公差	1. 上口尺寸 ϕ80mm±1mm	10	超差 1mm 扣 2 分，扣完为止		
		2. 下口尺寸 140mm±1mm	10	超差 1mm 扣 2 分，扣完为止		
		3. 高度尺寸 80mm±1mm	10	超差 1mm 扣 2 分，扣完为止		
		4. 偏心尺寸 20mm±1mm	10	超差 1mm 扣 2 分，扣完为止		
	几何误差	5. 圆口平面度误差≤1mm	10	超差 1mm 扣 2 分，扣完为止		
		6. 方口平面度误差≤1mm	10	超差 1mm 扣 2 分，扣完为止		
	外观	7. 表面无明显锤痕	5	发现 1 处扣 1 分，扣完为止		
		8. 下料周边圆滑、无毛刺	5	发现 1 处扣 1 分，扣完为止		
	扣接质量	9. 扣接缝宽度 8mm±1mm。	10	超差 1mm 扣 2 分，扣完为止		
		10. 扣接缝上下口平齐	5	超差 1mm 扣 1 分，扣完为止		
		11. 扣接缝平整美观	5	视平整程度适当扣分		
一般项目	工具的正确使用	12. 钢直尺、90°角尺、钢卷尺、划针、薄钢板剪刀、锉、圆规、样冲的用法	5	发现一次不正确使用扣 1 分，扣完为止		
	操作熟练程度	13. 熟练程度	5	视熟练程度适当扣分		
生产现场	安全文明生产	14. 场地清洁，按规定穿戴劳保用品，工业垃圾随时清理，无安全隐患		按国家颁发的有关法规或企业自定有关规定，每违反一项从总分中扣除 2 分，发生重大事故实行一票否决		
合计得分						

模块三　厚　板　篇

任务一　U形支架制作

一、识读图样及工艺

U形支架图样如图3-1所示，其工艺过程卡见表3-1。

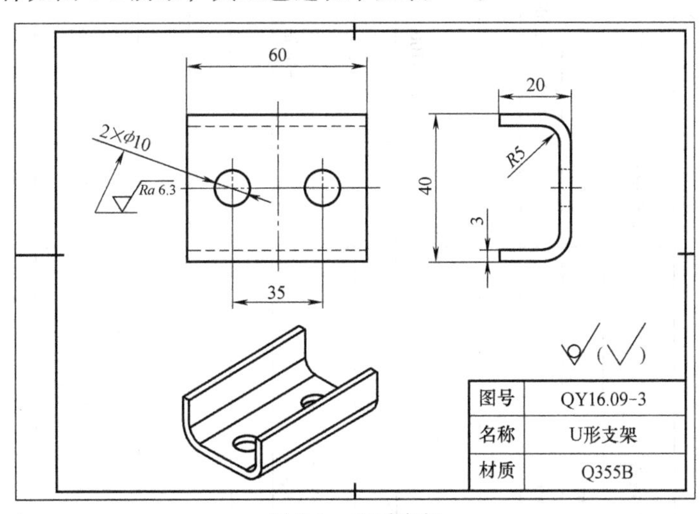

图3-1　U形支架

二、任务描述

U形支架是配重底部的零件之一，就起重机而言，它是配重与转台的直接连接件；就挖掘机而言，它是配重与上车架的直接连接件。该件的制作需经过展开料长计算、放样与号料、剪切下料、弯曲、整形、钻孔等工序。在制作过程中，号料、下料时一定要控制毛坯料的菱形程度，可用测量对角线法进行检测；弯曲、划线、钻孔时必须控制该件的对称度误差，避免造成与相关部件连接时出现偏移而影响装配。

三、学习目标

1）通过展开料长计算相关知识的学习，能独立对弯曲件进行展开料长计算和重量

表 3-1 U 形支架工艺过程卡

						艺卡-02	总 页	第 页
徐工技师学院	工艺过程卡	产品型号	QY16	零部件图号	QY16. 09-3	物料编码		
		产品名称	汽车起重机	零部件名称	U 形支架	共 8 页	第 4 页	
材料种类	钢板	材料牌号	Q355B	材料规格	t3mm×60mm ×68. 5mm	每毛坯件数	1	每台数量 1

工序号	工序名称	工序内容	工作中心	设备	刃量工具	工艺装备	辅料	工时
1	号料	号成 t3mm×60mm×68. 5mm			划针			0. 15
2	剪切	剪成 t3mm×60mm×68. 5mm		Q11-13×2500				0. 15
3	调平	手工调平			水平尺	锤子		0. 10
4	划线	划弯曲线和对刀线			90°角尺、划针			0. 15
5	弯曲	按图样弯曲成形		WC67Y-100/3200	90°角尺、$R5$ 样板			0. 20
6	整形	手工整形				锤子		0. 15
7	划线	划 2×ϕ10mm 孔位线			高度尺、样冲、锤子			0. 15
8	钻孔	钻孔 2×ϕ10mm		手电钻	钻头 ϕ10mm			0. 15
	检							
		拼成 QY16. 09						

底图号

装订号

标记	处数	更改文件号	签 字	日 期	标记	处数	更改文件号	签 字	日 期	设计(日期)	审核(日期)	标准化(日期)	批准(日期)
										高大伟	刘晓	王军	郑磊

计算。

2）通过放样与号料相关知识的学习，在老师的指导下，会正确选择画线基准，独立完成零件的放样与号料。

3）通过下料相关知识的学习，在老师的指导下，能独立操作下料设备，对已号料的零件按工艺要求进行下料并进行质量检验。

4）通过弯曲与矫正相关知识的学习，在老师的指导下，能独立操作弯曲设备，对已下料的坯料按工艺要求进行压弯、整形，并进行质量检验。

四、相关知识

1. 板材弯形件的展开料长计算

在加工各种板材、型材 弯形件时，需要准确计算出弯形件用料长度并确定弯曲线位置。在企业的实际生产中，其常用的计算公式如下。

（1）特殊角的弧长计算公式

1）圆周长　　$L_{360°}=\pi D=2\pi R$　　(3-1)

2）半圆周（180°弧长）　　$L_{180°}=\pi D/2=\pi R$　　(3-2)

3）1/4 圆周（90°弧长）　　$L_{90°}=\pi D/4=\pi R/2$　　(3-3)

4）1/8 圆周（45°弧长）　　$L_{45°}=\pi D/8=\pi R/4$　　(3-4)

（2）任意角度的弧长计算公式

1）角度制与弧度制：用度（°）、分（′）、秒（″）来测量角的大小的单位制叫做角度制；而等于半径长的圆弧所对的圆心角叫作 1 弧度的角。用弧度作单位来度量角的制度叫作弧度制。两者的互换关系是：

$$\theta=\alpha\pi/180° \tag{3-5}$$

式中　θ——弧度；

α——角度（圆心角）。

2）任意角度的弧长计算公式：

$$L=\theta R=(\alpha\pi/180°)R \tag{3-6}$$

式中　L——弧长；

R——弯曲半径。

（3）板材弯曲展开料长的计算依据　板材弯曲展开料长以中性层尺寸为计算依据（所谓中性层概念将在弯曲章节中详细叙述）。钢板弯曲时中性层的位置随弯曲变形的程度而定，当 $r/t>5$（r—弯曲半径，t—板材厚度）时，中性层的位置在板厚的 1/2 处（板厚的中间），即中性层与中心层重合；当 $r/t\leq5$ 时，中性层的位置则向弯曲中心一侧（内侧）移动。但由于中性层向内侧移动的位置极其微小，故在企业实际应用时就把中性层与中心层看作重合，这样就把中性层抛弃，给计算带来方便。

（4）计算方法及要领

1）划分直线部分和曲线部分（化整为零）。

2）分别计算曲线部分的展开长度和直线部分的长度。

3）将所有计算结果再相加（归零为整）。

4）当图样标注 R 为内 R 时，计算所用 $R_{中}=R_{内}+t/2$。

5）当图样标注 R 为外 R 时，$R_{中}=R_{外}-t/2$。

（5）画弯曲线和对刀线

1）根据展开料长的计算结果在展开料上画出弯曲线。

2）根据折弯刀的厚度 T，画出弯曲对刀线。对直形折弯刀而言，将弯曲线向左或向右各移 $T/2$ 折弯刀厚度；对异形（钩形）折弯刀而言，事先应精确地测量出折弯刀 R 中心至折弯刀端面的距离 T，然后将弯曲线向左或向右各移所测量的距离 T。在企业的生产中，铆工师傅常用的对下刀的方法即将弯曲线向左或向右移下刀 V 形中心至下刀端面的距离 T。直形折弯刀与异形（钩形）折弯刀形式和下刀形式如图 3-2 所示。

（6）计算举例

1）计算图 3-3 板材弯形件的展开料长。（保留 1 位小数）

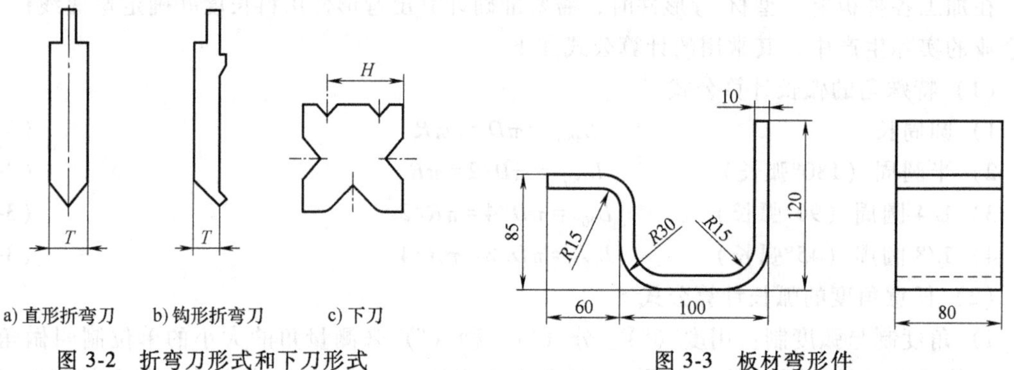

图 3-2 折弯刀形式和下刀形式　　图 3-3 板材弯形件

解：将图 3-3 划分为直线部分和曲线部分，得 L_1、L_2、L_3、L_4、L_5、L_6、L_7，如图 3-4 所示。

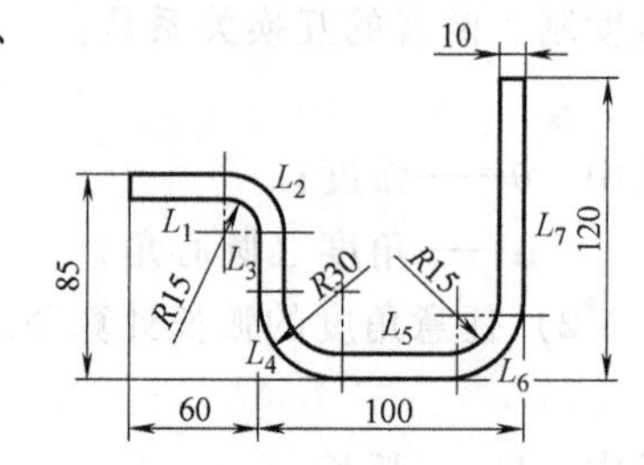

图 3-4 划分直线和曲线部分

$L_1=60-15=45$（mm）

$L_2=\pi R/2=3.14\times20/2=31.4$（mm）

$L_3=85-10-15-30=30$（mm）

$L_4=\pi R/2=3.14\times(30-5)/2=39.25$（mm）

$L_5=100-30-(15+10)=45$（mm）

$L_6=\pi R/2=3.14\times(15+5)/2=31.4$（mm）

$L_7=120-(15+10)=95$（mm）

$L=L_1+L_2+L_3+L_4+L_5+L_6+L_7$

$=45+31.4+30+39.25+45+31.4+95\approx317.1$（mm）

答：板材弯形件的展开料长为 317.1mm。

2）计算图 3-5 板材任意角弯形件的展开料长，在其展开图上画出其弯曲线和对刀线并标注尺寸，折弯刀为钩形刀，折弯刀 R 中心至折弯刀端面的距离 T 为 20mm。（保留 1 位小数）

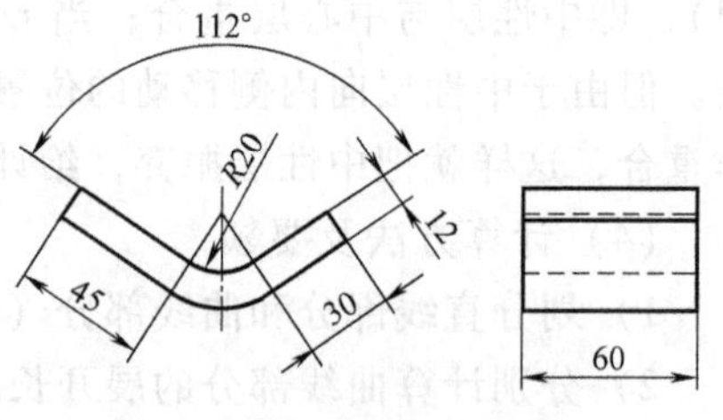

图 3-5 板材任意角弯形件

解：该件为板材任意角弯形件，从图 3-5 中可以看出直线部分和曲线部分已划分，故可利用任意角的弧长计算公式直接进行计算。

① 计算展开料长，注意图中112°不是圆心角α，需进行换算求出：

圆心角$\alpha=180°-112°=68°$

展开料长$L=\theta R+30+45=\alpha\pi/180°\times(20+6)+30+45$

$=68°\times3.14/180°\times26+30+45=30.84+30+45\approx105.8$（mm）

② 在展开图上画弯曲线和对刀线，并标注尺寸，如图3-6所示。

2. 钢材重量计算

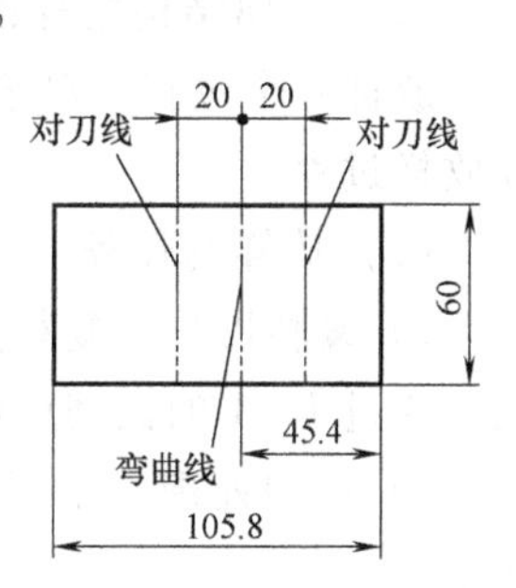

图3-6 弯曲线和对刀线

金属结构在制造、运输过程中，常常要计算其重量，准确而迅速地计算或估算出钢材的重量，是冷作工必须掌握的基本技能。

（1）板材零件的重量计算公式

$$m=\gamma St/1000000=7.85St/1000000 \tag{3-7}$$

式中 m——重量（kg）；

γ——钢的密度（$7.85t/m^3$）；

S——钢材的面积（mm^2）；

t——钢板的厚度或长度（mm）。

（2）型材的理论重量计算公式

$$m=M\times L \tag{3-8}$$

式中 m——重量（kg）；

M——型材的理论重量（kg/m）；

L——型材的长度（m）。

（3）重量计算练习

1）有一块钢板长1500mm，宽1000mm，厚20mm，求重量是多少？（保留2位小数）

解：$m=7.85St/1000000=7.85\times1500\times1000\times20/1000000=235.50$（kg）

答：这块钢板的重量是235.50（kg）。

2）有一根30mm×30mm×3mm的角钢长1800mm，其理论重量为1.373kg/m，请计算这根角钢的重量？（保留2位小数）

解：$m=1.8\times1.373\approx2.47$kg

答：这根角钢的重量是2.47kg。

3）某厂房加固需要规格为20#的槽钢2根，每根长度为2050mm，查得该槽钢的理论重量为25.77kg/m，问所需槽钢的重量是多少？（保留2位小数）

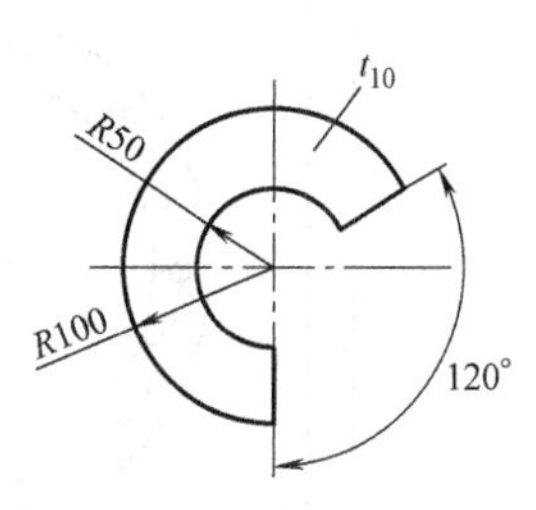

图3-7 扇形零件

解：$m=2050/1000\times2\times25.77\approx105.66$（kg）

答：所需槽钢的重量是105.66kg。

4）求图3-7所示扇形零件的重量。（保留2位小数）

解：$S=3.14\times(100^2-50^2)\times(360°-120°)/360°=15700$（$mm^2$）

$m=7.85St/1000000=7.85\times15700\times10/1000000\approx1.23$（kg）

答：该扇形零件的重量是1.23kg。

3. 放样

（1）放样的概念 所谓放样，就是在产品图样的基础上，根据产品的结构特点、制造工艺需要等条件，按一定比例（通常取1∶1）准确绘制结构的全部或部分投影图，并进行结构的工艺性处理和必要的计算展开，最后获得产品制造过程所需要的数据、样杆、样板和草图等。

在实际的生产工作中，放样也用于端面平齐弯形件的检测、单件或小批小量生产的结构件的装配（拼点）或制作装配（拼点）工装等。

（2）金属结构放样的三个过程　金属结构的放样一般需要经过线型放样、结构放样、展开放样三个过程。对于某些不需要弯曲的平板件或杆件，无须进行展开，因此放样时无展开放样过程。

（3）放样的任务

1）复核图样。复核产品图样所表现的构件各部的投影关系、尺寸及外轮廓形状是否正确。通过 1∶1 的比例放样可显露设计中的问题并得到解决。

2）结构处理。在不违背设计基本要求的前提下，依据工艺要求进行结构处理。其内容如下：

① 从工艺性角度看原设计结构是否合理、优越。

② 原材料是否能满足要求。

③ 材料利用率及成本。

④ 设备能力和加工条件是否能满足结构制造需要。

就以上结构处理内容，现以实例加以说明。图 3-8 所示为汽车起重机上的座圈零件，由于该件外形尺寸较大，原材料的宽度尺寸满足不了该件的需要，加之零件中间部位余料较大，材料利用率极低，直接影响生产成本。根据该件的使用条件与状况，现决定在不降低原设计强度的条件下，将座圈改为图 3-9 所示的组合形式，即将座圈均分为三段下料，再以坡口的形式对接，对接处应避开螺纹孔位置。改进后，通过合理套排，使材料利用率得到大大提高，从而降低了生产成本，如图 3-10 所示。

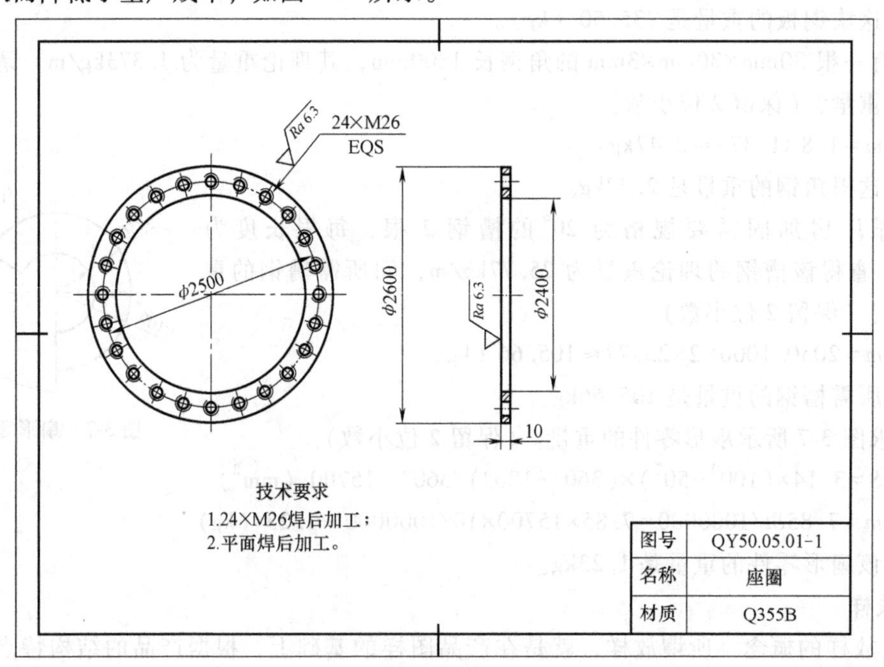

图 3-8　座圈零件

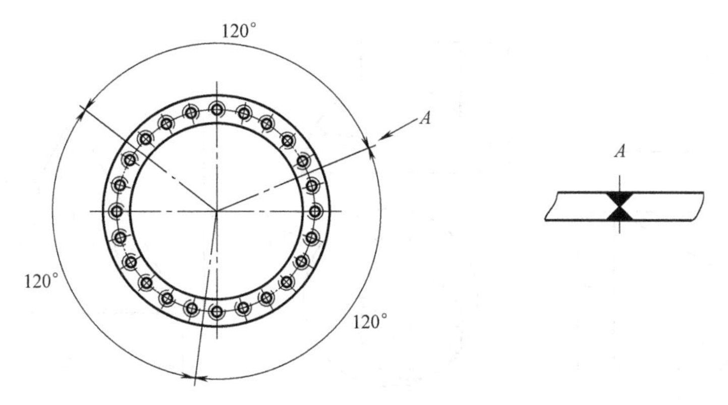

图 3-9　座圈结构处理图

3）算料与展开。利用放样图，结合必要的计算，求出构件用料的真实形状和尺寸，有时还要画出与之相接的构件的位置线。

4）根据构件的工艺需要，利用放样图设计加工或装配（拼点）所需的胎模和模具。

5）为后道工序提供加工依据。如：制作各类样板、样杆和样箱，准备数控资料等。

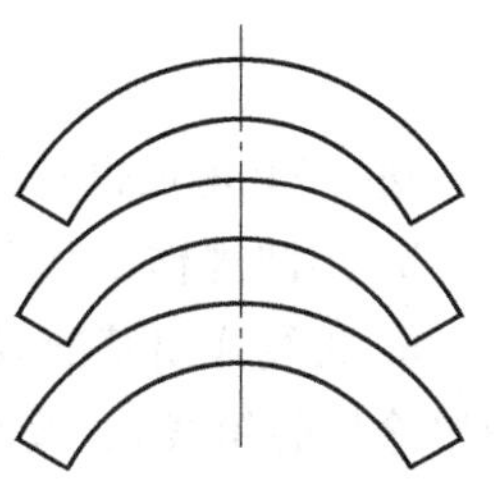

图 3-10　座圈分段套排

6）进行装配（拼点）定位。即地样装配。在平台上或平整的钢板上直接画出放样图，然后按图进行定位装配（拼点），多用于桁架类构件和组合框架的装配，尤其是在样机试制和小批量生产时更能彰显其作用。

（4）放样程序　冷作工在企业的实际生产中，通常采用实尺放样的方法。所谓实尺放样就是采用 1∶1 的比例放样。随着科学技术的发展，又出现了比例放样、电子计算机放样等新工艺，并在逐步推广应用。但实尺放样仍然是基础，就目前而言，实尺放样仍然被广泛应用。实尺放样的程序为线型放样、结构放样和展开放样。

1）线型放样。线型放样就是根据结构制造需要，绘制构件整体或局部轮廓的投影基本线型。其内容如下：

① 合理布局：根据所要绘制图样的大小和数量多少，安排好各图在样台或放样材料上的位置，否则会因布局不合理而造成图样跑出平台或放样材料而重新进行布局所造成的时间浪费。

② 选定放样画线基准：所谓放样画线基准，就是放样画线时，用以确定其他点、线、面空间位置的依据。图样上确定点、线、面相对位置的基准称为设计基准。通常放样画线基准与设计基准是一致的。

在平面上确定几何要素的位置，需要两个独立坐标，所以放样画线时每个图要选取两个基准。选择放样画线基准的三种方式：

a. 以两条互相垂直的线（或面）作为基准，如图 3-11a 所示。

b. 以两条中心线为基准，如图 3-11b 所示。

c. 以一个面和一条中心线为基准，如图 3-11c 所示。

③ 画基准线的方法：

a. 用 90°角尺直接作出基准线：用 90°角尺直接作出基准线在企业里是冷作工最为常用

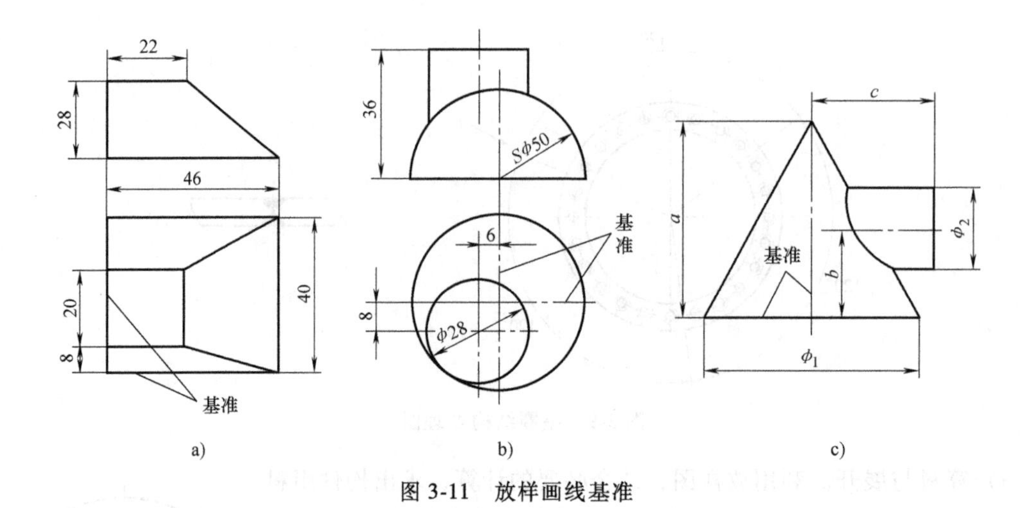

图 3-11　放样画线基准

的方法，90°角尺也是冷作工在工作中必备的量具之一。

b. 用圆规作出基准线：任意画一条线，用圆规作 2 等分线段的方法作出基准线。

c. 粉线弹出基准线：粉线弹画基准线需 2 人配合完成，2 人拉直用粉笔涂抹的粉线（或用墨涂墨的粉线），按在放样平台上，其中 1 人提起粉线的中部再松开，清晰可见的线就被弹出了。因粉笔线为粉尘，弹线后粉尘易脱落，最好再用石笔和钢直尺描一下。

d. 用激光经纬仪作出基准线：激光经纬仪是精度较高的仪器，它操作简单，已被推广应用。

④ 以画出设计必须保证的轮廓线型为主。

⑤ 进行线型放样，必须严格遵守正投影规律。放样时，究竟画出构件的整体还是局部，可依工艺需要决定。

⑥ 对于具有复杂曲面的金属结构，则往往采用平行于投影面的剖面进行剖切，画出一组或几组线型，来表示结构的完整形状和尺寸。

2）结构放样。结构放样就是在线型放样的基础上依制造工艺要求进行工艺性处理的过程。它所包含的内容如下：

① 确定各结合位置及连接形式。在实际生产中，由于材料规格及加工条件等限制，往往需要将原设计中的整件分为几个部分加工、组合。这时，需要放样者根据实际情况，正确、合理地确定结合部位及连接形式。此外，对原设计中的连接部位结构形式，也要进行工艺分析，其不合理的部分要加以改进。

② 根据工艺和加工能力，对结构中的某些部位或构件做必要的改动，如图 3-9 所示。

③ 计算或量取零、部件料长及平面零件的实际形状，绘制号料图，制作号料样板、样杆、样箱，或记录数据供数控切割使用。

④ 根据各加工工序的需要，设计拼箱胎模，制作加工或拼点用样板。

这里需要强调的是：结构的工艺性处理，一定要在不违背原设计要求的前提下进行。对设计上有特殊要求的结构或结构上的某些部位，即便加工困难，也要尽量满足设计要求。凡是对结构做较大的改动，须经设计部门同意，并由技术部门负责人批准后方可进行。

3）展开放样。展开放样是在结构放样的基础上，对不反映实形或需要展开的部件进行展开，以求取实形的过程。其具体过程如下：

① 板厚处理：展开放样中，根据构件制造工艺，按一定的规律除去板厚，画出构件的单线图，这一过程称为板厚处理。

板厚处理的主要内容是：确定构件的展开长度、高度及相贯构件的接口等。

② 展开作图：利用已画出的构件的单线图，运用投影理论和展开的基本方法，作出构件的展开图。

③ 根据已作出的展开图，制作号料样板或绘制号料草图。

展开放样内容在薄板篇中已详细讲解，这里就不重复叙述了。

4）放样实例。图 3-12 所示为一冶金炉炉壳主体部件，该部件的放样过程如下：

① 识读、分析构件图样。该构件为冶金炉炉壳主体，主要应保证足够的强度，尺寸精度要求并不高。因炉壳内还要砌筑耐火砖，所以连接部位允许按工艺要求做必要的变动。其次，该构件的外形尺寸较大，重量较大，需要较大的工作场地和起重能力，尤其是在装配（拼点）、焊接时不宜多翻转。又知产品加工数量少，故装配、焊接都不宜制作专门胎模。

② 线型放样。确定放样画线基准。从该构件图样可以看出：主视图应以炉上口轮廓线和中心线为放样画线基准；而俯视图则以两中心线为放样画线基准。这里件 1 的尺寸必须符合设计要求，可先画出；件 3 位置也已由设计给定，不得改动，也应先画出；而件 2 的尺寸要待处理好连接部位后才能确定，不宜先画出；至于件 1 上的孔，则先画后画均可。为了便于展开放样，这里将构件按其使用位置倒置画出，如图 3-13 所示。

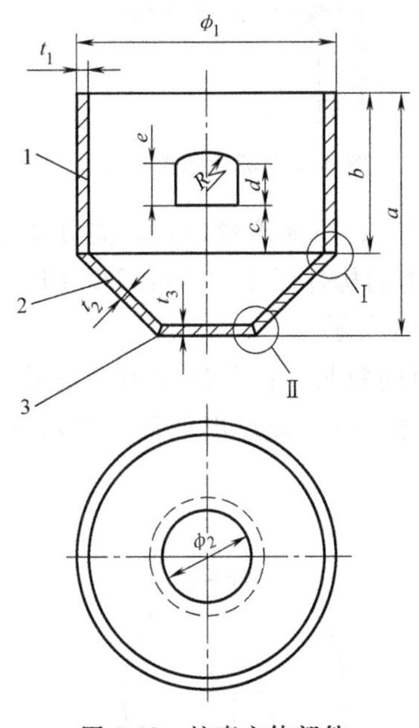

图 3-12　炉壳主体部件

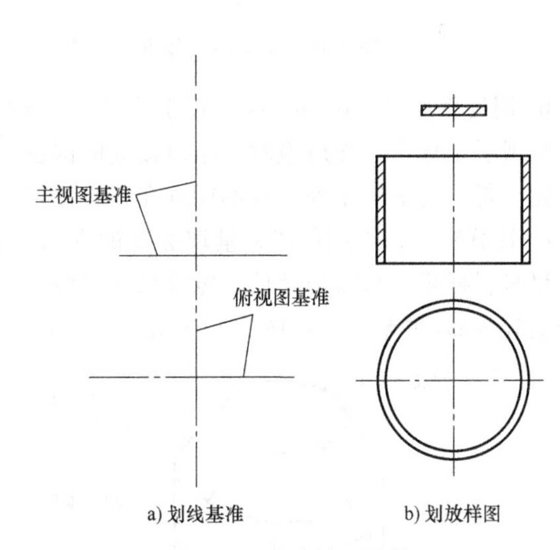

图 3-13　炉壳线型放样

③ 结构放样。

a. 连接部位Ⅰ、Ⅱ的处理。首先看Ⅰ部位，它可以有三种连接方式，如图 3-14 所示。究竟选取哪种形式，工艺上主要从装配和焊接两个方面考虑。

从构件装配，因圆筒体（件 1）大而重，形状也易于放稳，故装配时可将圆筒体置于装配台上，再将圆锥台（件 2、件 3）落于其上。这样，三种连接形式除定位外，其他装配环节基本相同。从定位考虑，显然图 3-14b 形式最为不利，而图 3-14c 则较优越。

从焊接工艺性看，显然图 3-14b 形式不佳，因为内外两环缝的焊接均处于不利位置，装配后须依装配时位置焊接外环缝，处于横焊和仰焊之间；而翻过再焊内环缝时，不但需要做仰焊，且受构件尺寸限制，操作极为不变。再比较图 3-14a 和 3-14c 两种形式，以图 3-14c 形式最为有利，它的外环缝焊接时接近平角焊，翻身后内环缝也处于平角焊位置，均有利于操作。

综合以上两方面，Ⅰ部位宜采取图 3-14c 所示的形式连接。

至于Ⅱ部位，因件 3 体积小，重量轻，易于装配、焊接，可采用图样所给的连接形式。

Ⅰ、Ⅱ两部位连接形式确定后，即可按如下方法画出件 2，如图 3-15 所示。

以圆筒内表面 1 点为圆心，圆台侧板 1/2 板厚为半径画一圆；过炉底板下沿 2 点引已画出圆的切线，则此切线即为圆台侧板内表面线；分别过 1、2 两点引内表面线的垂线，使之长度等于板厚，得 3、4、5 点，即得圆台侧板外表面线。同时画出板厚中心线 1-6，供展开用。

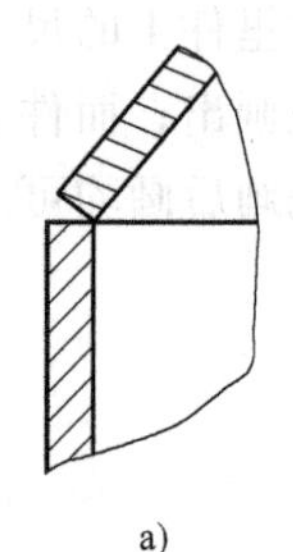

a)

b)

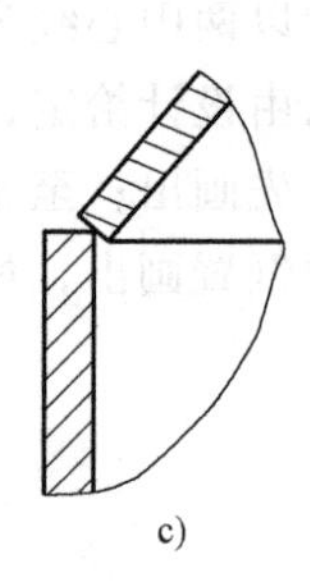

c)

图 3-14　Ⅰ部位连接方式比较

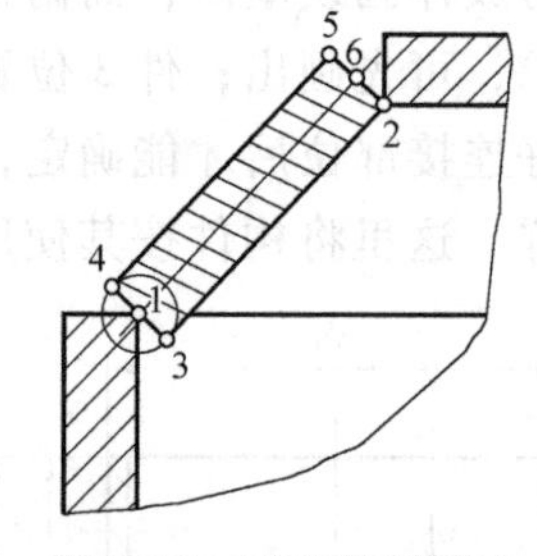

图 3-15　圆台侧板画法

b. 因构件尺寸（a、b、ϕ_1、ϕ_2）较大，且件 2 锥度较大，不能滚弯成形，需分几块压制成形或手工煨弯，然后组对。组对接缝的部位，应按不消弱构件强度和尽量减少变形的原则确定，焊缝应交错排列，且不能选在孔眼位置，如图 3-16 所示。

c. 计算料长，绘制草图和量取必要的数据。计算圆筒的料长，因其展开为一矩形，可不必做号料样板，只需记录长、宽改尺寸；做好炉底板号料样板（或绘出号料草图），这是一个直径为 ϕ_2 的整圆，如图 3-17 所示。

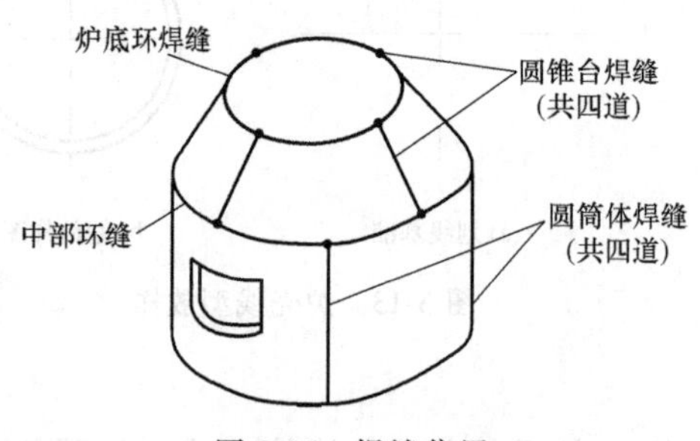

图 3-16　焊缝位置

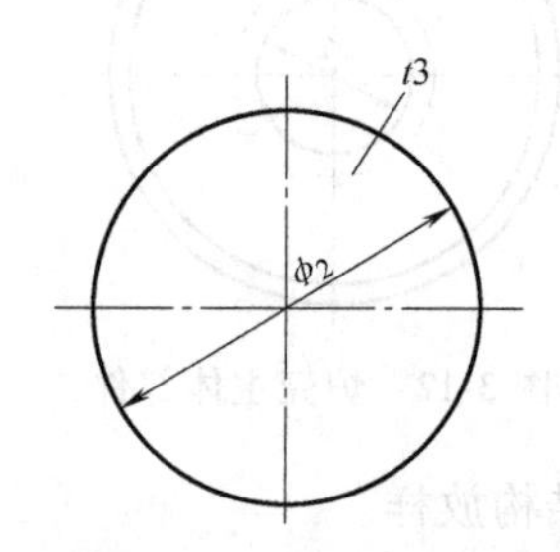

图 3-17　炉底板号料样板

由于圆台尺寸作了变动，需要根据放样图上改动后的圆台尺寸，绘制出圆台结构草图，以指导装配。如图 3-18 所示，草图上应标出必要的尺寸，如大端外轮廓直径 ϕ_1、高度尺寸

h_1 等。

d. 依据加工需要制作各类样板。圆筒圈制作需要卡形样板一个，如图 3-19a 所示，其直径 $\phi=\phi_1-2t_1$；圆台弯曲加工需卡形样板两个，如图 3-19b、c 所示，其中 $\phi_{大}$ 如图 3-18 所示，$\phi_{小}$ 等于 ϕ_2，如图 3-12 所示。制作圆筒上开孔的定位样板或样杆，也可以采取实测定位或以号料样板代替。

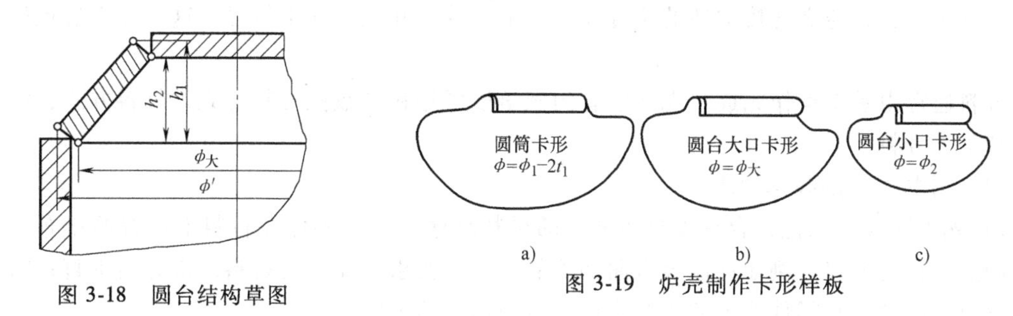

图 3-18　圆台结构草图

图 3-19　炉壳制作卡形样板

（5）样板、样杆的制作

1）样板的分类

① 号料样板。供号料或号料同时号孔的样板，如图 3-17 所示。

② 成形样板。用于检验成形加工零件的形状、角度、曲率半径及尺寸的样板。它又分为：

a. 卡形样板：主要用于检查弯形件的角度和曲率，如图 3-19 所示。

b. 验形样板：主要用于成形加工后，检查零件整体或某一局部的形状和尺寸，如图 3-20 所示。

③ 定位样板。用于确定构件之间的相对位置（如装配线、角度、斜度）和各种孔口的位置和形状，如图 3-21 所示。

④ 样杆。主要用于定位，有时也用于简单零件的号料以及型材锯切下料的长度确定。

2）样板、样杆的材料。可就地取材，如镀锌薄钢板、薄钢板、黄纸板和油毡纸等。

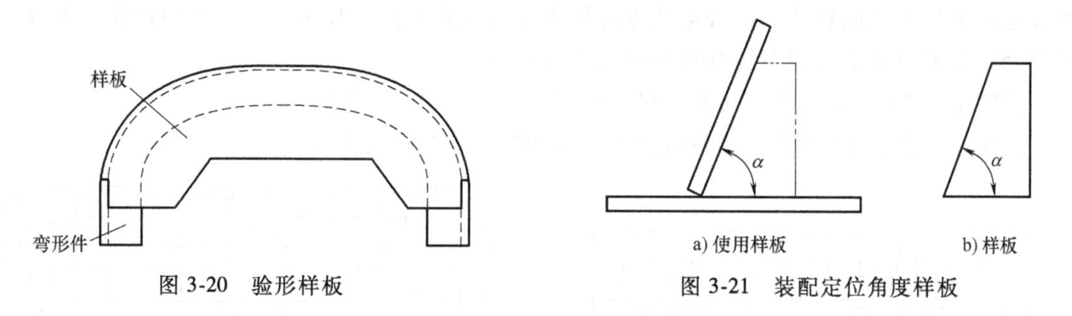

图 3-20　验形样板

图 3-21　装配定位角度样板

3）样板、样杆的制作。样板、样杆经画样后加工而成。

① 直接画样法。直接在样板材料上画出所求样板的图样。如展开号料样板等。

② 过渡画样法（又称过样法）。又分为不覆盖过样法和覆盖过样法，多用于制作简单平面图形零件的号料样板和一般加工样板。

不覆盖过样法是通过作垂线或平行线，将实样图中零件的形状、位置引画到样板料上的方法；而覆盖放样法是事先将需要过样的图线延长到不被样板材料遮盖的长度，然后将样板材料覆于实样之上，利用露出的各延长线将实样各线画出。

③ 剪切、切割、冲裁、钻孔、锉削等都是制作样板的加工方法。生产实际中所用样板上必须注明零件图号、材质、规格。

4. 号料

利用样板、样杆、号料草图及放样得出的数据，在板料或型钢上画出零件真实的轮廓和孔口的真实形状，与之连接构件的位置线、加工线等，并注出加工符号，这一工作过程称为号料。

号料通常由手工操作完成，现在已有的光学投影号料、数控号料等先进号料方法，将逐步代替手工号料。

（1）号料的一般技术要求

1）熟悉图样和工艺，合理安排各零件的号料顺序，而且零件在材料上位置的排布，应符合制造工艺的要求。例如：需经弯曲加工的零件，要求弯曲线与材料纤维方向垂直；需要剪切下料的零件，其零件位置的排布应保证剪切加工的可能性。

2）根据图样、工艺，核对图号、材质、规格，保证图样、样板、材料三者一致。

3）目视检查材料表面质量。若材料有裂纹、夹层、表面疤痕、厚度不均、严重锈蚀、变形等缺陷，应停止使用，由相关部门组织进行材料评审，并按评审结果处理。

4）材料放置平稳，既要有利于号料画线，又要保证生产安全。

5）正确使用工具、量具、样板和样杆。如：样板与被号材料要贴实；弹粉线时，拽起的粉线应在材料平面垂直面内，不得倾斜；用石笔画线时，石笔画出的线应越细越好并保证清晰。

6）号料画线后作出必要的标记。如在加工线上作出符号标记或打上样冲眼；在已号好的件上标明零件的图号等。

（2）合理用料　利用各种方法、技巧合理铺排零件在材料上的位置，最大限度地提高材料利用率。

1）集中套排。由于产品品种多，而每种产品的零件种类更多，在实际的生产组织中，往往是将多种产品同材质、同规格的零件集中进行统筹安排，长短搭配、凸凹相就。现以某零件套排方案对比加以说明提高材料利用率的途径。

方案Ⅰ：套排 12 个件，共需面积 $S=0.2136\text{m}^2$，如图 3-22 所示。

方案Ⅱ：套排 12 个件，共需面积 $S=0.2502\text{m}^2$，如图 3-23 所示。

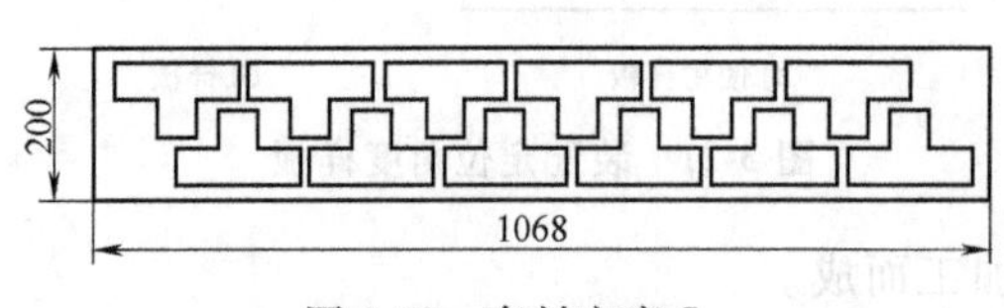

图 3-22　套料方案Ⅰ

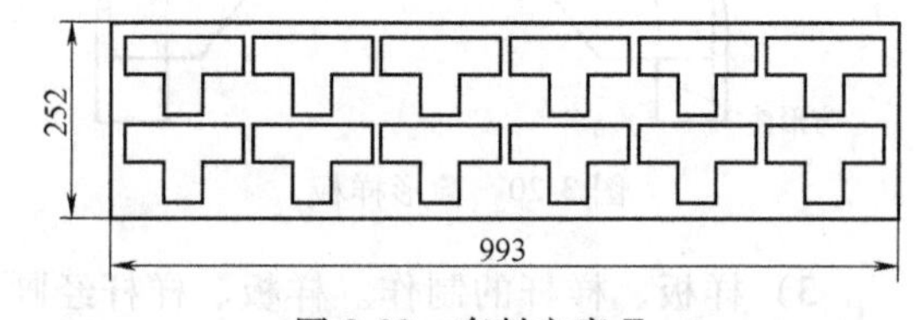

图 3-23　套料方案Ⅱ

通过以上两个方案对比，方案Ⅰ因采取凸凹相就的方法进行套排，其材料利用率明显优于方案Ⅱ。

2）余料利用。在集中套排的基础上，本着先大后小（或先长后短）的原则进行合理套排，如图 3-24 所示。

由于方案Ⅱ件与件之间剩有余料，将这些余料留存下来备用（即有需要时，再用作其他件的号料），由此而来，材料利用率也得到了相应的提高。

（3）型钢号料

1）端口平齐型钢的号料只需确定其长度，一般采用样杆或钢卷尺号出其长度尺寸，再用过线板或90°角尺画出端线，如图3-25所示。

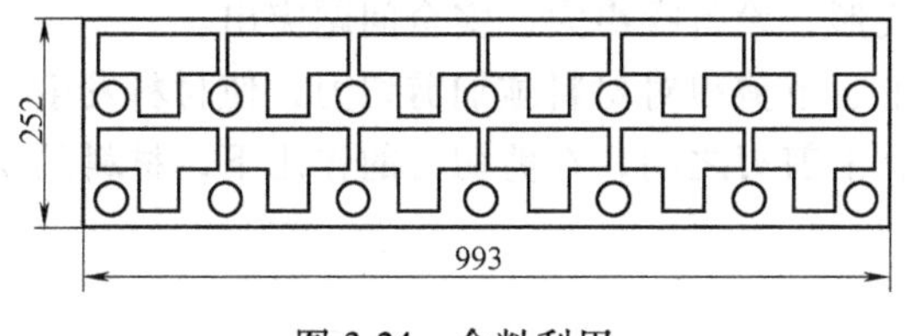

图3-24　余料利用

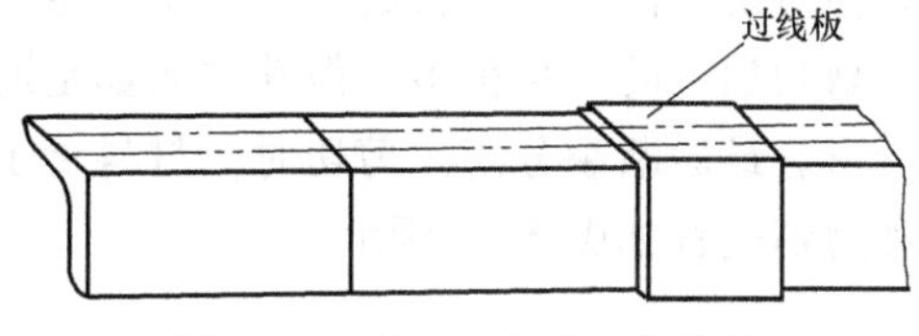

图3-25　端口平齐型钢的号料

2）中间切口型钢的号料，一般先确定切口的长度方向的位置，然后再用切口形状样板号出切口，如图3-26所示。

3）在型钢上号孔的位置，一般是先用高度尺画出孔的一条中心线，然后再用钢卷尺量取其长度方向的位置。

（4）二次号料　对于某些加工前不能准确确定下料尺寸的零件，往往在一次号料时留有工艺余量，待加工或拼点后再进行二次号料。

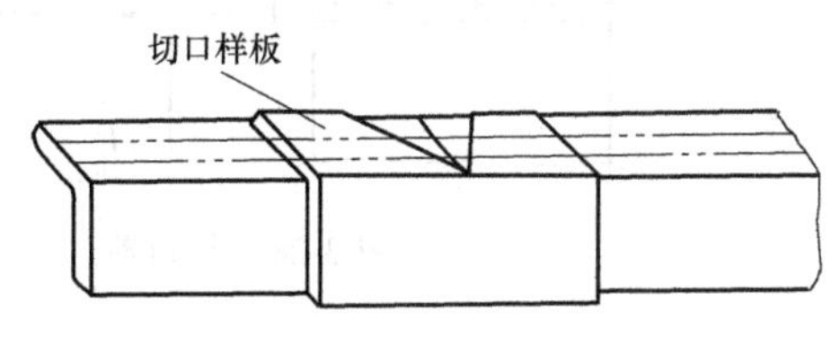

图3-26　中间切口型钢的号料

进行二次号料的前提：结构的形状必须矫正准确，消除结构存在的变形，并进行精确定位，如图3-27所示。图3-27a所示为需二次号料的弯形件，若该件一次号成，则弯曲时难以成形。因此，需将其先号成矩形板，待弯曲后再进行二次号料，将其斜边割除；图3-27b所示为一角钢90°小圆角弯曲，则该件需先号其长度，下料后再对其切口进行二次号料，以确保其加工精度。

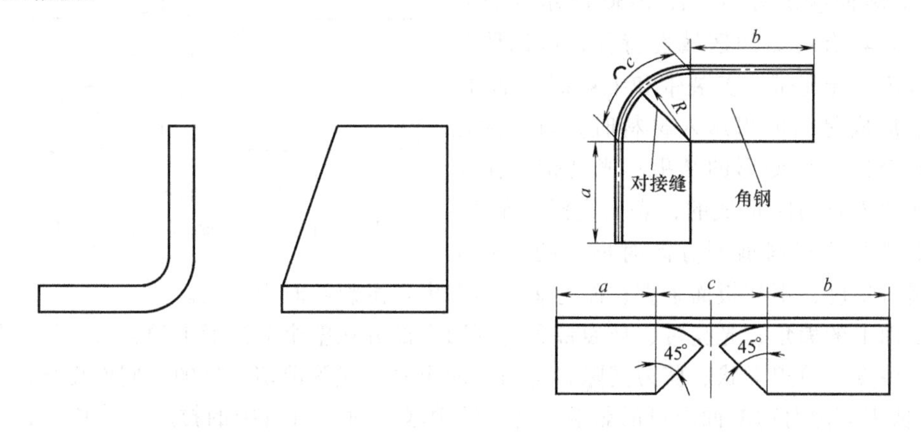

a) 需二次号料的弯形件　　b) 需二次号料的型材件

图3-27　二次号料零件

5. 放样与号料的工具与量具

放样与号料的工具与量具，已在薄板篇中讲述，这里就不作重复讲解了。

6. 下料

下料，是将零件或毛坯从原材料上分离下来的工序。冷作工常用的下料方法有剪切、气割、冲裁、克切等。

（1）剪切　剪切下料是冷作工应用的主要下料方法，在生产中使用较多的是图 3-28 所示的斜口剪。剪切下料具有操作简单、生产效率高、剪断面光洁、能剪切板材及型材等优点，但剪切较薄且窄、长的板件时易产生扭曲变形，设备噪声大、安全问题突出。

剪切加工的方法很多，但其实质都是通过上、下剪刃对材料施加剪切力，使材料发生剪切变形，最后断裂分离。剪切时，材料置于上、下剪刃之间，在剪切力的作用下，材料的变形和剪切过程如图 3-29 所示。

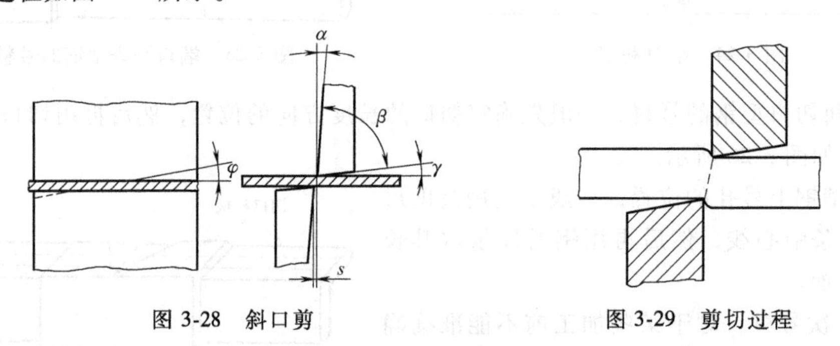

图 3-28　斜口剪　　图 3-29　剪切过程

1）剪切过程。在剪刃刃口开始与材料接触时，材料处于弹性变形阶段。当上剪刃继续下降时，剪刃对材料的压力增大，使材料发生局部的塑性弯曲的拉伸变形（特别是当剪刃间隙偏大时）；同时，剪刃的刃口也开始压入材料，形成塌角区和光亮的塑剪区，这时在剪刃刃口附近金属的应力状态和变形是极不均匀的。随着剪刃压入深度的增大，在刃口处形成很大的应力和变形集中。当此变形达到材料极限变形时，材料出现微裂纹。随着剪裂现象的扩展，上、下刃口产生的剪裂纹重合，使材料最终分离。

2）剪断面状况分析。图 3-30 所示为材料剪断面，它具有明显的区域性特征，可以明显地分为塌角、光亮带、剪裂带和毛刺四个部分。塌角 1 的形成是当剪刃压入材料时，刃口附近的材料被牵连拉伸变形的结果；光亮带 2 是由剪刃挤压切入材料时形成的，表面光滑、平整；剪裂带 3 则是在材料剪裂分离时形成的，表面粗糙，略有斜度，不与板面垂直；而毛刺 4 是在出现微裂纹时产生的。

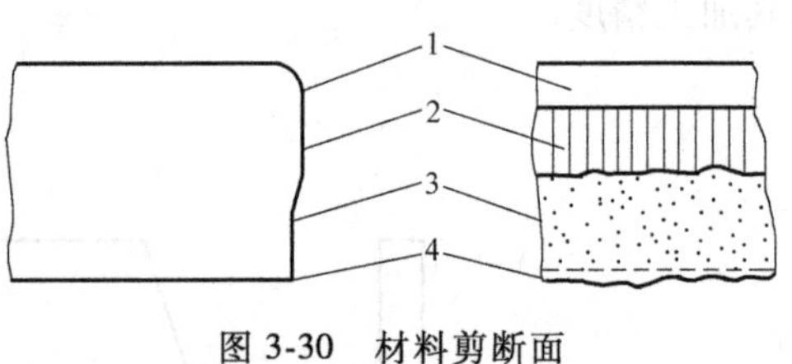

图 3-30　材料剪断面

1—塌角　2—光亮带　3—剪裂带　4—毛刺

剪断面上的塌角、光亮带、剪裂带和毛刺四个部分在整个剪断面上的分布比例，随材料的性能、厚度、剪刃形状、剪刃间隙和剪切时的压料方式等剪切条件的不同而变化。

3）剪刃间隙对剪断面质量的影响。剪刃间隙较大时，材料中的拉应力将增大，易产生剪切裂纹，塑性变形阶段较早结束，因此光亮带就小一些，而剪裂带、塌角和毛刺都比较大；反之，剪刃间隙较小时，材料中拉应力减小，裂纹的产生受到抑制，所以光亮带变大，而塌角、剪裂带等均减小。然而，间隙过大或过小均将导致上、下两面的裂纹不能重合于一线。间隙过小时，剪断面出现潜裂纹和较大毛刺；间隙过大时，剪裂带、塌角和斜度均增大，表面极粗糙。

4）提高剪断面质量的途径。将材料压紧在下剪刃上，则可减小拉应力，从而增大光亮带。此外，材料的塑性好、厚度小，也可以使光亮带变大。

综合上面分析可以得出，增大光亮带，减小塌角、毛刺，进而提高剪断面质量的主要措施是增大剪刃刃口锋利度，剪刃间隙取合理间隙的最小值，并将材料压紧在下剪刃上等。

5）剪切设备。剪切设备的种类很多，按结构形式的不同可分为龙门式斜口剪板机、横入式斜口剪床、圆盘剪床、振动剪床、联合剪冲机床、数控冲剪机等。按传动形式又可分为机械传动剪板机和液压传动剪板机。在企业的实际应用中，龙门式斜口剪板机应用最为广泛。

剪切下料设备的型号表示了其类型、特性及基本工作参数。如龙门式斜口剪板机的型号所表示的含义为：

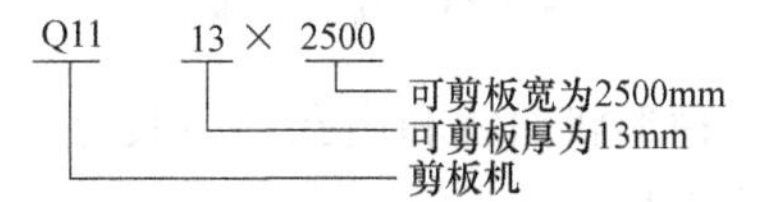

① 龙门式斜口剪板机。龙门式斜口剪板机如图 3-31 所示，主要用于剪切直线切口。它操作简单，进料方便，剪切速度快，剪切材料变形小，剪断面精度高，在企业里被称为是“来得快”的下料设备。一般情况下，该设备最大的剪切厚度不大于 25mm，在企业的实际应用中，由于设备工作噪声较大，一般是剪切厚度 12mm 以下的板材。

② 横入式斜口剪床。横入式斜口剪床如图 3-32 所示，主要用于剪切直线切口。剪切时，被剪材料可以由剪口横入，并能沿剪切方向移动，剪切可分段进行，剪切长度不受限制。与龙门式斜口剪板机比较，它的剪刃斜角较大，故剪切变形大，而且操作较麻烦。一般情况下，多用它剪切薄而宽的板料。

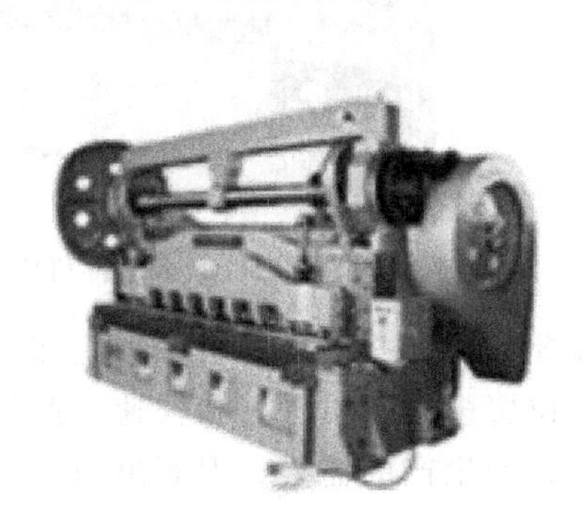

图 3-31　龙门式斜口剪板机

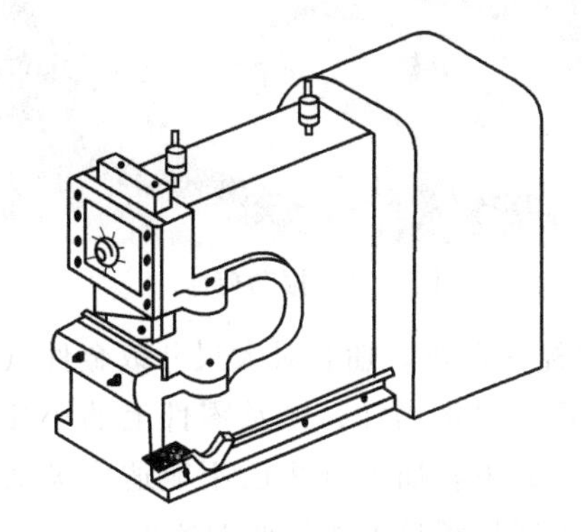

图 3-32　横入式斜口剪床

③ 圆盘剪床。圆盘剪床的剪切部分由上、下两个滚刀组成。剪切时，上、下滚刀同速反向转动，材料在两滚刀间边剪切边输送，如图 3-33a 所示。冷作工常用的是滚刀斜置式圆盘剪床，如图 3-33b 所示。

圆盘剪床由于上、下剪刃重叠较少，瞬时剪切长度极短，且板料转动基本不受限制，适用于剪切曲线切口，并能连续剪切。但被剪材料弯曲较大，边缘有毛刺，一般圆盘剪床只能剪切较薄的板料。

④ 振动剪床。振动剪床如图 3-34 所示，它的上、下剪刃都是倾斜的，交角较大，剪切部分极短。工作时上剪刃每分钟的往复次数可达数千次，呈振动状。

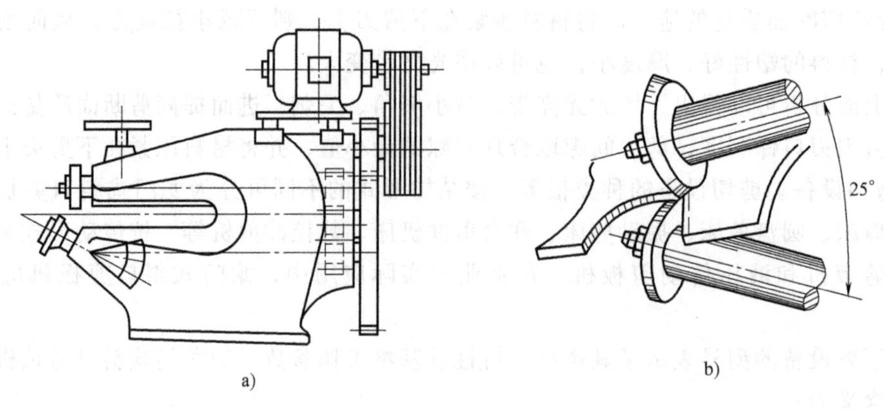

图 3-33　圆盘剪床

振动剪床可在板料上剪切各种形状曲线和内孔。但其剪刃容易磨损，剪断面有毛刺，生产效率低，而且只能剪切较薄的板材。

⑤ 联合剪冲机床。如图 3-35 所示，联合剪冲机床通常由斜口剪、型钢剪和小冲头组成，可以剪切钢板和各种型钢，并能进行小零件的冲压和冲孔。

图 3-34　振动剪床

图 3-35　联合剪冲机床

⑥ 数控冲剪机。随着对大尺寸钣金件（如控制柜、开关柜、面板、操纵室和驾驶室零件等）冲压生产的增加，以及零件上的小孔较多，位置多变、质量好和快速生产等方面的要求，传统的下料加工方法已不能适应灵活多变、高效生产的需要，因而出现了数控压力机，它能很好地满足上述生产的要求。

数控冲剪机如图 3-36 所示，它是薄板零件的下料设备，通常加工板厚为 2mm 以下。设备中有一转塔模具库，装有成形模具和专用模具，根据数控程序指令进行工作。该设备可实现整张薄板的所有各种零件的外形下料，同时可将零件上的内孔冲出（按套料图），而且加工出的零件比较平整，不需调平就可直接用于装配，它完全可以替代薄板的剪切下料和落料、冲孔等工序，是一种设备运行速度特快，

图 3-36　数控冲剪机

生产效率极高的先进设备。

6）剪切工艺分析

① 一个工件有多条剪切线，剪切时其剪切顺序必须符合“每次剪切都不能破坏另一个零件”的原则。如图 3-37 所示的工件套料图可按剪切序号（图中的数字）进行剪切。

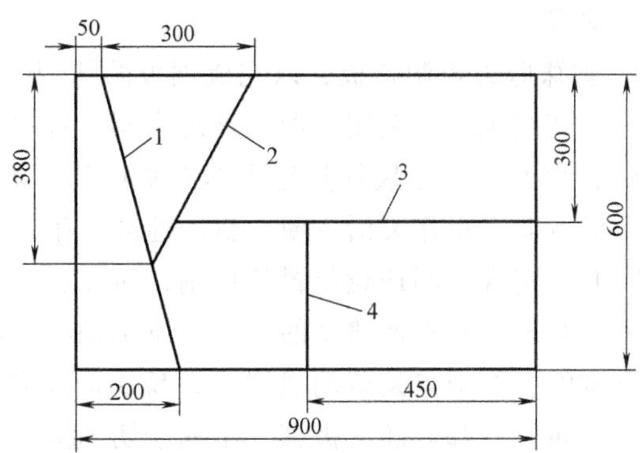

图 3-37　剪切工件套料图

② 当板料面积较大时，剪切时不能一人单独操作，可安排 2~3 人配合作业。但配合一定要默契，可指定一人指挥，保证动作协调一致。

③ 剪切工件时，有多种对线定位方式，如：目视对正法、灯影对正法、角挡板对正法、后挡板对正法等，可灵活运用，如图 3-38 所示。

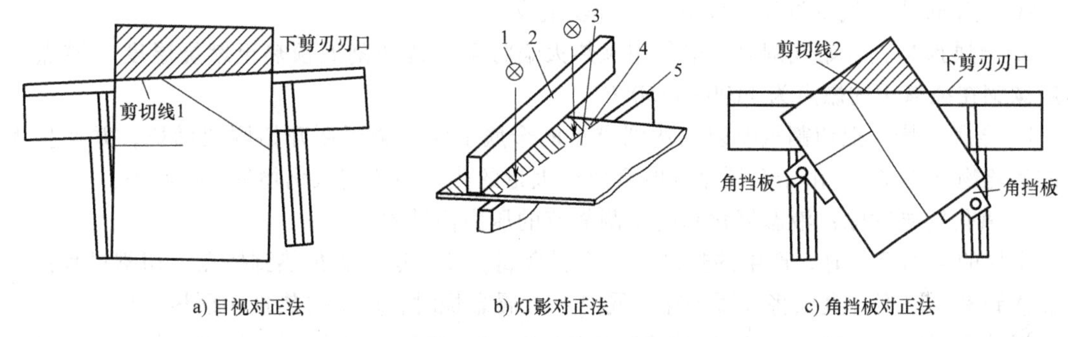

图 3-38　剪切线对正法

1—灯　2—上剪刃　3—板料　4—剪切线　5—下剪刃

④ 当采取目视对正法时，要特别注意操作者的视线与下剪刃的视角，通常剪切线要超出下剪刃 1~1.5mm，具体数值大小可通过测试法获取。

7）剪切设备操作

① 操作准备

a. 操作者在操作前必须熟悉剪板机的主要结构、性能和使用方法。

b. 检查剪板机设备上的各种手柄、旋钮和按键是否完好，电缆绝缘是否良好，如有损坏应及时更换或修理。

c. 检查剪板机上各种紧固螺栓有无松动现象。

d. 启动剪板机前，应检查油杯的油量、油质情况，并按设备的润滑规定加注润滑油或润滑脂。

② 操作步骤

a. 松开所有急停开关，打开电源，启动剪板机并空转，聆听是否有异常响声。若有不正常情况时，应立即停机，待问题排除后方可继续使用。

b. 按照所剪钢板的厚度，调整好合理的剪刃间隙。

c. 调整好后挡板到下剪刃的距离，使其等于所剪钢板的宽度。若是对线剪切则将后挡板移至距剪刃最远距离。

d. 将钢板送入剪口内，并保证与后挡板靠紧。若是采取目视对正法剪切，则将剪切线对准下剪刃。

e. 脚踩剪刃控制踏板，以完成钢板的剪切工作。

f. 剪切结束后，关闭电源，清理余料，擦拭设备。

（2）气割　氧乙炔气割是冷作工常用的下料方法之一，气割与机械切割相比具有设备简单、成本低、操作灵活方便、机动性高、生产效率高等优点。气割可切割较大厚度范围的钢材，并可实现空间任意位置的切割，所以，在金属结构制造及维修中，气割得到广泛的应用。尤其对于本身不便移动的大型金属结构，应用气割更显示其优越性。

气割的主要缺点是劳动强度大，易引起工件变形（气割薄板时）和切口附近力学性能的改变，切口冷却后硬度极高，不利于切削加工。

1）气割的过程及条件。气割是利用气体火焰的热能将工件加热到一定温度后，喷射出高速切割氧气流，使待切割处金属燃烧实现切割的方法。

① 气割过程。气割过程由以下三个阶段组成：

a. 金属预热：开始气割时，必须用预热火焰将金属待切割处预热至燃烧温度（燃点）。一般碳钢在纯氧中的燃点为1100~1150°C。

b. 金属燃烧：把切割氧喷射到达到燃点的金属上时，金属便开始剧烈燃烧，并产生大量的氧化物（熔渣）。由于金属燃烧时会放出大量的热，因此使氧化物呈液体状态。

c. 氧化物被吹除：液态氧化物受切割氧流的压力而被吹除。

上层的金属氧化时，产生的热量传至下层金属，使下层金属预热到燃点，切割过程由表面深入到整个厚度，直至将金属割穿。同时，金属燃烧时，产生的热量和预热火焰一起，又将邻近的金属预热至燃点，沿切割线以一定的速度移动割炬，并可形成切口，使金属分离。

② 气割条件。金属材料只有满足下列条件时，才能进行气割：

a. 金属材料燃点必须低于其熔点，这是保证切割在燃烧过程中进行的基本条件。否则，切割时金属将在燃烧前先行熔化，使之变为熔割过程，不仅割口宽，极不整齐，而且易粘连，达不到切割质量要求。

b. 燃烧生成的金属氧化物的熔点应低于金属本身的熔点，同时流动性要好。否则，就会在割口表面生成固态氧化物，阻碍切割氧气流与下层金属接触，使切割过程不能正常进行。

c. 金属燃烧时能放出大量的热，而且金属本身的导热性要差。这是为了保证金属有足够的预热温度，使切割过程能连续进行。

满足上述条件的金属材料有纯铁、低碳钢、中碳钢和普通低合金钢等。而铸铁、高碳钢、高合金钢及铜、铝等非铁金属及其合金，均难以进行氧乙炔焰气割。例如，铸铁不能用普通方法气割，是因为其燃点高于熔点，并产生高熔点的二氧化硅，且二氧化硅的黏度大、流动性差，高速氧流不易把它吹除。此外，由于铸铁的含碳量高，燃烧时产生一氧化碳及二氧化碳气体，降低了切割氧的纯度，也造成了气割困难。

2）气割设备及工具。

① 氧气瓶。氧气瓶是储存和运送高压氧气的容器，外表面涂成蓝漆，以区别于其他气

瓶，如图 3-39 所示。氧气瓶的瓶体上装有瓶阀，通过安置手轮可开关瓶阀并能控制氧气的进出流量。瓶帽旋在瓶头上，以保护瓶阀。氧气瓶应正确使用和保管，否则会有爆炸的危险。要求放置平稳可靠，不得与其他气瓶混放，使用和存放的气瓶都要装有瓶帽、防撞圈，外加防倒链以防撞击和倾倒。瓶嘴严禁沾染油脂，夏天要防止日光曝晒，冬天天气冷，阀门冻结时严禁用火烤，可用热水或水蒸气解冻。与工作场地和其他火源相距 5m 以上。

常用氧气瓶的容积为 40L，工作压力为 15MPa，可以储存 $6m^3$ 氧气。

② 乙炔瓶。乙炔是易燃易爆的危险气体，瓶体外表面涂刷白色漆，如图 3-40 所示。乙炔瓶使用时必须谨慎，除满足氧气瓶的使用要求外，还应做到：不能遭受振动或撞击，工作时应直立放置，瓶体温度不能超过 30~40℃，由于乙炔瓶阀的阀体旁侧没有连接减压器的侧接头，因此，必须使用带有夹环的乙炔减压器，如图 3-41 所示。减压器与乙炔瓶阀连接必须可靠，以防漏气。

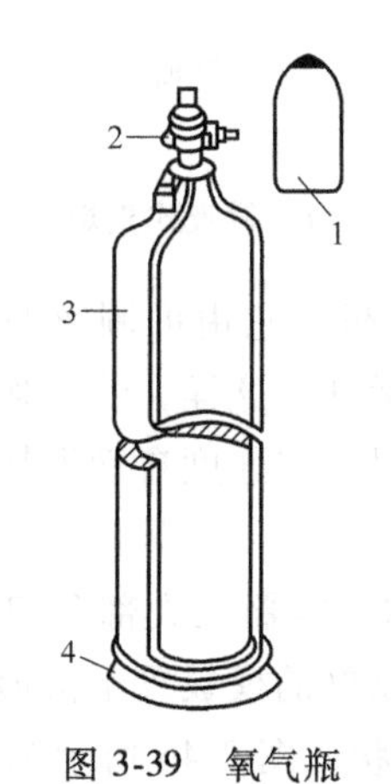

图 3-39　氧气瓶

1—瓶帽　2—瓶阀　3—瓶体　4—瓶座

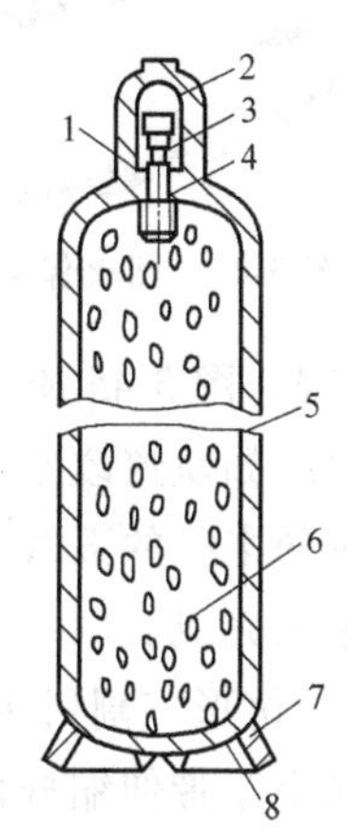

图 3-40　乙炔瓶

1—瓶口　2—瓶帽　3—瓶阀　4—石棉　5—瓶体　6—多孔性填料　7—瓶座　8—瓶底

③ 氧气减压器。氧气减压器是用来调节氧气工作压力的装置，如图 3-42 所示。在气割工作中，所需氧气压力有一定的规范，要使氧气瓶中的高压氧气转变为工作需要的稳定的低压氧气，就要由氧气减压器来调节。

图 3-41　乙炔减压器

图 3-42　氧气减压器

④ 回火保险器。回火保险器是确保气割过程安全的装置，如图 3-43 所示。正常气割时，当气体供应不足或管路、割嘴阻塞时，将因混合气体流速小于其燃烧速度，使火焰沿乙炔管路回燃，这种现象称为“回火”。回火保险器的作用就是当割炬发生回火时，防止火焰

回烧进入乙炔瓶，或阻止火焰在乙炔管路内燃烧，从而保证乙炔瓶的安全。

回火保险器一端与乙炔瓶瓶阀连接，另一端与橡胶软管连接。

⑤ 橡胶软管：是氧气和乙炔的输送管，一端连接割炬，另一端连接瓶体。氧气胶管允许工作压力为 1.5MPa，孔径为 8mm；乙炔胶管允许工作压力为 0.5MPa，孔径为 10mm。为便于识别，氧气胶管为黑色，乙炔胶管为红色。

⑥ 割炬：割炬的作用是使乙炔气与氧气以一定的比例和方式混合，形成具有一定热量和形状的预热火焰，并在预热火焰中心喷射出切割氧气进行气割。气割时，应根据有关规范，选择割炬型号和割嘴型号。射吸式割炬如图 3-44 所示。

图 3-43 回火保险器

图 3-44 射吸式割炬

3）半自动气割。图 3-45 所示为 CG1-30 半自动气割机，它由可调速的电动机拖动，沿着轨道做直线运动。如轨道改装成半径杆，则可做圆周运动，这样，装在切割机上的割炬就可切割出直线或不同半径的弧线。半自动切割机，除可以一定速度自动沿切割线移动外，其他切割操作均由手工完成。

4）仿形气割。仿形气割机由运动机构、仿形机构和切割器三大部分组成。运动机构常见的为活动肘臂和小车带伸缩杆两种形式。气割时，将制好的模板置于仿形台上，仿形头按模板轮廓移动，切割器则在钢板上切割出所需的轮廓形状。图 3-46 所示为 CG2-150 型仿形气割机。

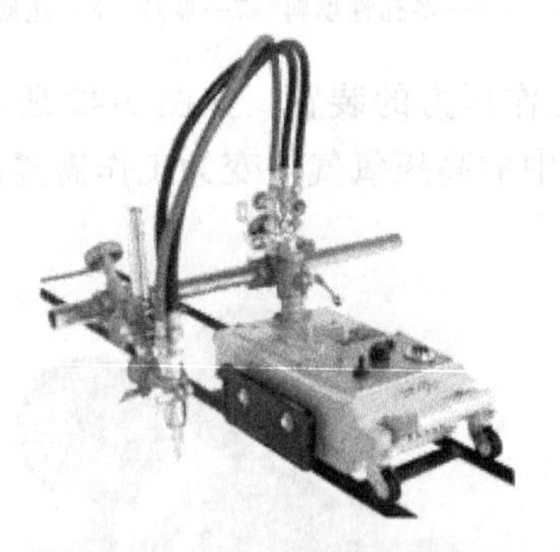
图 3-45 CG1-30 半自动气割机

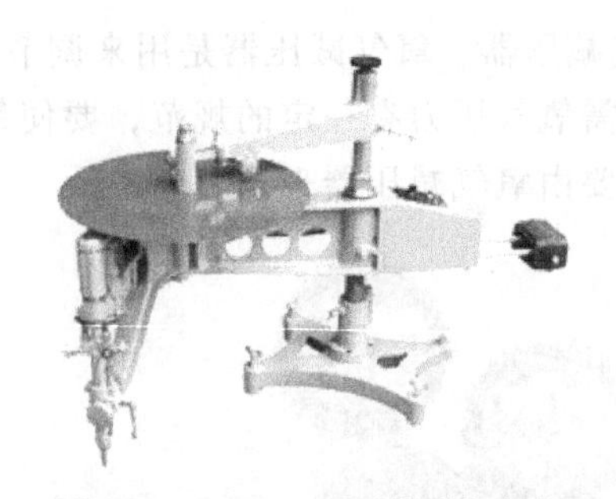
图 3-46 CG2-150 型仿形气割机

5）气割操作

① 场地准备。首先检查工作场地是否符合安全要求，然后将气割材料垫平。气割材料下面应留有一定的空隙，以便于氧化物的吹除。气割材料下面的空间不能封闭，否则会在气割时引起爆炸。材料表面的油污和铁锈要加以清除。

② 气割设备及工具的安装。手工气割所用设备及工具的安装如图 3-47 所示。

a. 安装氧气减压器。把氧气瓶立放并固定好，左手扶持氧气瓶，右手逆时针方向转动手轮，瞬间打开瓶阀吹净阀口，以免阀口杂屑进入减压器，此时人要避开阀口，以免氧气流伤人；接着把氧气减压器的紧固螺母拧在氧气瓶出气阀日上，并用扳手拧紧；然后旋松减压器的调压螺杆，左手扶住减压器，右手缓慢拧动手轮，通过高压表观察瓶内气体的压力，这时如发现某连接处或瓶阀有漏气现象，应立即关闭阀门修理。

b. 安装乙炔减压器。将乙炔瓶垂直立放并固定好，然后把乙炔减压器的夹环套在乙炔瓶阀上（不能取下瓶帽），通过瓶帽的安装孔，使减压器的进气口与瓶阀的出气口连接，再调整紧固螺栓，使之连接紧密，如图 3-48 所示。旋松减压器的调压螺杆后，用套筒扳手缓慢拧开瓶阀，即可通过减压器的高压表观察瓶内乙炔气的压力。

c. 安装割炬。将氧气胶管的一端连接在氧气减压器的出气口上，另一端安装在割炬的氧气管接头上。因氧气压力较高，氧气胶管接头处要用卡箍固定，防止接头漏气或胶管脱落。用同样的方法安装乙炔胶管，但因乙炔气压力低，所以乙炔胶管接头不必装夹。

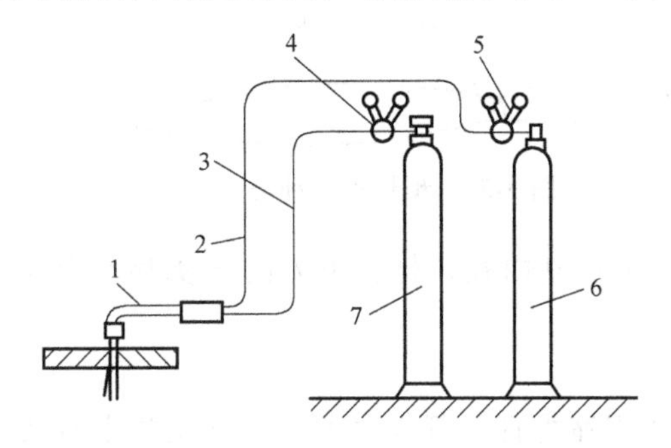

图 3-47　手工气割所用设备及工具的安装

1—割炬　2—氧气胶管　3—乙炔胶管　4—乙炔减压器
5—氧气减压器　6—氧气瓶　7—乙炔瓶

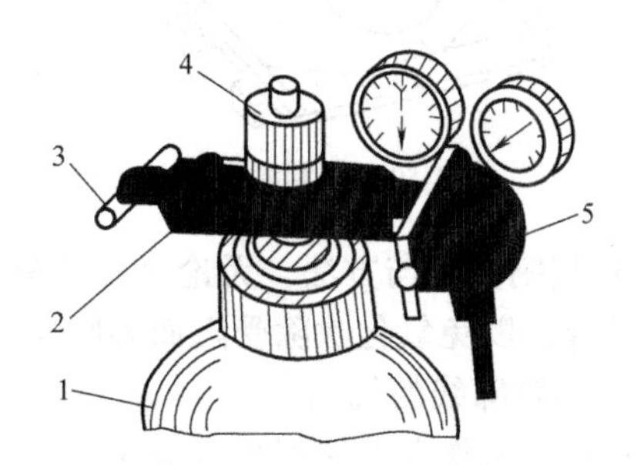

图 3-48　乙炔减压器的安装

1—乙炔瓶　2—夹环　3—紧固螺栓
4—乙炔瓶阀　5—乙炔减压器

d. 安装后的检查。检查是否漏气。右旋氧气减压器的调压螺杆，观察低压表至 0.25 MPa，用手抚摸（或涂肥皂水）各连接处，判断有无漏气现象。检查乙炔接头处可用涂肥皂水或鼻嗅的方法。如有漏气现象，应马上关闭瓶阀检修。

检查割炬的射吸能力。旋开割炬氧气调节阀，将手指放在割炬的乙炔进气管口上，如图 3-49 所示，如果手指感到有吸力，证明射吸能力正常，若无吸力或有推力（回火现象)，则说明割炬不能正常工作，须经维修后方可使用。

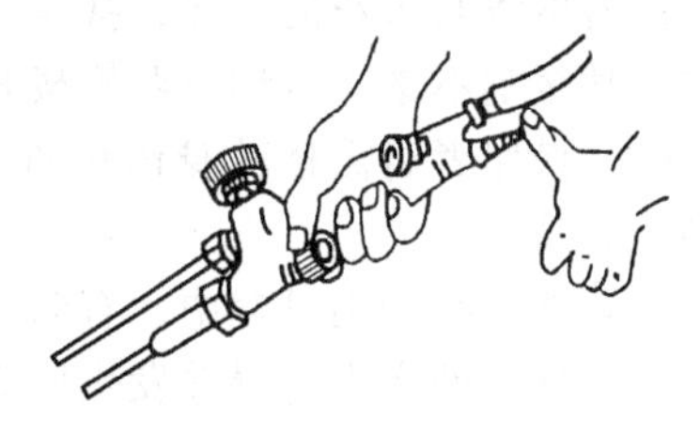

图 3-49　检查割炬的射吸能力

检查切割氧流线（风线)。其方法是点燃割炬，并调整好预热火焰；然后打开切割氧阀门，观察切割氧流线的形状。切割氧流线应为笔直而清晰的圆柱体，并有适当的长度，这样才能使工件切口表面光滑干净，宽度一致。否则，应关闭所有的阀门，熄火后用透针等工具修整割嘴的内表面，使之光滑无阻。

③ 气割操作姿势。两脚距离与肩同宽，呈外八字形，身体自然下蹲，右臂弯曲靠右膝外侧，左臂在两腿之间伸向右方，如图 3-50 所示。右手握持割炬手柄，并以右手的大拇指和食指掌握预热氧开关，以便调节预热火焰和发生回火时切断气源。左手的小指和无名指夹住混合气管，拇指和食指控制切割氧气阀门。眼睛注视切割线，呼吸节奏要平稳，使整个动作协调而自然。

④ 预热火焰的调整。气割时，混合气体从割炬中喷出燃烧，由于混合气体中氧气和乙炔气的混合比不同，可形成炭化焰、氧化焰和中性焰三种火焰，如图 3-51 所示。气割预热火焰应选取氧气和乙炔气比例适当，对金属无炭化和氧化作用的中性焰，主要通过调节预热氧调节阀来实现。

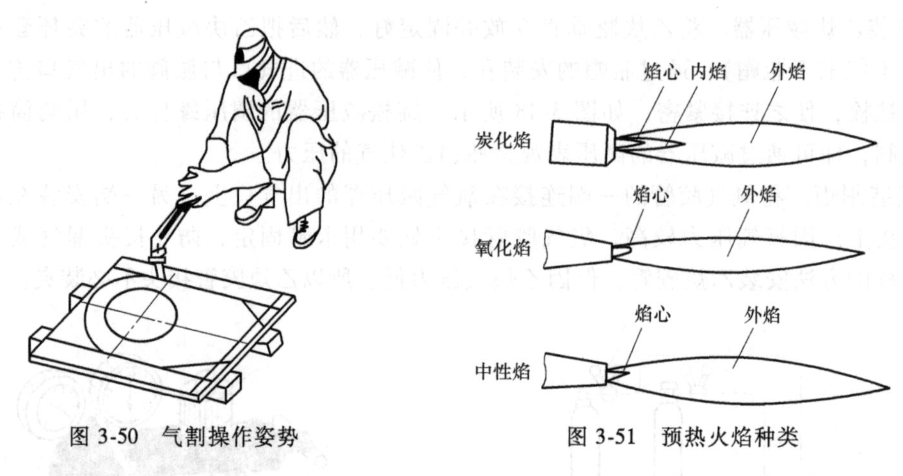

图 3-50 气割操作姿势

图 3-51 预热火焰种类

⑤ 气割步骤与方法。无论是切割外轮廓线还是切割内孔，材料下方的垫块都不得与切割线重合，以免氧化吹除受阻而影响切割。

a. 外轮廓线的气割。

起割：操作者平端割炬（姿势见图 3-50），使割嘴垂直于割件表面，预热钢板上割线右端边缘 10mm 处。待预热点呈现亮红色时，将割嘴外移至板边缘，同时慢慢打开切割氧阀门，当看到预热处有红点被氧气吹掉时，可以开大切割氧阀门。随着氧气流的加大，从割件的背面飞出鲜红的铁渣时，说明割件已经割透，即可根据工件的厚度，以适当的速度移动割炬向前切割。

切割过程：为了保证切割质量，在气割过程中，割炬移动的速度要均匀，割嘴至割件表面的距离应保持一致。在切割中，要注意观察，如果切割的火花向下垂直飞去，则速度适当；若熔渣与火花向后飞，甚至上返，则速度太快，切口下部燃烧比上部慢，致使后拖量增大，甚至割不透；若切口两侧棱角熔化，边缘部位产生连续珠状钢粒，则说明速度太慢。气割中，操作者若需移动身体位置，应先关闭切割氧阀门，待身体位置调整好后，再重新预热、起割。

此外，在切割过程中，有时因嘴头过热或氧化铁渣的飞溅，使割嘴堵住或乙炔气供应不及时，嘴头处产生鸣爆并发生回火现象。这时应迅速关闭预热氧和切割氧阀门，阻止氧气倒流入乙炔管内，使回火熄灭。若此时割炬内仍发出嘶嘶的响声，说明回火尚未熄灭，应迅速关闭乙炔阀门或拔下割炬上的乙炔胶管，使回火的火焰气体排出。处理完毕，应先检查割炬的射吸能力，然后方可重新点燃割炬。

停割：在气割接近终点时，割嘴应略向后方倾斜，如图 3-52 所示，以便钢板下部被割透，使上下受热均衡，收尾平直整齐。停割后，先关闭切割氧阀门，再关闭乙炔气阀门熄火，最后关闭预热氧阀门。

b. 内孔的气割

起割：气割内孔时，要预先在割件孔内废料部分，离气割线适当距离割一小透孔，其方法如图 3-53 所示。将割嘴垂直于割件表面，对欲开孔部位进行预热，然后将割嘴稍向旁移，并略倾斜；再逐渐开大切割氧气阀门吹除熔渣，直至将钢板割穿，再过渡到切割线上切割。

切割过程：切割内孔时，身体要保持稳定，割速要均匀。当割嘴沿切割线做圆周运动时，身体重心也应轻轻随着变动，但手臂及下蹲姿势不应有较大改变。

停割：当气割接近收尾时，应略开大切割氧阀门，割速也应略快，迅速吹掉熔渣，防止收尾处热量集中而局部熔化，产生粘连。

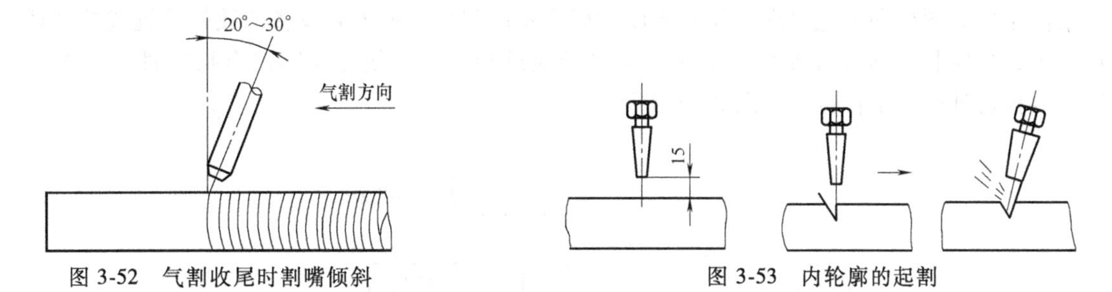

图 3-52　气割收尾时割嘴倾斜　　图 3-53　内轮廓的起割

c. 割件的质量检查

(a) 测量割件的各部尺寸是否符合图样要求。

(b) 检查气割切口表面是否平整干净。

(c) 割纹是否均匀一致。

(d) 检查切口边缘是否有熔化现象，氧化物是否易于清除。

(e) 检查切割直线段的平直程度。

d. 注意事项

(a) 氧气瓶一般应立放使用；乙炔瓶必须立放使用，并要平稳可靠。

(b) 穿戴好劳动保护用品，防止烧伤及烫伤事故发生。

(c) 气割工作结束后，应及时整理工具，清理现场，做到文明生产。

(d) 在教学过程中，各项操作在开始时均应分解练习，以保证动作姿势正确无误。

6）数控切割。随着计算机技术的迅速发展，工业自动化技术不断提高和完善，金属结构件的设计已开始突破“焊接件是毛坯”的概念。在国内外最新设计的产品中，根据对切割面尺寸和表面质量的要求，许多切割面已直接作为不需加工的成品表面，这应归功于较先进的数控切割技术的应用。数控切割下料，是计算机技术在冷作各工序中开发应用较早、技术成熟、获得广泛应用的一种工艺方法，也是目前工程机械行业用于下料必不可少的设备之一。图 3-54 所示为应用最广的数控火焰、等离子切割机。

图 3-54　数控火焰、等离子切割机

数控切割机是自动化的高效火焰切割设备，由于采用计算机控制，因此使切割机具备割炬自动点火、自动升降、自动穿孔、自动切割、自动喷粉划线、切口自动补偿、割炬任意程序段自动返回、动态图形跟踪显示等功能。计算机具有钢板自动套料、切割零件的自动编辑功能，整张钢板所有零件的切割全部自动完成。

① 数控切割工作原理。所谓数控（NC），其全称是数字程序控制。数控切割就是根据被切割零件的图样和工艺要求，编制成以数码表示的程序，输入到设备的数控装置或控制计算机中，以控制气割器具按照给定的程序自动地进行气割，使之切割出合格零件的工艺方法。数控切割机的工作流程如图 3-55 所示。

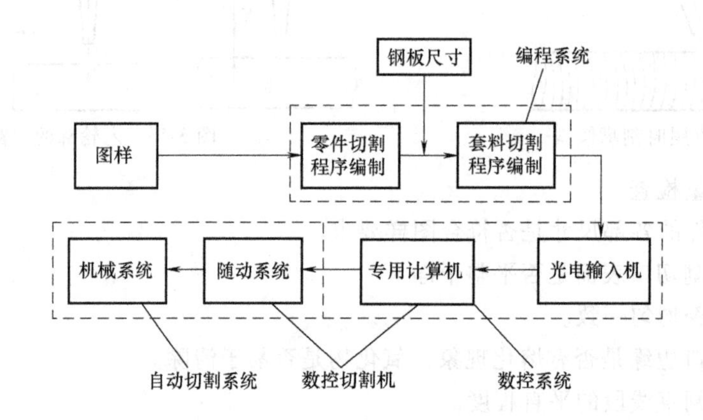

图 3-55　数控切割机工作流程

② 编制数控切割程序。要使数控切割机按预定的要求自动完成切割加工，首先要把被加工零件的切割顺序、切割方向及有关参数等信息，按一定格式记录在切割机所需要的输入介质（如磁盘）上，然后再输入切割机的数控装置，经数控装置运算变换以后控制切割机的运动，从而实现零件的自动加工。从被加工的零件图样到获得切割机所需控制介质的全过程称为切割程序编制。

如上所述，为了得到所需尺寸、形状的零件，数控切割机在切割前，需完成一定的准备工作，把图样上的几何形状和数据编制成计算机所能接受的工作指令，即所谓编制零件的切割程序。然后，再用专门的套料程序，按钢板的尺寸将多个零件的切割程序连接起来，按合理的切割位置和顺序，形成钢板的切割程序。

数控切割程序的编制方法有手工编程和计算机自动编程两种。程序的格式有 3B、4B 和 ISO 代码三种。就目前应用情况看，应用较多的是采用 AutoCAD 或 CAXA 自动编程软件进行编程。

③ 数控切割。气割时，编制好的数控切割程序通过光电输入机被读入专用计算机中，专用计算机根据输入的切割程序计算出气割头的走向和应走的距离，并以一个个脉冲向自动切割机构发出工作指令，控制自动切割机构进行点火、钢板预热、钢板穿孔、切割和空行程等动作，从而完成整张钢板上所有零件的切割工作。

④ 数控切割的优点。数控切割与手工切割相比有许多优点：

a. 实现了切割下料的自动化。冷作生产的下料过程，多年来一直按放样、号料、切割或剪切等工序进行，并以手工操作为主，工序多，效率低。数控切割完全代替了手工下料的几个工序，实现了切割下料的自动化，提高了下料的生产效率，减轻了工人的劳动强度。

b. 切割精度高。数控切割件的切割表面粗糙度值可达到 $Ra12.5\sim25\mu m$，尺寸误差可以小于 1mm。精确的切割下料，保证了同类零件尺寸形状的一致，在拼点装配时无须现场再对零件进行修理切割。良好的切割质量，使以前手工切割后为保证零件尺寸和切割面质量而进行的机械加工工序被免去，减少了机械加工工作量，提高了生产效率，降低了生产成本。

c. 提高了生产效率。数控切割除了使下料过程自动化，提高了下料工作效率外，还给装配、焊接工序带来了好处。精确的切割，使装配后得到的坡口间隙均匀、准确，同时减小了焊接变形，使焊后矫正变形的工作量减少。数控切割为整个生产过程效率的提高打下了良好的基础。

d. 提供了新的工艺手段。数控切割机除了具有自动切割零件的功能外，还可以配置多种辅助设备。如：喷粉划线器，即在一次定位条件下，可以在零件上用喷粉划线器划出零件的弯曲线和装配线等线条，由于喷粉划线是由程序控制的，其划线的精度高，可以代替人工划线；标记冲窝器，在一次定位条件下，可在零件的孔中心点打出钻孔标记冲窝（代替样冲打样冲眼）；全（半）自动旋转三割炬，可以在切割零件的同时开 K 形或 V 形坡口，代替机械加工坡口或刨边机刨边。

e. 数控切割的应用。数控切割技术是从 20 世纪 70 年代开始推广应用的，现在已成为铆焊结构件生产过程中切割下料的主要工艺手段，切割钢板的厚度为 1.5~300mm。在企业生产实际中，通常 8mm 厚以下的钢板采用数控等离子下料（或数控精细等离子下料），8mm 以上的钢板采用数控火焰下料。就目前来看，数控切割已经取代了传统的手工切割下料，尤其是在工程机械行业得到普遍应用，已充分显示出其优越性。

综上所述，数控切割只是工程机械行业下料手段中最为典型的工艺之一，激光下料、水下等离子切割下料等先进的下料手段也已有所应用。在企业里铆焊是不分家的，手工切割下料是冷作工必须掌握的基本技能。数控切割等先进的机械切割下料均被列为是电气焊工的行当，但作为冷作工也必须要有所了解。手工切割下料和数控切割下料的操作，将在焊接专业课中进行。

7. 弯曲

把平板毛坯、型材、管材等弯成一定的曲率、角度，从而形成一定形状的零件的加工方法称为弯曲。弯曲亦称弯形或折弯。弯曲成形在金属结构制造中应用很多。它可以在常温下进行，也可以在材料加热后进行，但大多数的弯曲成形是在常温下进行的。

（1）钢材的弯曲变形过程及特点　弯曲加工的材料，通常为钢材等塑性材料，这些材料的变形过程及特点如下：

1）中性层与中心层。当材料受到外力作用时，就会发生弯曲变形。在弯曲变形过程中，内层材料受压而缩短，外层材料受拉而伸长，在压缩和伸长之间存在一个既不伸长也不缩短的纤维层，称为中性层，如图 3-56 所示。

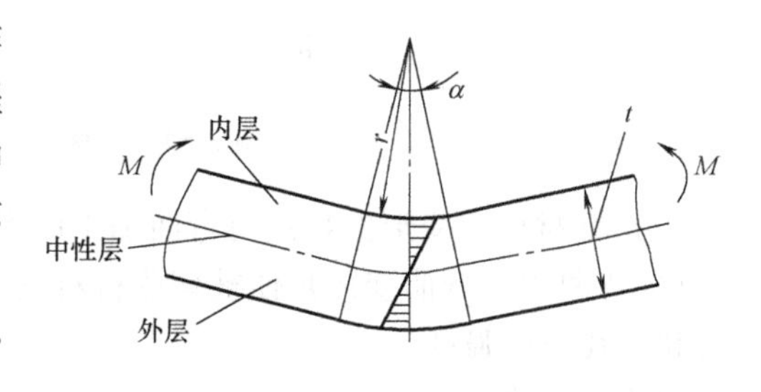

图 3-56　中性层

而在板厚的 1/2 处的纤维层称之为中心层，如图 3-57 所示。

2）弹性变形。在弯曲的初始阶段，外弯

矩小，材料仅发生弹性变形（卸载后材料恢复原样），如图 3-58a 所示。

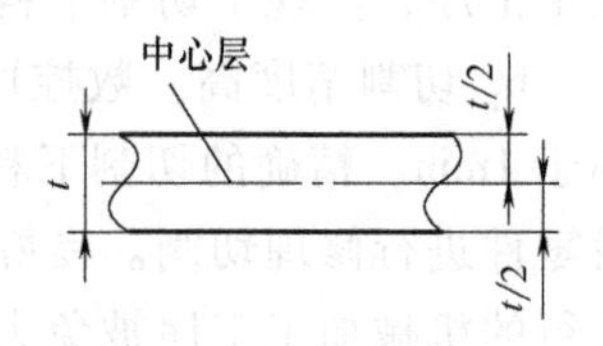

图 3-57 中心层

3）塑性变形。随着外弯矩的继续增大，材料从弹性变形过渡到塑性变形（卸载后材料不能恢复原样），如图 3-58b 所示。

4）材料发生塑性变形之后，外弯矩继续增大，使材料变形超过自身变形的能力，首先在受拉伸的外层出现裂纹，最终使材料发生断裂破坏（弯曲开裂），如图 3-58c 所示。

5）在弯曲过程中，材料的横截面也会发生一定程度的变化。图 3-59 所示为板材弯曲时的两种变化情况。

6）在弯曲变形区内材料的厚度均有变薄现象。

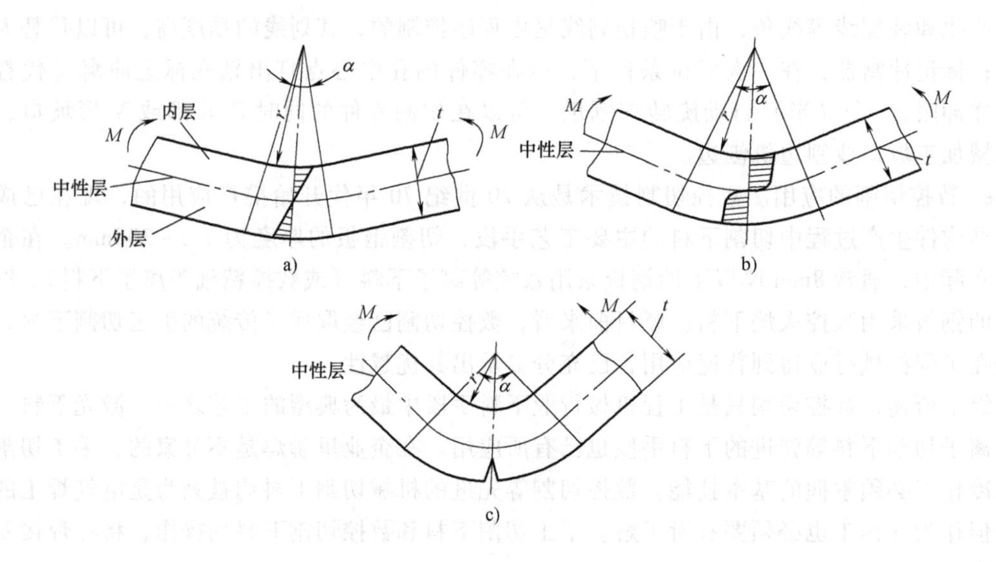

图 3-58 材料的弯曲变形过程

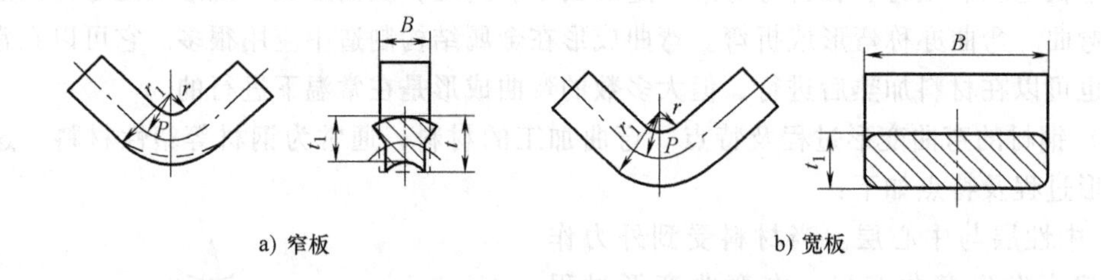

图 3-59 板材弯曲横截面形状的变化

（2）钢材弯曲变形的特点对弯曲加工的影响

1）弯曲力。弯曲变形是使被弯曲材料发生塑性变形，其弯曲力必须能使被弯材料的内应力超过其屈服强度。

弯曲力的确定：

① 根据被弯曲材料的力学性能。

② 根据弯曲方式和性质。

③ 根据弯形件的形状等多方面的因素。

2）弹复现象（回弹现象，弯曲回弹）。弯曲时，通常在发生塑性变形时，仍有部分弹性变形存在，当卸载时，弹性变形要恢复原态，结果使弯形件的曲率和角度发生了变化。这种现象叫作弹复现象。弹复现象的存在，直接影响弯形件的几何精度。

影响弯曲弹复的主要因素：

① 材料的力学性能。

② 材料的相对弯曲半径 r/t。r 大，弹复大（r—弯曲半径；t—料厚）。

③ 弯曲角 α。α 大，弹复大。

④ 零件的形状、模具的构造、弯曲方式、弯曲力的大小等。

3）最小弯曲半径。材料在不发生破坏（开裂或断裂）的情况下所能弯曲的最小曲率半径，称为最小弯曲半径。影响最小弯曲半径的因素有以下几个方面：

① 材料的力学性能。

② 弯曲角 α。在相对弯曲半径 r/t 相同的条件下，弯曲角 α 越小，材料外层受拉伸的程度越小，而不易开裂，最小弯曲半径可以小些；反之，弯曲角 α 越大，最小弯曲半径也应增大。

③ 材料的方向性。轧制的钢材形成各向异性的纤维组织，钢材平行于纤维方向的塑性指标大于垂直于纤维方向的塑性指标。因此，当弯曲线与纤维方向垂直时，材料不易断裂，弯曲半径可以小些。零件弯曲线与钢材纤维方向的关系如图 3-60a、b 所示。当弯形件有两个相互垂直的弯曲线，弯曲半径又较小时，应按图 3-60c 所示的方式排料。

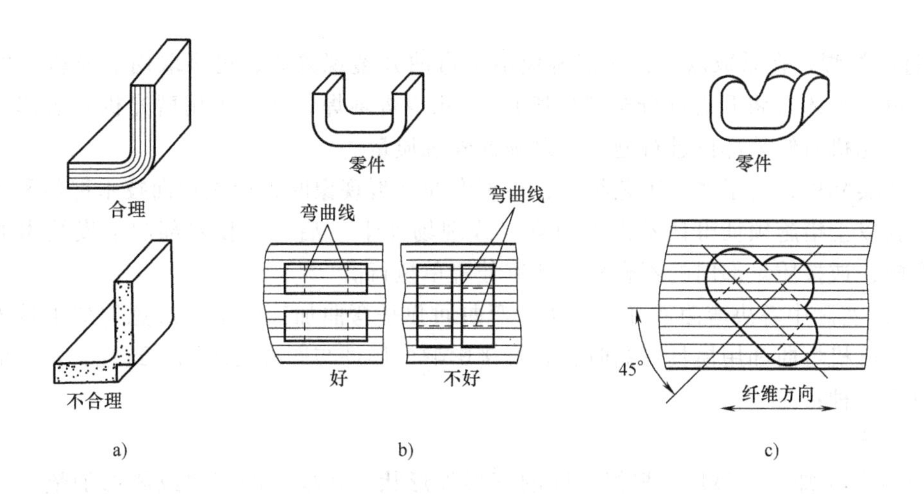

图 3-60　材料纤维方向与弯曲线的关系

④ 材料的表面质量与剪断面质量。当材料的剪断面质量与表面质量较差时，弯曲时易造成应力集中，使材料过早破坏，这种情况下应采用较大的弯曲半径。

⑤其他因素。材料的厚度和宽度等因素，也对最小弯曲半径有影响。例如薄板和窄板料可以取较小的弯曲半径。

（3）钢材加热对弯曲成形的影响

1）钢材加热后力学性能将发生变化，一般钢材加热到 500℃以上时屈服强度降低，塑性显著提高，弹性明显变小，所以钢材加热弯曲时，弯曲力下降，弹复现象消失，最小弯曲半径减小，有利于按加工要求控制成形。

2）材料在高温下表面易氧化、脱碳，加热不慎，还会造成材料的过热、过烧甚至熔化，并且在高温下作业条件差。因此，加热弯曲多用于常温下成形困难的弯形件的加工。

3）加热弯曲模具简单，在单件小批量弯曲加工时，采用热弯可以降低成本，减少工时。

（4）弯曲在生产实际中易出现的问题及解决方法

1）弯曲开裂。弯曲开裂是生产实际中常出现的弯曲质量缺陷之一，在材质、板厚、弯曲力、弯曲设备和弯曲半径一定的情况下，常采取如下办法解决：

① 加热弯曲。采取加热的方法使弯曲材料的可塑性增加。加热温度视开裂的程度而定，一般先采用低温加热试弯，逐步增高加热温度，直到工件弯曲后的开裂现象完全消除为止，但温度最高不要超过 800℃。加热的原则是能低温不高温，从而消除弯曲开裂现象。

② 控制断面质量。对板料下料后的断面质量加以控制，如剪切下料后的毛刺，切割下料后的割瘤、毛边等对弯曲开裂都有一定程度的影响。为了消除开裂现象，应将毛刺和飞边都剔除干净，在弯形件不存在弯曲方向的情况下，将带有毛刺和飞边的一面放在弯曲内侧。

③ 棱边倒钝。采用打磨的方式将弯形件外侧的毛坯料的棱边倒钝。

④ 考虑纤维方向。下料时重点考虑纤维方向，使弯曲线与纤维方向垂直，对于大型弯形件若下料时不能保证弯曲线与纤维方向垂直时，也应最大限度地使弯曲线与纤维方向的夹角达到最大值，从而最大限度地消除弯曲开裂现象或是千方百计地使弯曲开裂程度降至最低。

⑤ 打磨补焊。在采取以上方法都避免不了弯曲开裂现象时，可采取用磨光机打磨弯曲开裂的部位至本体（将开裂部分全部磨掉），再用电焊堆焊，然后再用磨光机打磨修整，最后还可用抛光机对修整部位进行抛光，以确保外观质量。

在生产实际中，为了严肃工艺纪律，出现弯曲开裂现象时，应主动向技术部门和质量部门反映，就以上措施须征得技术人员同意（或现场评审）后，由技术部门下发技术通知书后方可实施，或按质量部门的不合格品评审处置单执行。

2）生产实际中解决弯曲回弹的方法。弯曲回弹是弯曲加工中不可避免的加工现象，多反映在用折弯机弯曲和用模具弯曲时，它直接影响弯形件与图样要求的一致性，常用的解决方法有以下几种：

① 手工整形。

② 在模具中加调整垫片。根据不同的弯形件形状，在模具的底部或侧面加垫片，其原理是制造一个新的回弹来来抵消弯曲过程中的原有回弹。垫片的厚度一般为 0.2～0.5mm，多采用薄铜板作为垫片。

③ 修整模具。一般是微磨凸模的模面，使弯曲角度略微变小。

（5）弯曲长形工件时的弯曲挠度控制　在弯曲长形工件时，由于弯曲的切向应力在弯曲过程中沿弯形件的长度方向释放受阻，因而造成长形工件弯曲后出现弯曲挠度。控制长形工件弯曲挠度的方法就是在 V 形模的下模中间的底部加放 V 形垫片，垫片的厚度一般为

0.2~0.5mm，多采用薄铜板作为垫片。

（6）压弯

1）压弯的定义。在压力机床上使用弯曲模进行弯曲成形的加工方法称为压弯。

2）压弯的特点。压弯成形时，材料的弯曲变形可以有自由弯曲、接触弯曲、矫正弯曲三种弯曲变形方式，如图3-61所示。这三种弯曲变形方式是在材料弯曲时的塑性变形阶段依次发生的。

① 自由弯曲：当材料弯曲时，仅与凸凹模在三条线接触，弯曲圆角半径是自然形成的，如图3-61a所示。

② 接触弯曲：当材料弯曲到直边与凹模表面平行，且在长度方向 ab 紧靠时停止弯曲，弯形件的角度等于模具角度，而弯曲圆角半径仍靠自然形成如图3-61b所示。

③ 矫正弯曲：将材料弯曲到与凸凹模完全靠紧时，弯曲圆角半径等于凸模的圆角半径。如图3-61c所示。

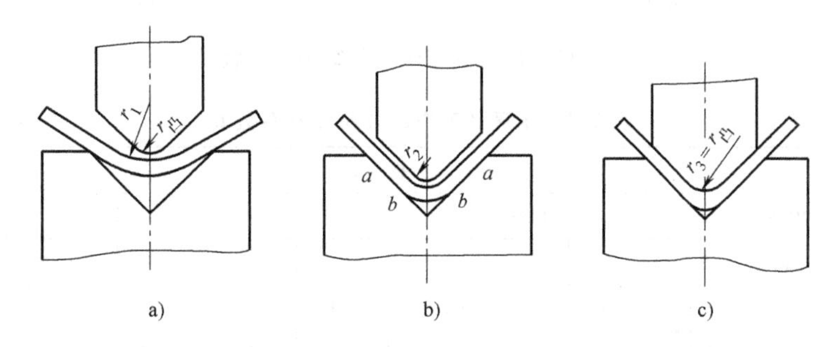

图3-61 材料弯曲时的三种变形方式

3）压弯模（弯曲模）。压弯模结构形式的选择应根据弯形件的形状、尺寸精度及生产批量等选择。压弯模根据用途可分为通用模和专用模，最简单而且常用的是无导向装置的单工序压弯模，这种压弯模可以整体铸造后加工制成，如图3-62a、b所示，也可以利用厚板或型钢焊制，如图3-62c、d所示，或由若干零件组合、装配而成。

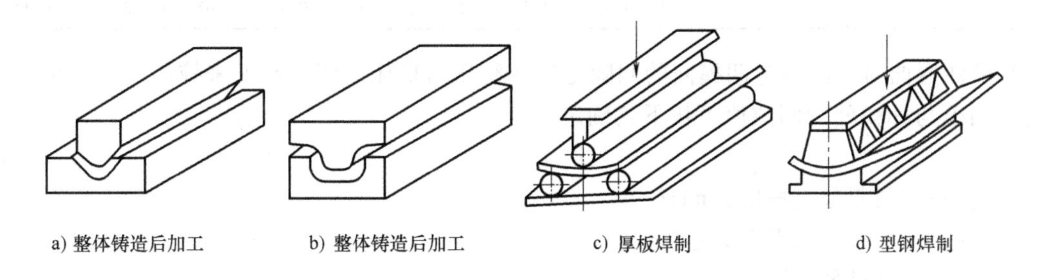

图3-62 压弯模具结构形式

冷作工使用的压弯模，多数采用焊接制成，并且尽量少用或不用切削加工零件，这样，制作方便，可以缩短模具制造周期，还可以充分利用生产中的边角料，降低生产加工成本，企业里称此类模具为土模具。

当采用接触弯形或矫正弯形时，制作压弯模应考虑以下几个方面：

① 压弯模工作部分尺寸确定。压弯模工作部分的结构、形状如图 3-63 所示。凸模的圆角半径 $r_{凸}$ 和角度，根据弯形件的内圆角半径，用弹复值修正后确定。凹模非工作圆角半径 $r_{凹}$，应取小于弯形件相应部分的外圆角半径（$r_{凸}+t$）。其他尺寸见表 3-2。

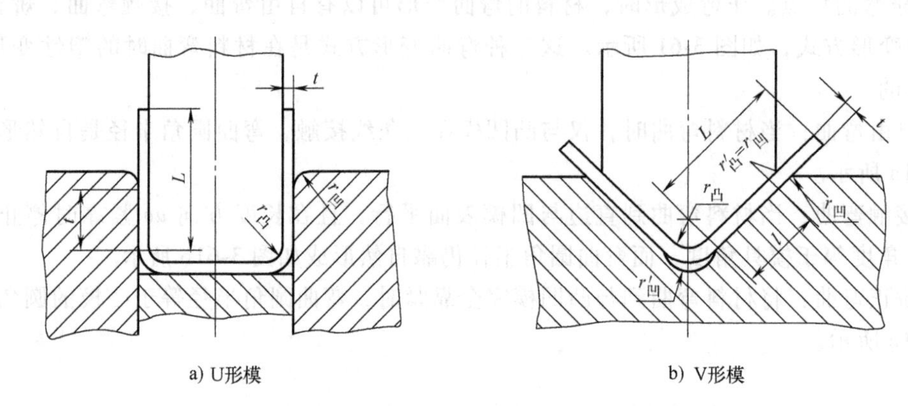

a) U形模　　b) V形模

图 3-63　压弯模工作部分结构、形状

表 3-2　压弯模工作部分尺寸及系数 c　　（单位：mm）

L	板厚 t											
	<0.5			0.5~2			2~4			4~7		
	l	$r_{凹}$	c	l	$r_{凹}$	c	l	$r_{凹}$	c	l	$r_{凹}$	c(无单位)
10	6	3	0.1	10	3	0.1	10	4	0.08	—	—	—
20	8	3	0.1	12	4	0.1	15	5	0.08	20	8	0.06
35	12	4	0.15	15	5	0.1	20	6	0.08	25	8	0.06
50	15	5	0.2	20	6	0.15	25	8	0.1	30	10	0.08
75	20	6	0.2	25	8	0.15	30	10	0.1	35	12	0.1
100	—	—	—	30	10	0.15	35	12	0.1	40	15	0.1
150	—	—	—	35	12	0.2	40	15	0.15	50	20	0.1
200	—	—	—	45	15	0.2	50	20	0.15	65	25	0.15

V 形件弯曲时，凸模与凹模间的间隙是靠调整压力机床的闭合高度来控制的。U 形件弯曲时，凸模与凹模间的间隙值可按下式确定：

$$Z=t_{max}+ct \tag{3-9}$$

式中　t_{max}——材料最大厚度，mm；

c——系数，按表 3-2 选取；

t——材料名义厚度。

② 生产实际中采用模具弯曲时解决回弹的措施：

a. 保压矫正或进行二次矫正弯曲在弯曲终了时，保压片刻再使上模抬起，或上模抬起后再一次进行矫正弯曲，这样可使圆角处材料接近受压状态，从而减少回弹。为此，将上模做成如图 3-64a 所示的形状，减小接触面积，加大对弯形部位的压力。

b. 在模具凹模中适当加垫片。

c. 对工件进行加热后再进行模具弯曲。

d. 修整模具。在单角弯形时，将压模角度减小一个弹复角。在U形弯形时，将凸模壁制作出等于弹复角的倾斜度或将凸模和凹模底部制作成弧形曲面，利用曲面部分的弹复补偿两直边的张开，如图3-64b所示。当弯曲弧较长时，则多采取缩小模具圆弧半径的办法。

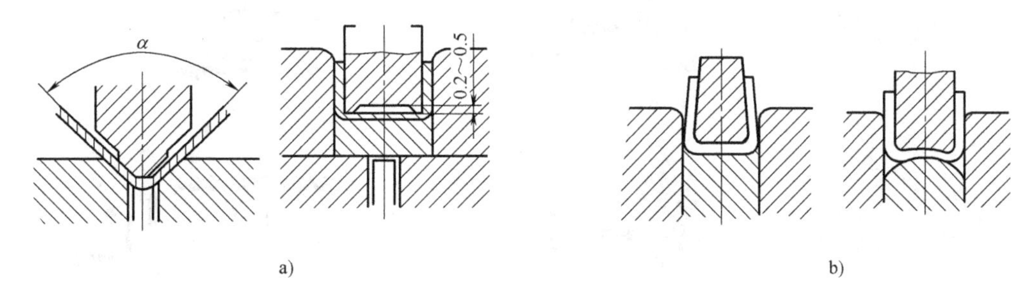

图3-64　利用模具结构、形状解决回弹

此外，如图3-65所示利用增加压边装置，和尽量减小模具间隙的办法，也可以在一定程度上减少回弹。

（7）弯曲设备　冷作工常用的弯曲设备有数控折弯机、油压机和各种压力机等。在企业中应用最为普遍的还是数控折弯机。

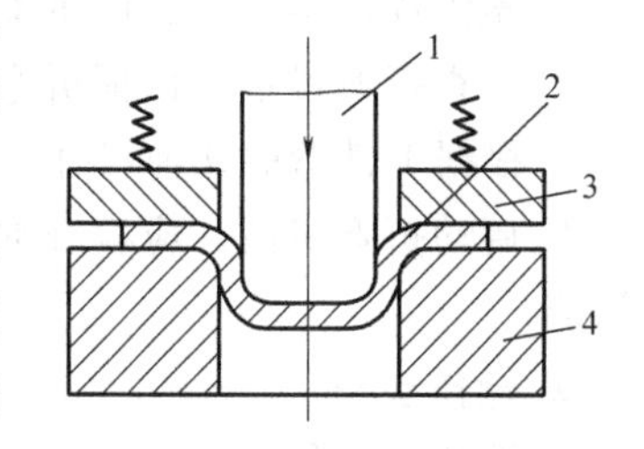

图3-65　利用压边装置减少回弹

1—凸模　2—工件

3—压边装置　4—凹模

1）数控折弯机。折弯机主要是用于将板料进行折角，弯曲成各种形状。一般是在上模运行一次行程后，便可将板料压成一定的几何形状，通过几次冲压，便能得到较为复杂的各种截面形状的零件。

数控折弯机多为液压传动，是以油压作为动力，利用高压油推动液压缸内的活塞运动，从而使模具产生运动。

零件的弯曲成形是靠模具来完成的，是指金属板料沿直线进行弯形，以获得具有一定夹角（或圆弧）的工件。弯曲工艺要求折弯机实现两方面的动作：一是折弯机的滑块相对下模做垂直往复运动，以压弯板料，形成一定的弯曲角（或圆弧）；二是后挡料机构的移动（定位或退让），以保证弯曲角（或圆弧）的中心线相对板料边缘有正确的位置，即弯曲线与模具的中心相一致。

模具分为上模和下模，上模采用多件短模拼接，固定在上滑枕上；下模为整体结构，开有不同尺寸的V形槽，可根据弯曲零件的厚度选用。一般情况下，碳钢与不锈钢弯曲90°时，板材厚度与V字形的宽度比率为1∶8。上模和下模均具有精度高、互换性好、便于拆装等特点。

图3-66　数控液压折弯机

如图3-66所示，数控液压折弯机主要对滑块下压运动和后挡料机构的移动进行数字控制，以实现按设定程序自动变换下压行程和后挡料机构的定位位置，按顺序完成一个工件的多次弯曲，从而提高生产效率和弯形件的质量。对超长工件的弯曲，可采取双机联动来实现。

2）压力机。图 3-67 和图 3-68 所示分别为企业常用的压力机和油压机。

图 3-67　压力机

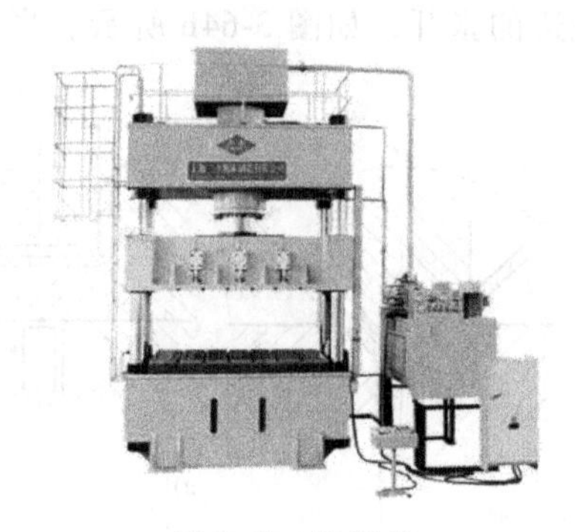

图 3-68　油压机

3）数控折弯机操作。

① 操作准备

a. 操作者在操作前必须熟悉折弯机的主要结构、性能和使用方法。

b. 检查折弯设备，保证折弯机处于良好的工作状态。

c. 根据工件弯曲几何尺寸，选取折弯模具。

d. 启动折弯机前，应检查油杯的油量、油质情况，并按设备的润滑规定加注润滑油或润滑脂。

② 操作步骤

a. 松开所有急停开关，打开电源，启动折弯机并运行，聆听是否有异常响声。若有不正常情况时，应立即停机，待问题排除后方可继续使用。

b. 将上滑枕升起，把折弯模具吊到折弯机下工作台上，先安装上模并紧固，然后将上模缓缓下落，反复运行几个行程即把上下模对正，上模压至下模上，紧固下模固定螺栓。

c. 将后挡板调整到零线位置。

d. 输入折弯程序，若手动折弯则免此操作。

e. 用同规格的边角料进行试弯并进行参数调整，确认试弯的曲率、角度符合图样、工艺要求。

f. 按折弯顺序进行弯曲。

将弯曲坯料置于下模上，并紧靠挡料板，脚踩操作踏板，即完成一个角的弯曲。若手动弯曲，则要画出弯曲线和对刀线，将对刀线与上模外口对齐后方可脚踩操作踏板以完成弯曲操作。

g. 弯曲结束后，将上模下落至与下模贴上（或拆下模具）后关闭电源，擦拭设备。

（8）弯曲的工艺要求

1）选择压力机床，要同时满足所需弯曲力和弯曲工件所需空间尺寸范围两个要求。

2）安装模具时，模具的压力中心应与压力机床的压力中心一致，上下模间隙要处处均匀，装卡要牢靠。一般是先固定上模，校正间隙后再固定下模。实际生产中，有的模具已装有导向装置（导柱和导套），不需人为地去调整上下模的间隙。对没有导柱导套的模具，则需要校正上下模的间隙，常采取放入工件法，冲压几个行程后，再固定下模。在弯曲工作过程中，由于机床的振动等原因，模具的装卡有可能出现松动。为防止装卡松动，要不断地检查模具的装卡，对松动的螺栓进行再次的紧固，以免出现因装卡松动造成上、下模错位或脱落，从而保证设备安全和人身安全。

3）弯形件的直边长度，一般不得小于板厚的两倍，以保证足够的弯曲力矩。若小于两倍时，可将直边适当加长（即留有工艺余量），弯曲后再行切除。

4）为防止弯形件横截面畸变，板料弯形件宽度一般不得小于板厚的 3 倍。若小于 3 倍时，应先在同一块板上弯曲（一板多件），弯曲后再切开分为若干件。

5）局部需要弯成折边的零件，为避免角上开裂，应预先钻出或割出止裂孔（生产实际中叫破角），或将弯曲线外移一定的距离，如图 3-69 所示。

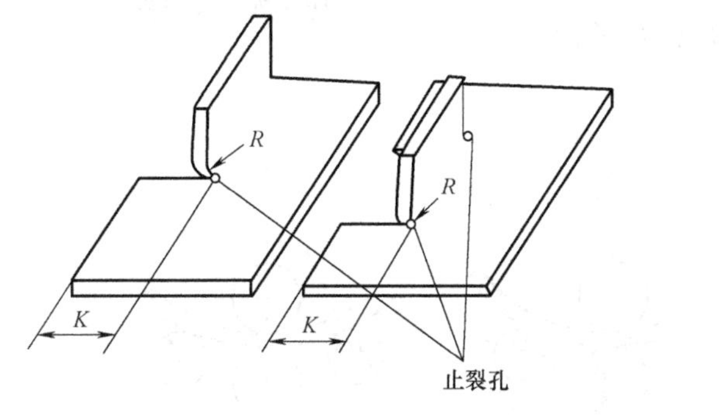

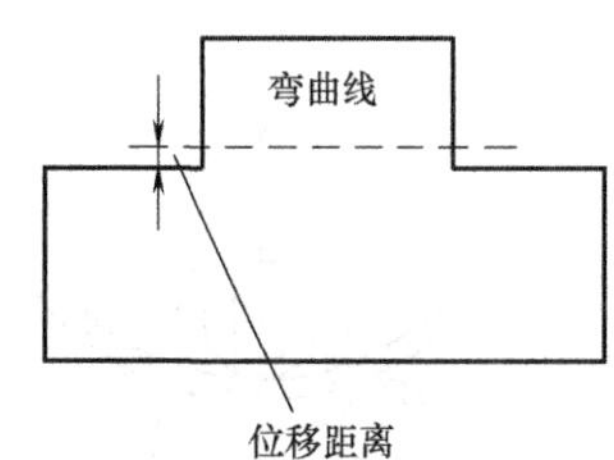

图 3-69　局部弯曲

6）弯形件圆角半径较小时，为避免弯裂，应将质量差的表面放在弯曲内侧（在弯形件不受方向限制的情况下），使其处于受压状态而不易开裂。

7）加热弯曲时，材料的加热面温度要均匀，注意不要使模具的温度过高，以防模具变形（生产实际中可采取间歇式生产，给模具留有足够的降温时间）。

8）弯曲操作应严格遵守工厂有关安全操作规程进行。

（9）滚弯　滚弯是工程机械加工制造过程中必不可少的工序之一，压路机的滚筒，挖掘机的挖斗、座圈，装载机的铲斗，压力容器等筒形零件和大圆弧零件，都是由滚弯工艺来实现的。

1）滚弯的特点：

① 滚弯的定义：在滚床上进行弯曲成形加工的方法称为滚弯。

② 成形原理：滚弯时，坯料置于滚床的上、下轴辊之间，当上轴辊下降时，坯料便受到弯曲力矩的作用而发生变形，又由于上、下辊的转动，并通过轴辊与坯料间的摩擦力带动坯料移动，使坯料受压部位连续不断地发生变化，从而形成平滑的弯曲面，完成滚弯成形。

③ 滚弯的曲率：在滚弯过程中，板料弯曲变形方式相当于压弯时的自由弯曲。滚弯件的曲率，取决于轴辊间的相对位置、板厚和力学性能。由于弹复现象的存在，滚弯件的曲率不能等于上轴辊的曲率。通常情况下，曲率半径 $R=20t$（t 为板厚）。

此外，滚弯往往不能一次成形，而多次的冷滚压又会引起材料的冷加工硬化。当弯形件变形程度很大时，这种冷加工硬化现象将十分显著，致使弯形件的使用性能严重恶化。因此，滚压成形的允许弯曲半径，不能以板料的最小弯曲半径为界线，而应大些。

④ 滚弯的优缺点：滚弯成形方法的优点是通用性强，板材滚弯时，一般不需要在滚床上附加工艺装备，滚弯机床结构简单，使用和维护方便。滚弯的缺点是效率较低、精度不高。

2）滚板机。滚板机在企业中也叫卷板机、滚床和卷圆机，如图 3-70 所示。最常用的滚板机有三辊滚板机和四辊滚板机。其基本类型有对称式三辊滚板机、不对称式三辊滚板机和四辊滚板机三种。这三种类型滚板机的轴辊布置形式及运动方向如图 3-71 所示。

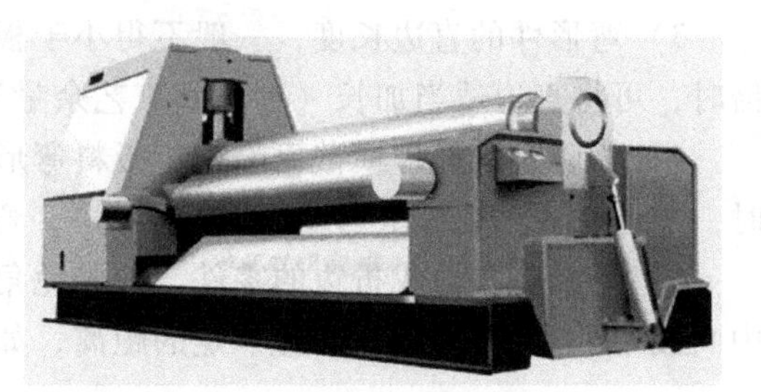

图 3-70 滚板机

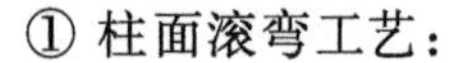

① 柱面滚弯工艺：

a. 柱面的几何特征是表面素线是相互平行的，因此，滚弯时上下轴辊应平行。

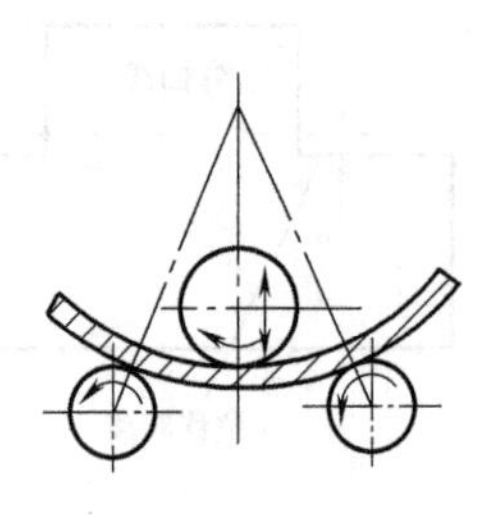

a) 对称式三辊滚板机

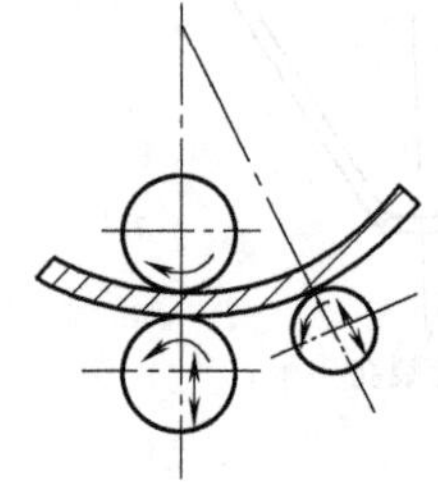

b) 不对称式三辊滚板机

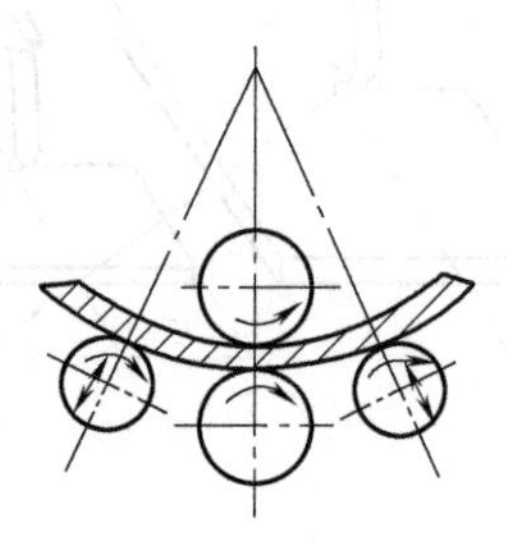

c) 四辊滚板机

图 3-71 滚板机轴辊布置形式及运动方向

b. 三辊滚弯时，坯料两头需预留搭边，手工或在压力机床上将搭边预弯成与工件曲率相同的弧形（生产实际中称作槽头），如图 3-72 所示，待卷圆成形后再割除搭边。四辊卷圆时则不需预留搭边。

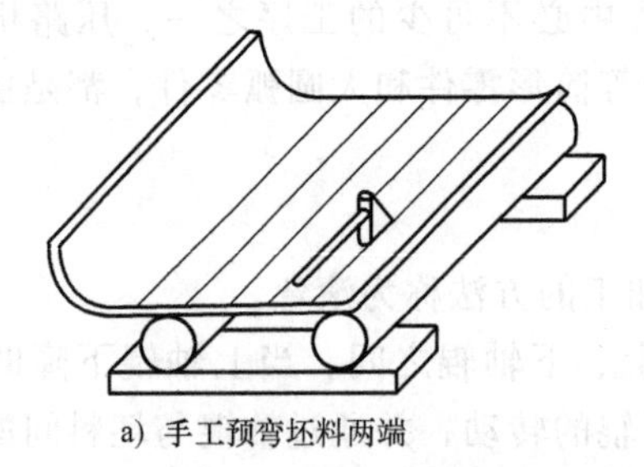

a) 手工预弯坯料两端

b) 在压力机床上预弯坯料两端

图 3-72 预弯坯料两端

1—下模 2—坯料 3—上模

c. 坯料放入滚床时，为了避免滚弯时出现扭曲现象，需进行找正。其方法是：放入坯料，下落上辊使上辊似压非压板料，用钢直尺或钢卷尺测量板料两边到轴辊的距离一致后方可进行滚弯。

d. 滚弯不能一次成形，需要多次滚弯，曲率逐渐由小到大，直至达到所需的弯曲曲率，在每一次滚弯后都需用弯曲样板进行检测，根据工件与样板的吻合程度来调整上、下轴辊的间隙。

e. 滚弯成形后，割除预留的搭边并以坡口的形式进行平对接和焊接。焊后焊道不能高出工件平面，并将对接处打磨光滑，以免矫圆时损伤轴辊。

f. 焊接完毕冷却后，需再次装上滚床进行矫滚找圆。

g. 质量测量（检验）：

（a）对接口是否有错位。

（b）用样板检查圆度。

（c）用钢卷尺或钢直尺检查直径。

（d）目视检查外观是否有缺陷。

② 锥面滚弯工艺：

a. 锥面的几何特征是表面素线是汇交于一点的，每条素线上各点的曲率也不相同。滚弯时上下轴辊之间应倾斜。

b. 三辊滚弯时，坯料两头需预留搭边，并将搭边预弯成与工件曲率相同的弧形，待卷圆成形后再割除搭边。四辊卷圆时则不需预留搭边。此条与柱面滚弯相同。

c. 坯料放入滚床时，为了避免出现扭曲现象，需进行找正。其方法是：放入板料使其中线对准上轴辊中线，可采取下落上辊使上辊似压非压板料，用钢直尺或卷尺分别测量板料两边到轴辊的距离，使其前后尺寸一致后从中间向两边进行滚弯。

d. 滚弯不能一次成形，需要多次滚弯，曲率逐渐由小到大，直至达到所需的弯曲曲率，在每一次滚弯后都需用弯曲样板（大、小端样板）分别进行检测，根据工件与样板的吻合程度来调整上、下轴辊的间隙和斜度。

e. 滚弯成形后，割除预留的搭边并以坡口的形式进行平对接和焊接。焊后焊道不能高出工件平面，并将对接处打磨光滑，以免矫圆时损伤轴辊。

f. 焊接完后需再次上滚床进行校滚找圆。

g. 质量测量（检验）：

（a）对接口是否有错位。

（b）用样板分别检查大小头的圆度。

（c）用钢卷尺或钢直尺分别检查大小头的直径。

（d）目视检查外观是否有缺陷。

8. 矫正

（1）钢板变形的原因

1）在轧制过程中产生的变形。钢材在轧制过程中可能因产生残余应力而引起变形。例如：轧制钢板时，由于轧辊沿长度方向受热不均匀、轧辊弯曲、调整设备失常等原因，而造成轧辊的间隙不一致，使板材在宽度方向的压缩应力不一致，进而导致板材沿长度方向的延伸不相等而产生变形。

热轧厚板时，由于金属所具有的良好塑性和较大的横向刚度，使延伸较多的部分克服了相邻延伸较少部分的牵制作用，而产生钢板的不均匀伸长。

热轧薄板时，由于薄板的冷却速度较快，轧制结束时温度较低（为 600～650℃），此时，金属塑性已下降，延伸程度不同的部分相互作用，延伸较多的部分产生压缩应力，延伸较少的部分产生拉伸应力，结果，延伸较多的部分在压缩应力作用下容易失去稳定，使钢板产生波浪变形。

2）在加工过程中产生的变形。当整张钢板被切割成零件时，由于轧制时造成的内应力得到部分释放而引起零件变形。平直的钢材在压力剪或龙门式剪床上被剪切成零件时，在剪刃挤压力的作用下会产生弯曲或扭曲变形。采用氧乙炔气割时，由于局部不均匀的加热，也会造成零件各种形式的变形。

3）装配焊接过程中产生的变形。在采用焊接方式连接时，随着产品结构形式、尺寸、板厚和焊接方法的不同，焊接的部件或成品由于焊缝的纵向和横向收缩的影响，不同程度地产生凹凸不平、弯曲、扭曲和波浪变形。

此外，若钢板的刚性不足、吊运方法或存放不当，在自重和吊索张力的作用下也可能产生变形。

由此可见，矫正实际上包括：

钢材矫正，即在备料阶段对板材、型材和管材进行的矫正。

零件矫正，即在钢板剪切或气割成零件后，对加工变形进行的矫正。

部件及产品矫正，即构件在装配焊接过程中及产品完工后，对焊接变形进行的矫正。

综上所述，变形贯穿在整个冷作工的各工序，因而在实际的生产中，矫正的工序内容概括为调平、调直、修形和整形等。

① 调平：是对板材及其零、部件的平面度误差进行纠正的工艺方法。

② 调直：是对板材及零、部件的边缘和型材、管材的直线度误差进行纠正的工艺方法。

③ 修形和整形：是对成形零件和结构件的尺寸误差和几何误差进行纠正的工艺方法。

（2）变形造成的影响　钢板的变形会影响零件的号料、切割和其他加工工序的正常进行，并降低加工精度。对零件加工过程中所产生的变形如不加以矫正，则会影响整个结构的正确装配。由焊接而产生的变形会降低装配质量，并使结构内部产生附加应力，以致影响到结构的强度。此外，某些金属结构的变形还会影响到产品的外观质量。

所以，无论何种原因造成的钢板变形，都必须进行矫正，以消除变形或将变形限制在规定的范围以内。

各种厚度的钢板，在矫平机或手工矫正后，应用平尺进行检查。企业生产中冷作工常用长度为1m的钢直尺检查，其平面度误差不得超过表3-3的规定。

表3-3　钢材表面允许的平面度误差　（单位：mm）

钢板厚度	3~5	6~8	9~11	>12
允许的平面度误差	3.0	2.5	2.0	1.5

（3）变形的实质和矫正方法　钢板由于各种原因，其内部存在不同的残余应力，使结构组织中一部分纤维较长而受到周围材料的压缩，另一部分纤维较短而受到周围材料的拉伸，造成了钢材的变形。矫正的目的就是通过施加外力、锤击或局部加热，使较长的纤维缩短，较短的纤维伸长，最后使各层纤维长度趋于一致，从而消除变形或使变形减小到规定的范围之内。任何矫正方法都是形成新的、方向相反的变形，以抵消钢材或构件原有的变形，使其达到规定的形状和尺寸要求。

矫正的方法有多种，按矫正时工件的温度分冷矫正和热矫正。冷矫正是工件在常温下进行的矫正，通过锤击延展等手段进行的冷矫正将引起冷作硬化，并消耗材料的塑性储备，所以只适用于塑性较好的钢材。变形较大或脆性材料，一般不能用冷矫正（普通钢材在严寒低温下也要避免使用）。矫正的过程就是钢材由弹性变形转变到塑性变形的过程。因此，材料在塑性变形中，必然会存在着一定的弹性变形，由于这个缘故，当迫使材料产生塑性变形的外力去掉之后，工件会有一定程度的回弹。在矫正工作中可运用“矫枉必须过正”的道理处理好工件的回弹问题。热矫正是将钢材加热至 700～1000℃高温时进行矫正，在钢材变形大、塑性差或缺少足够动力设备时应用。企业生产中，冷作工通常是用氧乙炔烤炬对钢材或工件进行加热。

按矫正时力的来源和性质分机械矫正、手工矫正、火焰矫正和高频热点矫正。机械矫正的机床有多辊钢板矫平机、型钢矫直机、板缝碾压机、圆管矫直机（普通液压机和三辊弯板机也可用于矫正）。手工矫正是使用大锤、锤子、扳手、台虎钳等简单工具，通过锤击、拍打、扳扭等手工操作，矫正小尺寸钢材或工件的变形。火焰矫正和高频热点矫正的矫正力来自金属局部加热时的热塑压缩变形。

各种矫正变形方法有时也结合使用，例如，在火焰加热矫正的同时对工件施加外力，进行锤击。在机械矫正时对工件局部加热，或机械矫正之后辅以手工矫正，都可以取得较好的矫正效果。

目前，大量钢材的矫正，一般都在钢材预处理阶段由专用设备进行。成批制作的小型焊接结构和各种焊接梁，常在大型液压机或撑床上进行矫正，大型焊接结构则主要采用火焰矫正。

1）机械矫正

① 板材及其零件的矫正。板材的变形一般在多辊矫平机上矫正。矫平机的工作部分由上下两列轴辊组成，如图 3-73 所示。企业常用的有 9 辊或 11 辊上下辊列平行矫平机，其下列为主动辊，通过轴承和机体连接，由电动机带动旋转，但位置不能调节。上列为从动辊，可通过手动螺杆或电动升降装置做垂直调节，改变上下辊列的距离，可适应不同厚度钢板的矫正。工作时钢板随着轴辊的转动而啮入，在上下轴辊间受方向相反力的作用下，钢板产生小曲率半径的交变弯曲。当应力超过材料的屈服强度时产生塑性变形，使板材内原长度不相等的纤维，在反复拉伸和压缩中趋于一致，从而达到矫正的目的。

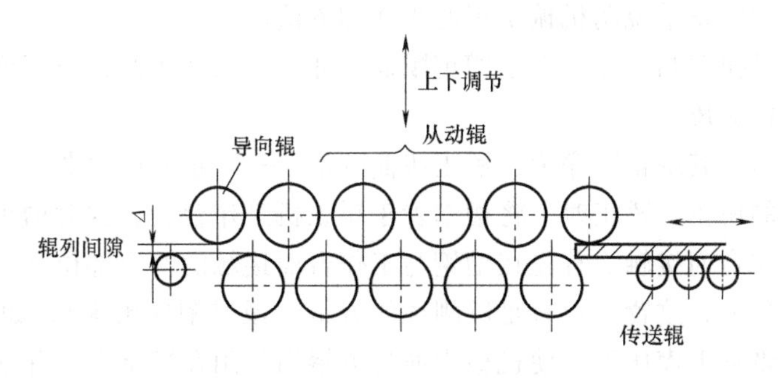

图 3-73　多辊矫平机

当上下辊列的间隙略小于被矫正钢板的厚度时，钢板通过后便产生反复弯曲。上列两端的两个轴辊为导向辊，它不起弯曲作用，只是引导钢板进入矫正辊中，或把钢板导出矫正辊。由于导向辊受力不大，故直径较小。导向辊可单独上下调节，导向辊的高低位置应能保证钢板的最后弯曲得以调平。有些导向辊还做成能单独驱动的形式。通常钢板在矫平机上要反复来回滚动多次，才能获得较高的矫正质量。

一般来说，钢板越厚，矫正越容易。轴辊越多，矫平的效果越好。

对于钢板零件，由于剪切时挤压或气割边缘时局部受热而产生变形，需进行二次矫正。这时，只要把零件放在被用作垫板的平整厚钢板上，通过多辊矫平机，然后将零件翻转180°再通过辊轴辗压一次即可矫平。上下辊的间隙应等于垫板和零件厚度之和。对于外形尺寸不大的板材下料件，企业里通常单件或多件叠加用摩擦压力机来完成工件的矫平。

企业实际生产中，厚板零件的弯曲变形也可以在液压机上进行矫正。矫正时，应使钢板的凸起面向上，并用两条相同厚度的扁钢在凹面两侧支承工件，工件在外力作用下发生塑性变形，达到矫正的目的，如图 3-74 所示。施加外力时，钢板应超过平直状态（略呈反向变形)，使外力去除后钢板回弹而矫平。当钢板零件的变形比较复杂时，应先矫正扭曲变形，后矫正弯曲变形，这时要适当改变垫铁和施加压力的位置，直至矫平为止。

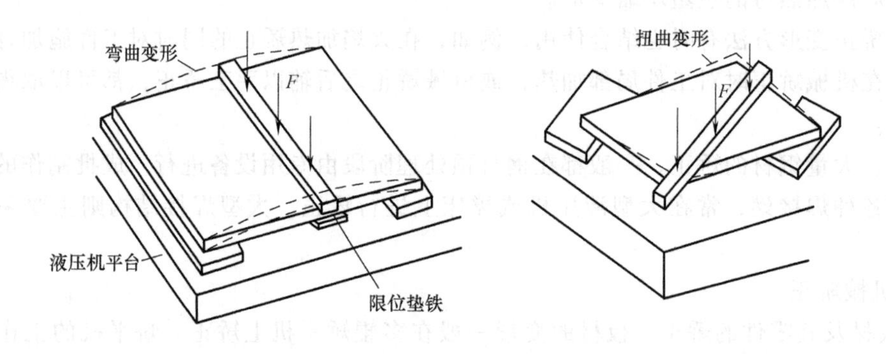

图 3-74　在液压机上矫正厚板工件

② 型材及其下料件的矫正。型材的矫正在企业的实际生产中多采用摩擦压力机和液压机进行。型材的矫正内容包括直线度、平面度、垂直度、菱形、扭曲等的矫正。矫正操作时，根据工件尺寸和变形，考虑工件放置的位置、垫板的厚度和垫起的部位。合理的操作可以提高矫正的质量和速度，这需要大量的工作经验的积累。

现以槽钢变形的矫正来说明机械矫正的步骤和方法。

槽钢变形主要是扭曲和弯曲，由于槽钢断面尺寸大，刚性较好，矫正变形需要较大的外力，因此，常采用机械矫正。

根据槽钢的变形，其矫正顺序为：矫正扭曲变形——矫正立面弯曲——矫正平面弯曲。

槽钢扭曲变形的矫正。矫正时，将槽钢置于矫正机工作台上，这时槽钢因扭曲而仅在对角的两个部位与工作台面接触。首先在槽钢与工作台面接触的两个部位下塞进垫板，然后在槽钢向上翘起的对角上，放置一根有足够刚性的方钢（或厚钢板条等)，如图 3-75 所示。接着操纵压力机滑块带动上模压下，使机械力通过方钢而作用在槽钢上，并使槽钢略呈反向翘起。除去外力后，槽钢会有回弹，当回弹量与反变形量相抵消时，槽钢的变形便得以矫正。这里，回弹量是确定反变形量的依据，其大小要根据操作者实践经验和矫正件的具体工况条件确定。

槽钢立面弯曲的矫正。槽钢立面弯曲是指在其辐板平面内的弯曲。矫正槽钢立面弯曲时，要将槽钢外凸侧向上放在压力机工作台面上，并使凸起峰顶部位置于压力机的压力作用中心；在工作台与槽钢的接触处放置垫板；在槽钢受压部位的槽内，放置尺寸合适的规铁，如图 3-76 所示。然后操纵压力机对槽钢施加压力，并使槽钢略呈反方向弯曲。除去压力后，反向弯曲被槽钢回弹抵消，变形得以矫正。

槽钢平面弯曲的矫正。槽钢平面弯曲是指槽钢翼板平面内的弯曲。槽钢平面弯曲变形的矫正，是将槽钢外凸侧向上平放在压力机工作台上，利用上、下垫板确定槽钢合适的受力点，以便在压力机机械力的作用下形成弯矩作用于槽钢，使其变形得以矫正，如图 3-77 所示。

槽钢平面弯曲的矫正，也要考虑槽钢回弹变形的影响。

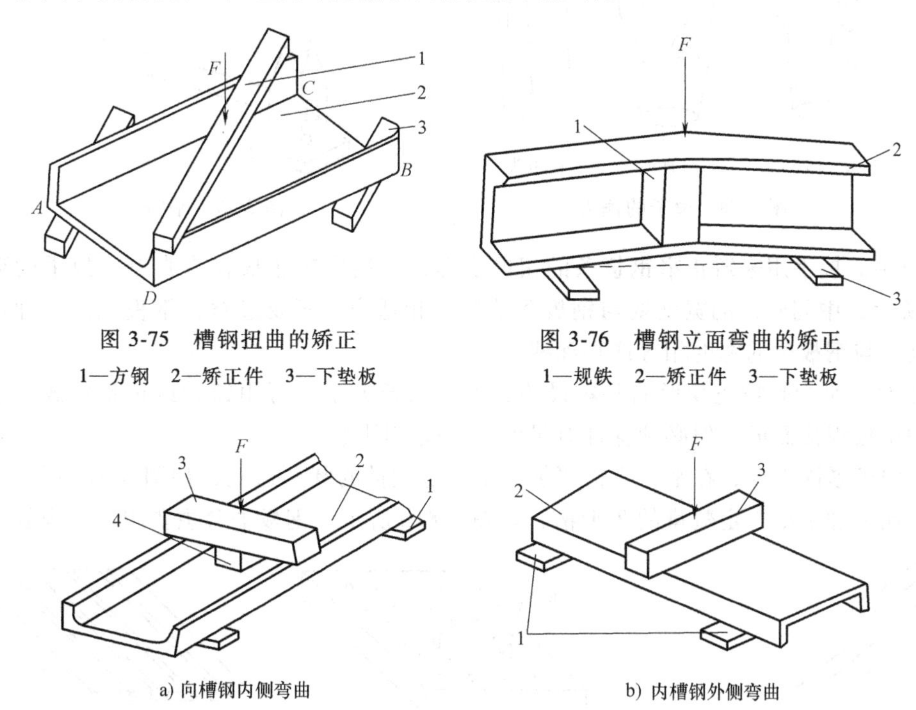

图 3-75　槽钢扭曲的矫正

1—方钢　2—矫正件　3—下垫板

图 3-76　槽钢立面弯曲的矫正

1—规铁　2—矫正件　3—下垫板

a) 向槽钢内侧弯曲　　b) 内槽钢外侧弯曲

图 3-77　槽钢平面弯曲的矫正

1、4—垫板　2—矫正件　3—方钢

2）手工矫正。

① 手工矫正基本原理。手工矫正是指使用大锤、锤子、扳手、台虎钳等简单工具，通过锤击、拍打、扳扭等手工操作，矫正小尺寸钢材或工件的变形。

手工矫正常见的是使用大锤或锤子锤击工件的特定部位，以使该部位较紧的金属纤维得到延伸扩展，较松的金属纤维得到挤压缩短，最终使各纤维层长度趋于一致，达到矫正的目的。

② 手工矫正方法。

a. 直接锤击凸起处。锤击力要大于材料的屈服强度，使凸起处受到强制压缩产生塑性变形而得到矫正。

b. 锤击凸起处周围。用较小的力量锤击凸起处的周围，使其金属得到延展而得到矫正。

③ 常用手工矫正工具。

a. 大锤。手工矫正常用的大锤锤头质量有3kg、4kg、5kg、6kg、8kg。

b. 锤子。矫正工作中常用的锤子的锤头可分为圆头、直头、方头等，如图3-78所示，其中以圆头最为常用。

c. 平锤。平锤的形状如图3-79所示，其工作锤面为一平面，四周边缘略呈弧形。平锤在矫正工作中用于修整工件表面。将平锤立于工件被击打的部位上，再用大锤击打平锤，使大锤的锤击力通过平锤的工作面传递到工件上，避免工件被大锤击伤。

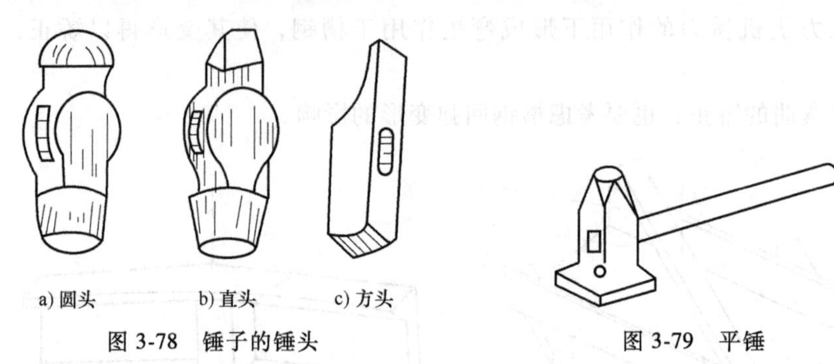

图3-78　锤子的锤头

图3-79　平锤

d. 扳手。扳手用来矫正窄钢板条的扭曲变形，一般由矫正操作者自制。扳手的形状如图3-80所示，中间开口的宽度要与钢板条的厚度相适应，不要过宽，钢板能插入即可，开口的深度可与钢板条的宽度相等或稍深些。

e. 平台。平台是矫正变形的基本设施，形状为长方形，可用铸铁或铸钢铸成，也可以用较厚的钢板焊接而成，但必须保证有足够的强度和刚度。

为了便于紧固工件，在平台上需要加工出一定数量的圆形通孔，如图3-81a所示，也可以在平台面上加工出一定数量的T形槽，如图3-81b所示。钢板平台主要用于结构装配。

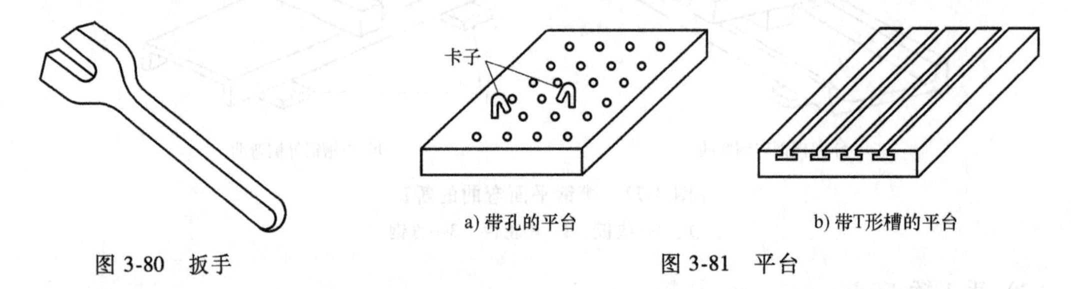

图3-80　扳手

图3-81　平台

④ 薄板的手工矫正。薄板中部凸起俗称“鼓包”，是由于板材金属纤维四周紧、中间松造成的。矫正时，由凸起处的边缘开始向周边呈放射形锤击，越向外锤击密度越大，锤击力也加大，以使由里向外各部分金属纤维层得到不同程度的延伸，凸起变形在锤击过程中逐渐消失，如图3-82a所示。若在薄钢板的中部有几处相邻的凸起，则应在凸起的交界处轻轻锤击，使数处凸起合并成一个凸起，然后再依照上述方法锤击四周使之展平。

如果薄板四周呈波浪形变形，刚表示板材金属纤维四周松、中间紧。矫正时，由外向内锤击，锤击的密度和力度逐渐增加，在板材中部纤维层产生较大延伸，使薄板的四周波浪变形得到矫正，如图3-82b所示。

3） 火焰矫正。

① 火焰矫正的原理。火焰矫正就是根据热胀冷缩的原理，利用金属局部加热后所产生

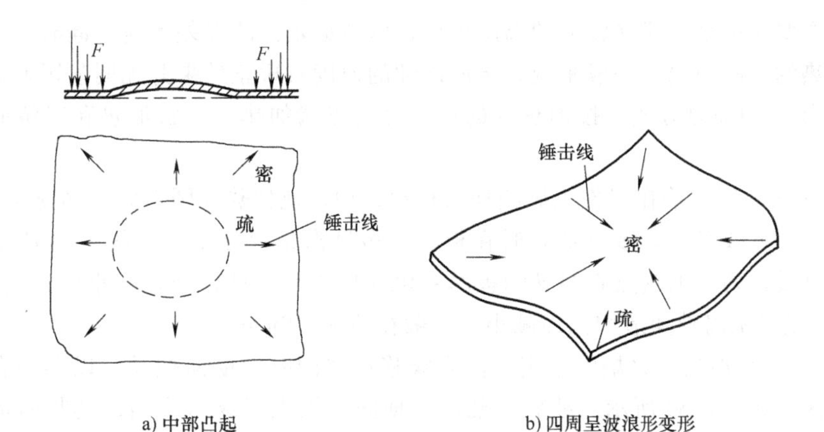

a) 中部凸起　　b) 四周呈波浪形变形

图 3-82　薄板的手工矫正

的塑性变形，抵消原有的变形，从而达到矫正的目的。火焰矫正时，应对变形钢材或构件纤维较长处的金属，进行有规律的火焰集中加热，并达到一定的温度，使该部分金属获得不可逆的压缩塑性变形。冷却后，对周围的材料产生拉应力，使变形得到矫正。

② 火焰矫正的特点。火焰矫正能获得相当大的矫正力，矫正效果明显。对于低碳钢，只要有 $1cm^2$ 面积加热到塑性状态，冷却后就能产生约 24kN 的矫正力。所以，火焰矫正不仅应用于钢材，更多地用来矫正不同尺寸和不同形式各种钢结构的变形。

火焰矫正设备简单、方法灵活、操作方便，所以，不仅在材料准备工序中用于钢板和型钢的矫正，而且广泛地应用于金属结构在制造过程中各种变形的矫正。

火焰矫正与机械矫正一样，也要消耗金属材料部分塑性储备，对于特别重要的结构、脆性或塑性很差的材料要慎重使用。加热温度要适当控制，若温度超过 850℃，则金属晶粒长大，力学性能下降（温度过低又会降低矫正效果）。对于有淬火倾向的材料，采用火焰加热时，喷水冷却要特别慎重。

③ 影响矫正效果的因素。经火焰局部加热，产生塑性变形的部分金属，冷却后都趋于收缩，引起结构新的变形，这是火焰矫正的基本规律，以此可以确定变形的方向。但变形的大小，受以下几个因素的影响：

a. 工件的刚性。当加热方式、位置和火焰热量都相同时，所获得矫正变形的大小和工件本身的刚性有关，工件刚性越大，变形越小，反之，刚性越小，变形越大。

b. 加热位置。火焰在工件上加热的位置对矫正效果有很大影响。由于加热金属冷却以后都是收缩的，所以一般总是把加热位置选在金属纤维较长、需要收缩的部位。错误的加热位置，不仅收不到矫正的效果，还会加剧原有的变形或使变形更趋复杂。

c. 火焰热量。用不同的火焰热量加热，可获得不同的矫正变形能力。若火焰热量不足，势必延长加热时间，降低工件上的温度梯度，加热处和周围金属温差变小，降低矫正效果。

d. 加热面积。火焰矫正所获得的矫正力和加热面积成正比。达到热塑状态的金属面积越大，得到的矫正力也越大。所以，工件刚性和变形越大，加热的总面积也应越大。必要时可以多次加热，但加热的位置应错开。

e. 冷却方式。火焰加热时，若浇水急冷，可提高矫正效率，这种方法称为水火矫正，可以应用于低碳钢和部分低合金钢。但对于比较重要的结构和淬硬倾向较大的钢材不宜采用。水冷的主要作用是，建立较大的温度梯度，以造成较大的温差效应。同时，水冷还可以缩短重复加热的时间间隔。一般来说，金属冷却的速度对矫正效果并无明显影响。

④ 火焰矫正的加热方式。按加热区的形状分为点状加热、线状加热和三角形加热三种方式。

a. 点状加热。用火焰在工件上做圆环状移动，均匀地加热成圆点状（俗称火圈），根据需要可以加热一点或多点。多点加热时在板材上多呈梅花状分布，如图 3-83 所示，型材或管材则多呈直线排列。加热点直径 d 随板厚变化（厚板略大些，薄板略小些），但一般不应小于 15mm。点间距离随变形增大而减小，一般在 50~100mm。

b. 线（条）状加热。火焰沿一定方向直线移动并同时做横向摆动，以形成有一定宽度的条状加热区，如图 3-84 所示。线状加热时，横向收缩大于纵向收缩，其收缩量随加热区宽度的增加而增加。

加热区宽度通常取板厚的 0.5~2.0 倍，一般为 15~20mm。线状加热多用于矫正刚性和变形较大的结构。

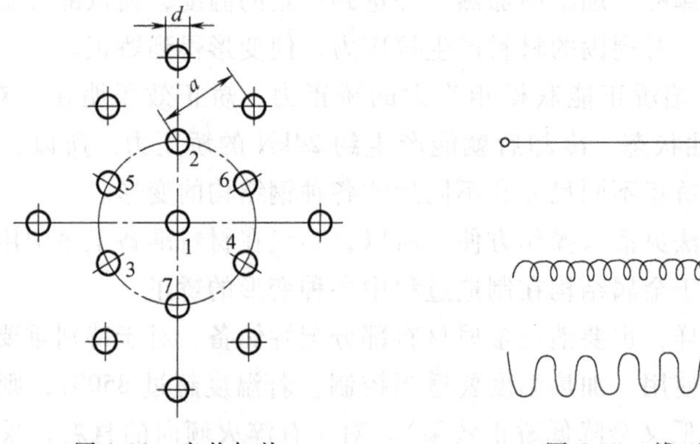

图 3-83　点状加热

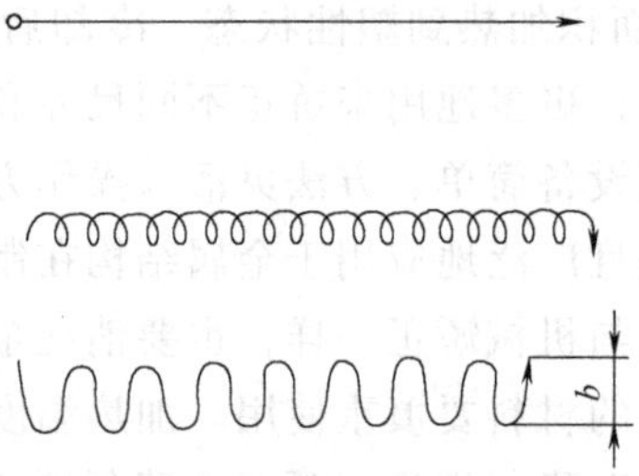

图 3-84　线（条）状加热

c. 三角形加热。将火焰摆动，使加热区呈三角形，三角形底边在被矫正钢板或型钢的边缘，角顶向内，如图 3-85 所示。因为三角形加热面积大，故收缩量也大，而且沿三角形高度方向的加热宽度不相等，越靠近板边，收缩越大。所以，三角形加热法常用于矫正厚度和刚性较大构件的变形，三角形的顶角约为 30°。矫正型材或箱形构件时，三角形的高度应为箱形高度的 1/3~1/2。

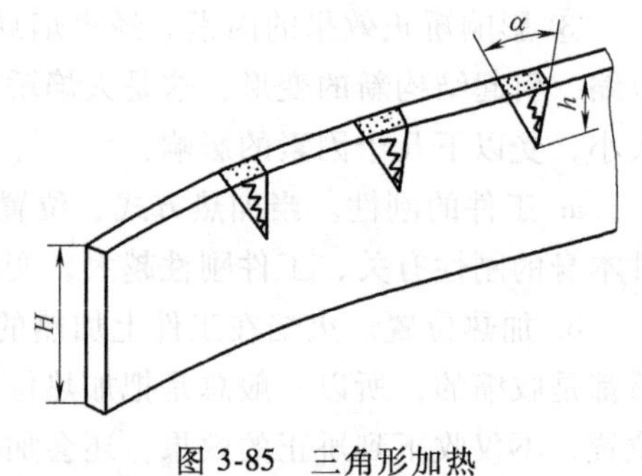

图 3-85　三角形加热

4）高频热点矫正。高频热点矫正是感应加热法在生产中的应用，是变形矫正的新工艺，它不仅可以矫正钢材的各种变形，而且对大型复杂结构装配焊接后的变形矫正也十分方便。

高频热点矫正的原理，对于矫正工件来说和火焰矫正的原理是相同的，都是利用对金属局部加热产生的压缩塑性变形，抵消原有的变形，达到矫正的目的，区别在于两者的热源不同。火焰矫正使用的是氧乙炔火焰提供的热源，加热区的形状由操作者控制。而高频热点矫正，则是利用交变磁场在金属内部产生的热源。交流电通入高频感应圈时，产生了交变磁场，当感应圈靠近钢材时，在交变磁场的作用下，钢材的内部形成感应电流。由于钢材的电阻很小，因此，感应电流可以达到很大值，在钢材内部小区域内释放出大量热量，而使钢材被加热部位的温度迅速升高，体积膨胀。由于加热时间很短，加热部位以外的周围金属受热传导的影响很小，温度升高也很小，限制了加热区的膨胀。当加热区的应力超过材料屈服强度时，金属就产生了压缩塑性变形，金属冷却时即可达到矫正的目的。用高频热点矫正时，加热位置的选择与火焰矫正相同。

9. 钻孔

在材料上用钻头钻削出各种直径的孔称为钻孔。就冷作工而言，根据工艺的需要，在零件上进行的钻孔、攻螺纹、套螺纹、开坡口、磨削等工作，都是为铆接、焊接连接及装配而准备的，因而钻孔是冷作工应当掌握的基本技能之一。

钻孔时，工件固定，钻头装在钻床上，依靠钻头与工件之间的相对运动来完成切削加工。

钻削加工时，钻头绕轴线做的旋转运动称为主运动，它使钻头沿着圆周进行切削；钻头对着工件做的前进直线运动称为进给运动，使钻头切入工件，连续地进行切削。由于这两种运动是同时、连续进行的，因此钻头切削刃上各点做螺旋运动，对材料进行切削而完成钻孔作业，如图 3-86 所示。

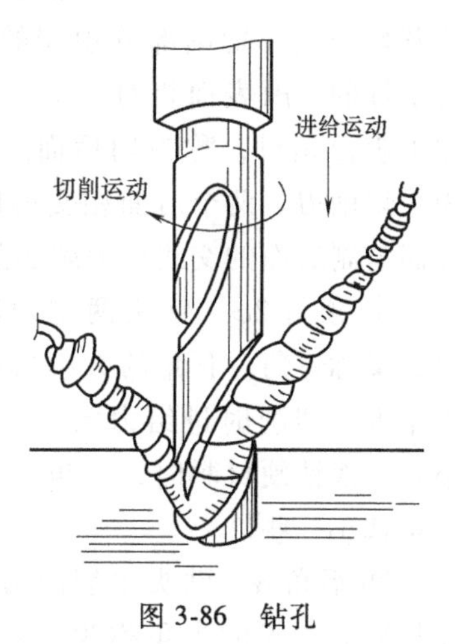

图 3-86　钻孔

钻孔时，由于刀具的刚性和精度都较差，加工的精度只能达到 IT5～IT6，表面粗糙度值为 $Ra20 \sim 80\mu m$，所以钻孔适用于加工精度要求不高的孔。

（1）钻头　钻头多用高速钢制成，并经淬火与回火处理。钻头的种类很多，如麻花钻、扁钻、中心钻等。虽然各种钻头外形有些不同，但切削原理基本一样，钻头上都有两条对称排列的切削刃，在钻削时可使产生的力矩平衡。下面仅介绍使用最为普遍的麻花钻。

1）麻花钻的组成。麻花钻由柄部、颈部和工作部分组成，如图 3-87 所示。

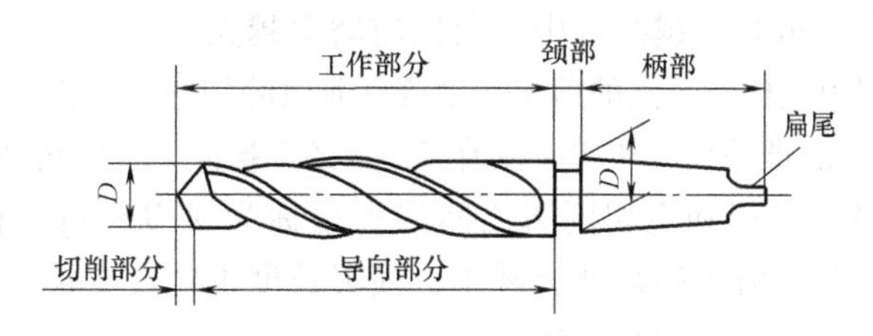

图 3-87　标准麻花钻的组成

① 柄部。柄部是钻头的夹持部分，用来传递钻孔时所需的转矩和轴向力，并使钻头轴线保持正确的位置。钻柄分两种：

直柄钻头的柄部呈圆柱形，用钻夹头夹持，传递的转矩较小，只适用于直径在 13mm 以下的钻头。锥柄钻头的柄部呈圆锥形，装在钻床主轴的莫氏锥孔内，靠圆锥面之间的摩擦力传递转矩，摩擦力随轴向力增大而增大，传递的转矩较大，适用于直径大于 13mm 的钻头。锥柄后部的扁尾除了可增加传递的转矩，避免钻头在主轴孔或钻头套中打滑外，还便于用斜铁把钻头从主轴孔或钻头套中退出。

② 颈部。颈部供制造钻头时砂轮磨削退刀之用，一般也在这个部位的表面上刻印商标、钻头直径和材料牌号。

③ 工作部分。工作部分由切削部分和导向部分组成。切削部分包括横刃及两条主切削刃，起着主要的切削作用。两条相对的螺旋槽用来形成切削刃，并起排屑和输送切削液的作用。导向部分在切削过程中能保持钻头正直的钻削方向，并具有光整孔壁的作用，同时还是切削部分的后备部分。导向部分有两条窄的螺旋形棱边，形状略呈倒锥形（直径向柄部方向渐缩），倒锥大小为每 100mm 内减小 0.05～0.1mm。这样既能保证钻头切削时的导向作用，又减少了钻头与孔壁的摩擦，减轻钻孔的阻力。

2）切削部分的几何参数。切削部分的几何参数如图 3-88 所示。

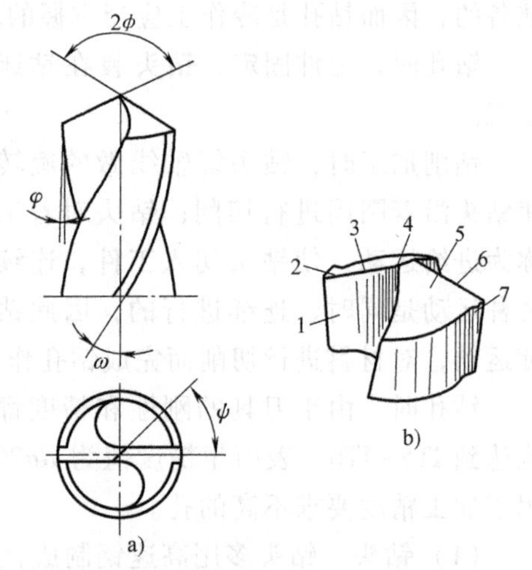

图 3-88　切削部分的几何参数

1—前面　2、5—后面　3、6—主切削刃　4—横刃　7—副切削刃

钻头切削部分的螺旋槽表面称为前面，切屑沿此开始排出。切削部分顶端的两个曲面为后面，它与工件的切削表面相对。钻头的棱边（刃带）与已加工表面相对，称为副后面。前面与后面的交线称为主切削刃。两个后面相交形成的切削刃称为横刃。前面与副后面的交线称为副切削刃。

① 顶角 2φ。钻头两主切削刃间的夹角称为顶角，又称锋角。顶角的大小与所钻材料的性质有关。顶角大，切削时进给力大；顶角小，切削时进给力小。一般钻硬材料时，顶角选大一些；钻软材料时，顶角选小一些。

② 后角 α。钻头主切削刃上任意点处的切削平面与后面之间的夹角称为后角。后角的大小在主切削刃上各点处都不相同，越靠近中心处后角应越大，为 20°～26°；越靠近边缘处后角越小，为 10°～15°。后角增大时，钻孔过程中钻头后面与工件切削表面之间的摩擦减小，但切削刃强度也随之降低。刃磨后角时，越接近中心角度应磨得越大。

③ 前角 γ。主切削刃上任意一点的前角，是该点前面的切线与基面在主截面上投影的夹角。前角的大小决定材料切削的难易程度和切屑在前刀面上的摩擦阻力，前角越大切削越省力。

④ 横刃斜角 ψ。钻头横刃和主切削刃之间的夹角称为横刃斜角。它的大小与后角的大小有关。当刃磨后角大时，横刃斜角就会减小，横刃长度也随之变长，钻孔时，钻削的轴向阻力增大，且不易定心。一般 ψ = 50°～55°。

钻头的形状比较复杂，但大致了解钻头的主要几何参数，对正确选用钻头和进行刃磨都是十分重要的。

（2）装夹钻头的工具

1）钻夹头。钻夹头用来装夹直径为 13mm 以下的直柄钻头，其结构如图 3-89 所示。在夹头的三个斜孔内装有带螺纹的夹爪，夹爪螺纹和装在夹头套筒内的螺纹圈相啮合，旋转套筒会使三个夹爪同时合拢或张开，使钻头柄被夹紧或放松。

直柄钻头装卸时，首先将钻头柄部塞入钻夹头的三爪内，其夹持长度不能小于 15mm，然后将钻头夹紧或放松卸下，如图 3-90 所示。

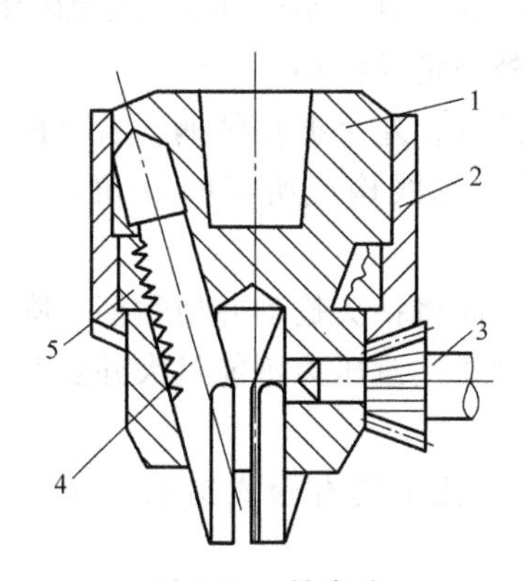

图 3-89　钻夹头

1—夹头体　2—夹头套筒　3—钥匙　4—夹爪　5—内螺纹圈

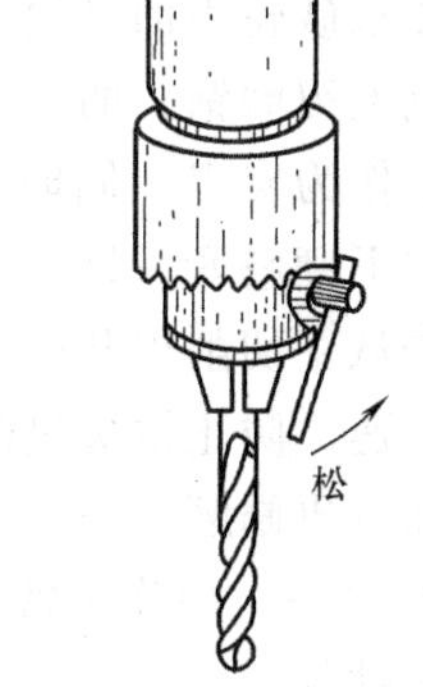

图 3-90　直柄钻头的装卸

2）钻头套。钻头套用来装夹带锥柄的钻头，根据钻头锥柄莫氏锥度的号数，选用相应的钻头套，如图 3-91 所示。

当用较小直径的钻头钻孔时，用一个钻头套有时不能直接与钻床主轴锥孔相配，此时需要把几个钻头套配合起来使用。钻头套共有五个型号：

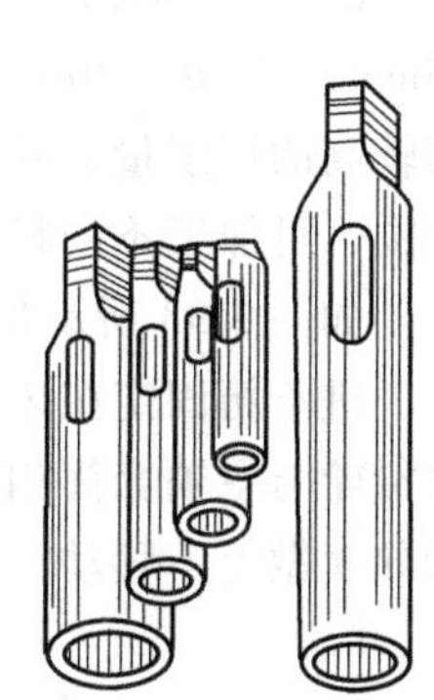

图 3-91　钻头套

1 号钻头套：内锥孔为 1 号莫氏锥度，外圆锥度为 2 号莫氏锥度，钻头直径在 14mm 以下。

2 号钻头套：内锥孔为 2 号莫氏锥度，外圆锥度为 3 号莫氏锥度，钻头直径为 14.5~23mm。

3 号钻头套：内锥孔为 3 号莫氏锥度，外圆锥度为 4 号莫氏锥度，钻头直径为 23.5~31mm。

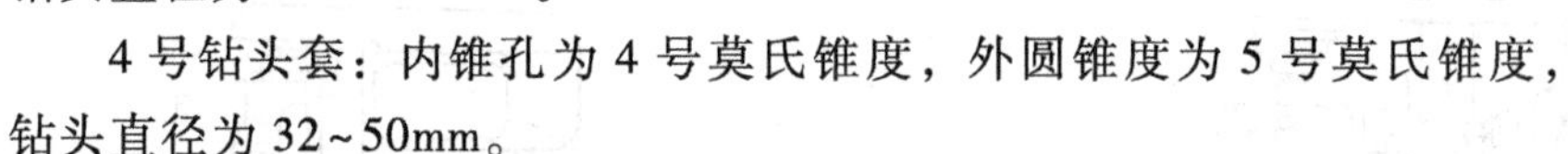

4 号钻头套：内锥孔为 4 号莫氏锥度，外圆锥度为 5 号莫氏锥度，钻头直径为 32~50mm。

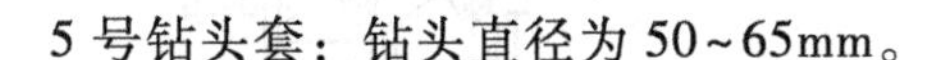

5 号钻头套：钻头直径为 50~65mm。

若几个钻头套配合使用，既增加了装拆钻头的麻烦，又会增加钻床主轴与钻头的不同轴度，为此，有时也采用特制的钻头套，如内锥孔为 1 号莫氏锥度，而外圆锥度为 3 号莫氏锥度或更大号数的莫氏锥度。

（3）标准麻花钻的刃磨要求与方法

1）刃磨要求。

① 钻头切削刃用钝后，为了恢复其切削能力，必须进行刃磨。刃磨时，只磨两个后面，但同时应保证后角、顶角和横刃斜角都达到正确的角度。

② 两主切削刃的长度及其与钻头轴线所组成的两个 ψ 角应相等，否则在钻孔加工时均会使钻出的孔扩大或歪斜。

③ 两个主后面应刃磨光滑。

④ 刃磨砂轮一般采用粒度为 46~80 号的砂轮，硬度为中软级（ZR_1~ZR_2）为宜。砂轮旋转必须平稳，跳动量大的砂轮片必须进行修整。

2）刃磨方法。标准麻花钻的刃磨通常是手持钻头在砂轮机上进行。砂轮的磨粒粗细必须和钻头的直径相适宜，直径大的钻头可用粗砂轮，直径小的钻头可用细砂轮。钻头在砂轮上刃磨时，要求砂轮表面必须平整、有棱角、外圆跳动要小。

在砂轮机上刃磨钻头的一般姿势是：两脚叉开，左手握住钻柄，右手握住钻身并靠在砂轮机的支架上作为支点，同时使钻头轴线与砂轮轴线构成所需的 φ 角，一般约为 60°，另外，钻身应向下倾斜 8°~15°。

刃磨首先从主切削刃开始。左手按顺时针方向将钻头捻动并使钻柄下降。刃磨主切削刃时，动作要迅速，防止钻头过热而退火，刃磨时要注意压力不能过大并要及时蘸水冷却。待磨好一个后面后再修磨另一个后面。

（4）钻孔设备　冷作工常用的钻孔设备和钻孔工具有台式钻床、立式钻床、摇臂钻床及电钻、手扳钻等。

1）台式钻床。台式钻床简称台钻，是一种小型钻床，一般安装在工作台上或铸铁方箱上。台钻的规格有 6mm 和 12mm 两种。12mm 台钻表示最大的钻孔直径为 12mm。如图 3-92 所示为应用较广泛的一种台钻。

2）立式钻床。立式钻床简称立钻，一般用来钻中型工件上的孔，其最大钻孔直径有 25mm、35mm、40mm 及 50mm 四种。这种钻床可以自动进给，其功率和结构强度都允许采用较高的切削量，并可获得较高的效率和加工精度。另外，主轴转速和进给量有较大的变动范围，可加工不同材料和进行钻、扩、锪、铰孔和攻螺纹等工作。

如图 3-93 所示是目前应用较广泛的一种立钻。床身固定在底座上，变速箱固定在床身上，进给箱固定在床身的导轨上，可沿导轨上下移动。床身内挂有平衡用的链条及重块，绕过滑轮与主轴套筒相接，以平衡主轴的重量，使操作轻便、灵活。工作台装在床身下方，可沿导轨做上下移动，以适应钻削不同高度的工件。

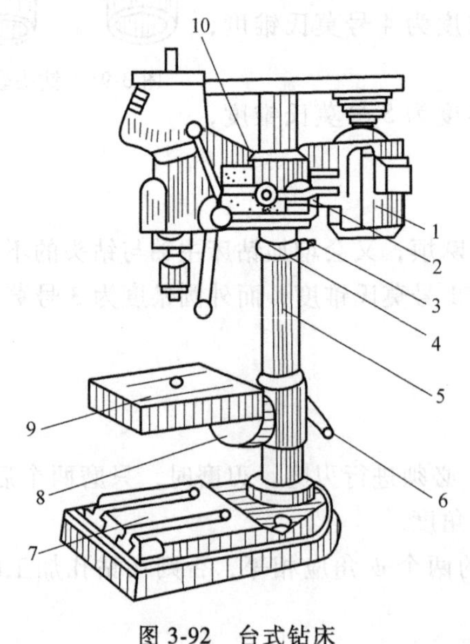

图 3-92　台式钻床

1—电动机　2—手柄　3—螺钉　4—保险环　5—立柱
6—手柄　7—底座　8—螺钉　9—工作台　10—横梁

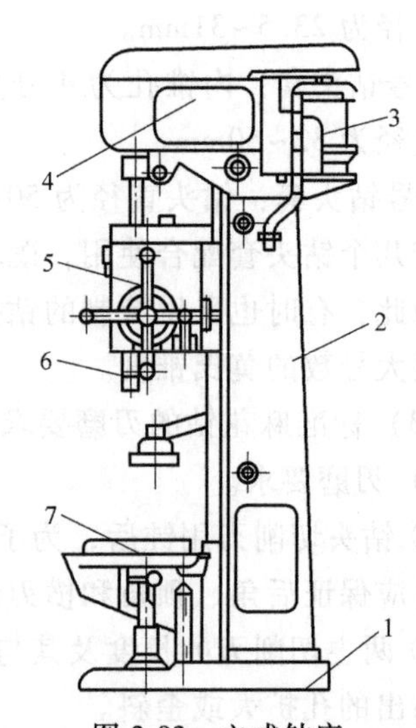

图 3-93　立式钻床

1—底座　2—床身　3—电动机　4—变速箱
5—进给箱　6—主轴　7—工作台

立钻一般都有冷却装置，由冷却泵供应加工时所需要的切削液。切削液储存于底部空腔内，冷却泵直接装在底座上。

3）摇臂钻床。摇臂钻床如图 3-94 所示，它适用于加工大型工件和多孔的工件。钻孔时，工件固定不动，移动钻床主轴对准工件上孔的中心，所以加工时比立钻方便。主轴变速箱可在摇臂上做大范围的移动，而摇臂又可回转 360°，所以摇臂钻床可在很大范围内进行工作。工件不太大时，可压紧在工作台上加工，若工作台放不下，可把工作台吊走，工件直接放在底座上加工。摇臂可沿立柱做上下移动，钻床主轴移动到所需位置后，摇臂可电动锁紧或手动锁紧在立柱上，主轴变速箱也可利用锁紧装置固定在摇臂上。这样，加工时主轴位置不会变动，刀具也不易振动。

摇臂钻床的主轴转速和进给量可调整的范围很大，主轴可自动进给也可手动进给，最大钻孔直径可达 100mm。

4）电钻。电钻是用手直接握持使用的一种钻孔工具，它使用灵活，携带方便。对受场地或工件限制不能移动或加工部位特殊，不能使用钻床加工孔的工件，可选用电钻。

电钻的电源电压一般是 220V 和 380V 两种。其尺寸规格按所钻最大孔径分为 6mm、10mm、13mm 等几种。电钻由电动机、减速装置、钻头夹、手柄和开关等组成，手枪式电钻是冷作工常用的电钻之一，俗称手电钻。

手枪式电钻如图 3-95 所示，其规格为 10mm，即最大钻孔直径为 10mm。这种电钻（工作电压为 220 V）采用双重绝缘结构，安全性能较好。

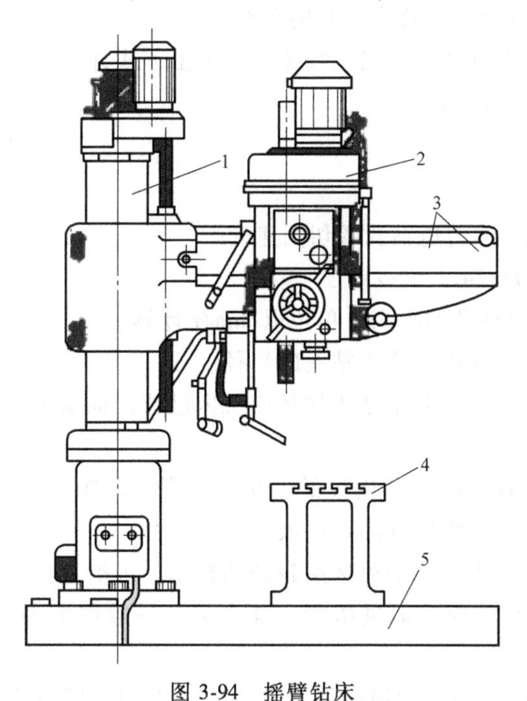

图 3-94　摇臂钻床

1—立柱　2—主轴变速箱　3—摇臂　4—工作台　5—底座

图 3-95　手枪式电钻

（5）钻孔工艺

1）工件夹持。钻孔前必须将工件夹紧固定，以防钻孔时因工件移动、旋转而折断钻头，或使孔位偏移。夹持工件的方法要根据工件的大小和形状而定。小而薄的工件，可用钳子等工具夹持；小而厚的工件可用小型机用虎钳夹持。切不可用手直接握持工件钻削。在较长的型钢或钢板上钻孔时，可借助与钻床工作台高度相同的支架承重用手扶持，并在钻床台面上工件可能旋转的方向上用螺栓限位工件，如图 3-96a 所示。钻大直径的孔或不适合用机用虎钳夹紧的工件，可直接用压板、螺栓和垫铁把工件固定在钻床工作台上。螺栓应尽量靠近工件，以增加压紧力，垫铁的高度要略大于或等于工件压紧面的高度，如图 3-96b 所示。在圆柱形工件上钻孔时（钻径向孔），应把工件放在 V 形架上，然后用压板压紧，以免工件转动，如图 3-96c 所示。

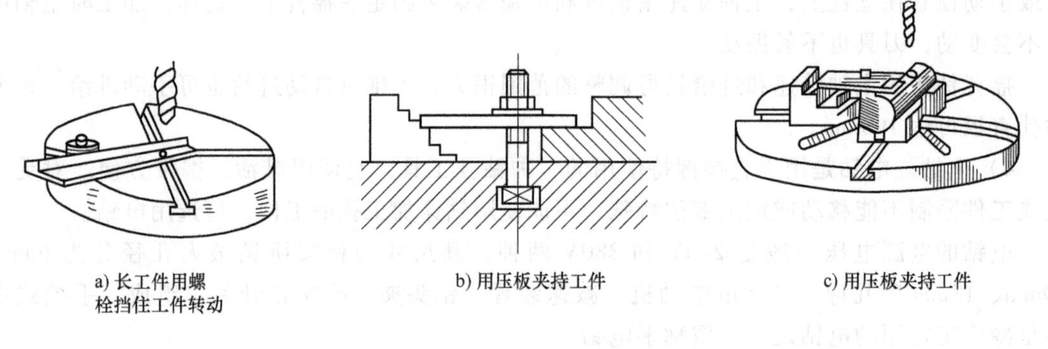
a) 长工件用螺栓挡住工件转动　b) 用压板夹持工件　c) 用压板夹持工件

图 3-96　工件的夹持

2）切削用量。切削用量是切削速度、进给量和背吃刀量的总称。

钻孔的切削速度 v（m/s），是钻削时钻头直径上一点的线速度，可由下式计算：

$$v = \pi Dn/1000 \tag{3-10}$$

式中　D——钻头直径（mm）；

　　n——钻头转速（r/s）。

例：钻头直径 $D=12$mm，求以 $n=640$r/s 的转速钻孔的切削速度。

解：$v = \pi Dn/1000 = 3.14\times12\times640/1000\approx24.1$（m/s）

钻孔时的进给量 f，是钻头每转一周轴向移动的距离，单位以 mm/r 计算。

在实心材料上钻孔时，背吃刀量即为吃刀深度，等于钻头的半径。

合理地选择切削用量，可避免钻头过快磨损，防止钻头损坏或机床过载，提高工件的钻削精度，改善孔的表面粗糙度。

当材料的强度、硬度较高，或钻头直径较大时，宜用较低的切削速度，即转速要低些，进给量也应相应减少，且要选择导热率高，润滑性能好的切削液。

当材料的强度、硬度较低，或钻头直径较小时，则可选用较高的转速，进给量也可以适当增加。当钻头直径小于 5mm 时，应选用高转速，但进给量不能太大，一般用手动进给，否则容易折断钻头。

3）钻孔时的冷却与润滑。在钻削过程中，由于切屑的变形和钻头与工件摩擦所产生的切削热，将降低钻头的切削能力，严重时会引起钻头切削部分退火，对钻孔质量也有一定影响。为了延长钻头的使用寿命和保证钻孔质量，除了采用其他方法外，在钻孔时注入充足的切削液，也是一项重要的措施。注入切削液有利于切削热的散发，防止切削刃产生积屑瘤和加工表面冷硬；同时由于切削液能流入钻头前刀面与切屑之间，使钻头的后刀面与切屑表面和孔壁之间形成吸附性的润滑油膜，起到减少摩擦的作用，从而降低了切削阻力和切屑温度，提高了钻头的切削能力和孔壁的表面质量。

4）钻孔方法。钻孔前，先用样冲将孔中心冲大一些，这样可使横刃预先落入样冲眼的锥坑中，钻孔时钻头不易偏离中心。工件上的通孔将要钻穿时，必须减小进给量，如果是采用自动进给，这时最好改换为手动进给，因为当钻头尖刚钻穿工件时，轴向阻力突然减小，由于钻床进给机械的间隙和弹性变形的突然恢复，将使钻头瞬间以很大的进给量自动切入，致使钻头折断或钻孔质量降低。用手动进给操作时，由于已注意减小了进给量，即已减小了轴向压力，因此，可避免上述现象的发生。

钻不通孔（盲孔）时，可根据钻孔深度预先调整挡块，并通过测量来检查实际钻孔深度。钻深孔时，一般当钻进深度达到直径的三倍时，钻头需退出排屑。以后每钻进一定深度，钻头必须退出排屑一次，直到深孔钻完为止。要防止连续钻进而排屑不畅的情况发生，以免钻头因切屑阻塞而扭断。直径超过 30mm 的大孔，可分两次钻削。先用 0.5~0.7 倍孔径的钻头钻孔，再用所需孔径的钻头扩孔。这样可以减小钻削时的进给力，保护机床，同时还可以提高钻孔质量。

5）钻削操作注意事项

① 工作前穿戴好规定的劳动防护用品，钻孔时，必须佩戴防护镜，严禁戴手套、围巾和裸露发辫，以免发生事故。

② 钻孔前，工作台面上不准放置刀具、量具及其他物品。钻孔时工件一定要夹紧。钻通孔时，要加垫块或使钻头对准工作台的凹槽，以免损坏工作台。

③ 要用器械及时排屑，防止长的切屑随钻头旋转，禁止用手直接排屑。

④ 孔将要钻透时，要减少进给量，以免发生事故。

⑤ 只有在停机后，才能用手去松紧钻夹头。松紧钻夹头时必须用钥匙，不可用敲打的办法。钻头需从钻头套中退出时，要用斜铁敲出。

⑥ 凡离开工作岗位、停电、设备有异声、装卸钻头、变速、润滑设备、修理设备、清扫铁屑等，都要停机。

（6）手电钻钻孔操作

1）操作前准备

① 工具：手电钻、钻头、划针、样冲、锤子、石笔等。

② 量具：根据工件大小选择必要的量具，如高度划线尺、钢直尺、钢卷尺、90°角尺等。

2）钻孔

① 划线。按图样要求划出孔位的中心线，并打上样冲眼，用石笔将所打样冲眼圈上。

② 装夹钻头。将钥匙插进钥匙孔内并逆时针旋转将手电钻夹头松开，放入钻头，然后再顺时针旋转钥匙将钻夹头夹紧，以钥匙转不动为止。

③ 空载试转。将手电钻与电源接通，然后按手电钻开关按钮试转，选择旋向，试转正常后方可进行钻孔。

④ 钻削。手持旋转的手电钻直立，对准样冲眼（钻头要与工件垂直），并稍用力往下压进行钻削。往下压的力量视钻孔出屑情况而定，当出屑均匀时，说明用力得当，否则需调整压力。

在孔即将钻透时（根据感觉或目测），要立即减轻所施加的压力，以小进给量进行钻削，以防孔钻透时钻头被折断。

3）质量检测

① 用钢卷尺或钢直尺检查孔位线（定位尺寸）与图样要求的一致性。

② 用游标卡尺检查孔径尺寸及其圆度。

③ 目视检测孔壁的表面粗糙度是否符合图样要求。

（7）钻孔注意事项

1）钻孔前要检查电源导线有无破损、漏电现象。

2）钻孔设备必须有地线或漏电保护装置，以防漏电伤人。

3）钻孔操作时，须穿绝缘鞋，袖口、裤角应收紧，女生应将发辫收进工作帽内。

4）钻孔时不可用手直接清除铁屑，必须用钩子等工具清除铁屑。

5）作业中必须精力集中，严禁说笑打闹。

五、任务实施

1. 生产前准备

（1）识读图样（图 3-1）及工艺（表 3-1）。

（2）准备工具、量具　手电钻、ϕ10mm 钻头、划针、锤子、90°角尺、钢直尺、钢卷尺、高度划线尺、样冲等。

（3）领取 Q355Bt3mm 钢板。

2. 加工制造

严格按图样、按工艺、按标准的“三按”生产，根据工艺中的工序顺序进行生产。

（1）展开料长计算

$$L=\pi R+40-16+(20-8)\times 2=3.14\times(5+1.5)+24+24\approx 68.5(\text{mm})$$

（2）号料　因该工件展开为一矩形件，故不需进行展开放样和制作样板，可在钢板上直接进行放样号料。

1）以两条相互垂直的边（或面）作为画线基准。

2）检查料边是否平直，若平直可直接利用料边作为基准。否则，应留有搭边（一般情况下，搭边值大于等于料厚）。

3）号成 t3mm×60mm×68.5mm 的矩形。

4）根据该工件的使用状况和后道工序要求，号料时注意不要出现菱形，可用测量对角线尺寸的方法进行检查，其误差应控制在 1mm 范围内。

（3）剪切　将剪切线与剪床的下切削刃对齐，特别要提醒注意的是：对线时，人的视线与剪刃有一定的倾斜角度，因而目视对线时应使剪切线超出下切削刃 1～1.5mm，以弥补视觉误差。剪切线对好后，脚踩脚踏板完成剪切。

（4）调平　手工对已下料的工件（因剪切时剪切应力造成工件平面度误差）进行调平。

（5）划线

1）根据展开料长计算结果，画出弯曲线，如图 3-97 所示。弯曲线一定要和尺寸 60mm 的边平行，否则，弯曲后将会出现两端开口尺寸 40mm 不一致。

2）根据弯曲线画对刀线。因该工件开口尺寸较小，为实现工件的弯曲，应选用钩形上模（钩形上模 R 中心至端面的尺寸为 20mm）。将弯曲线 1 向右位移 20mm，将弯曲线 2 向左位移 20mm，如图 3-98 所示。

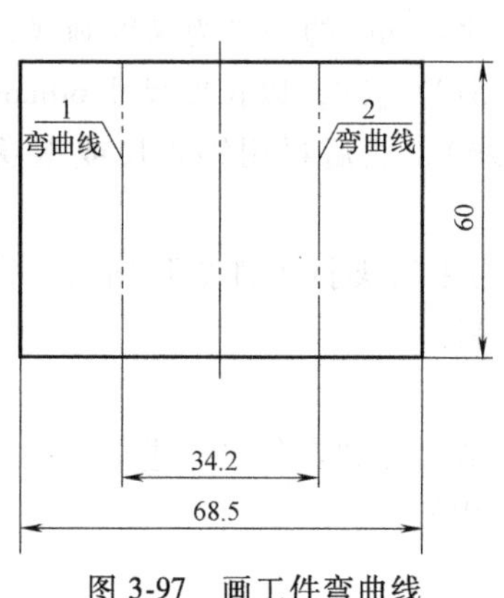

图 3-97　画工件弯曲线

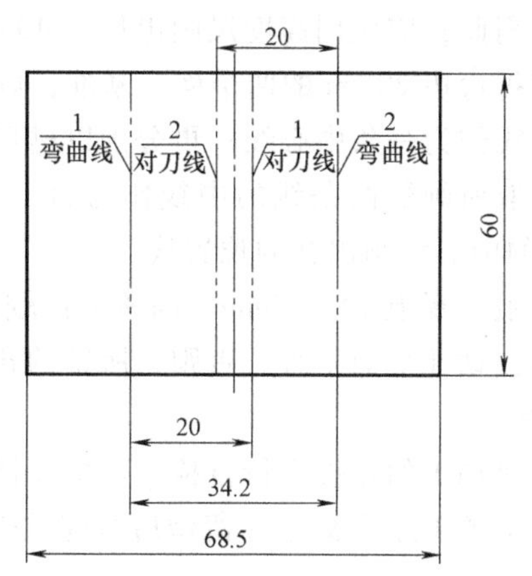

图 3-98　画工件对刀线

（6）弯曲

1）选取模具。如上所述，上模采用钩形上模；下模根据板材厚度与 V 字形的宽度比率约为 1∶8 的原则选取开口尺寸为 25mm 的下模。

2）安装上、下模。

3）用同厚度的余料试压，检查上模行程和所弯件的曲率角度是否能满足工件弯曲的要求，否则将予以调整设备。

4）将工件放在凹模上，用 90°角尺将工件上的对刀线 1 与上模端面对齐（在尺寸 60mm 的两端对齐），脚踩脚踏板，完成弯曲线 1 的折弯。

5）将工件转动 180°，进行弯曲线 2 的折弯。由于该工件的 U 形开口尺寸较小，此时无法用 90°角尺来对对刀线，为了正确地完成弯曲线 2 的折弯，可做一个专用对刀板来实现弯曲线 2 的对刀，如图 3-99 阴影部分所示。

（7）整形　主要是整折弯边的垂直度。可将工件放置在平台上，用 90°角尺去靠垂直度。当弯曲角小于 90°时，可用锤子沿着弯曲外 R 中心线锤击，根据角度偏小程度，适当调整锤击力，力量宁小勿大，以免角度放得过大，如图 3-100a 所示。

当折弯角大于 90°时，可用锤按图 3-100b 所示部位进行锤击。同样，根据角度偏大程度，适当调整锤击力，力量宁小勿大，以免角度整形过度。若角度的误差较大时，也可以借助模具进行整形（根据变形量，适当调大机床的压力）。

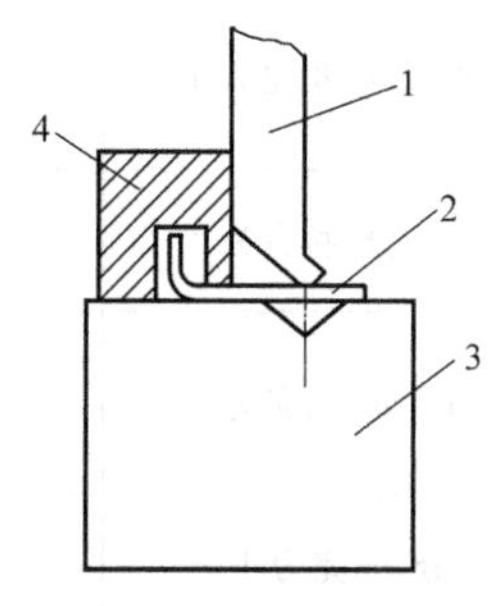

图 3-99　辅助对刀板

1—上模　2—工件　3—下模　4—专用对刀板

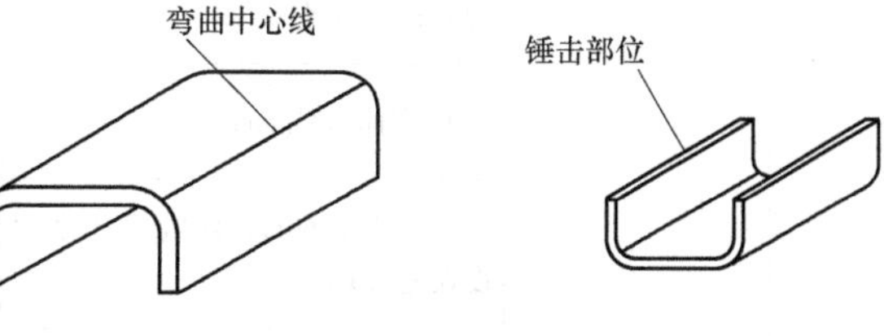

a) 折弯边小于90°的锤击部位　　b) 折弯边大于90° 的锤击部位

图 3-100　弯形件整形锤击部位

（8）划线　划 2×ϕ10mm 孔位线。根据图样可以看出该孔是居中分布的，其基准线是十字中心线，因此，应先用高度尺画出尺寸 40mm 的中线和尺寸 60mm 的中线（画中线的方法是：分别以折弯边 20mm 的两个面为基准，以宽度尺寸 40mm 的一半为高度画线，取所画的两条线的中线作为一条中心线；再分别以槽形的两端面为基准，以长度尺寸 60mm 的一半为高度画线，取所画的两条线的中线作为另一条中心线），然后再用钢直尺或钢卷尺沿尺寸 60mm 方向的中心线画出孔的位置线。

（9）钻孔　钻孔 2×ϕ10mm。因该工件较小，可用手钳夹持工件进行钻孔。钻孔时，钻头一定要与被钻孔平面垂直，否则，所钻的孔就会歪斜。

3. 检验

对已完成加工的零件进行自检。可按图样上的定形尺寸和定位尺寸进行检验，确认合格后方可转入下道工序或交付（留做后续配重壳体制作用）。

六、操作技能评定

操作技能可按表 3-4 中的项目进行评定。

表 3-4　QY16.09-3 U 形支架操作技能评分表

考核项目	考核内容	考核要求	分值	评分标准	实测	扣分
主要项目	几何误差	1. 尺寸 60mm±1mm	10	超差 1mm 扣 2 分，扣完为止		
		2. 尺寸 40_{-1}^{0}mm	10	超差 1mm 扣 2 分，扣完为止		
		3. 尺寸 20_{-1}^{0}mm	10	超差 1mm 扣 2 分，扣完为止		
		4. 尺寸 35mm±0.5mm	10	超差 1mm 扣 2 分，扣完为止		
		5. 尺寸 $\phi10_{0}^{+1}$mm(1)	5	超差 1mm 扣 1 分，扣完为止		
		6. 尺寸 $\phi10_{0}^{+1}$mm(2)	5	超差 1mm 扣 1 分，扣完为止		
		7. 孔位尺寸（尺寸 40mm 方向的对称度误差≤1mm）	5	超差 1mm 扣 1 分，扣完为止		
		8. 孔位尺寸（尺寸 60mm 方向的对称度误差≤1mm）	5	超差 1mm 扣 1 分，扣完为止		
		9. 弯曲 $R5_{0}^{+1}$mm	5	超差 1mm 扣 1 分，扣完为止		
		10. 尺寸 60mm 两端面的平面度误差≤1mm	10	超差 1mm 扣 2 分，扣完为止		
		11. 折弯边的 90°±1°	10	超差 1°扣 2 分，扣完为止		
		12. 工件的扭曲±1mm（测量对角线）	5	超差 1mm 扣 1 分，扣完为止		

（续）

考核项目	考核内容	考核要求	分值	评分标准	实测	扣分
一般项目	工、量具的正确使用	13. 钢直尺、90°角尺、钢卷尺、划针、剪刀、锉、圆规、样冲的用法	5	发现一次不正确使用扣1分，扣完为止		
	操作熟练程度	14. 设备操作熟练程度	5	视熟练程度适当扣分		
生产现场	安全文明生产	15. 场地清洁，按规定穿戴劳保用品，工业垃圾随时清理，无安全隐患	—	按国家颁发的有关法规或企业自定有关规定，每违反一项从总分中扣除2分，发生重大事故实行一票否决		
合计得分						

任务二　配重壳体制作

一、识读图样及工艺

配重壳体及部件图样如图3-101～图3-107所示，其工艺过程卡见表3-5～表3-12。

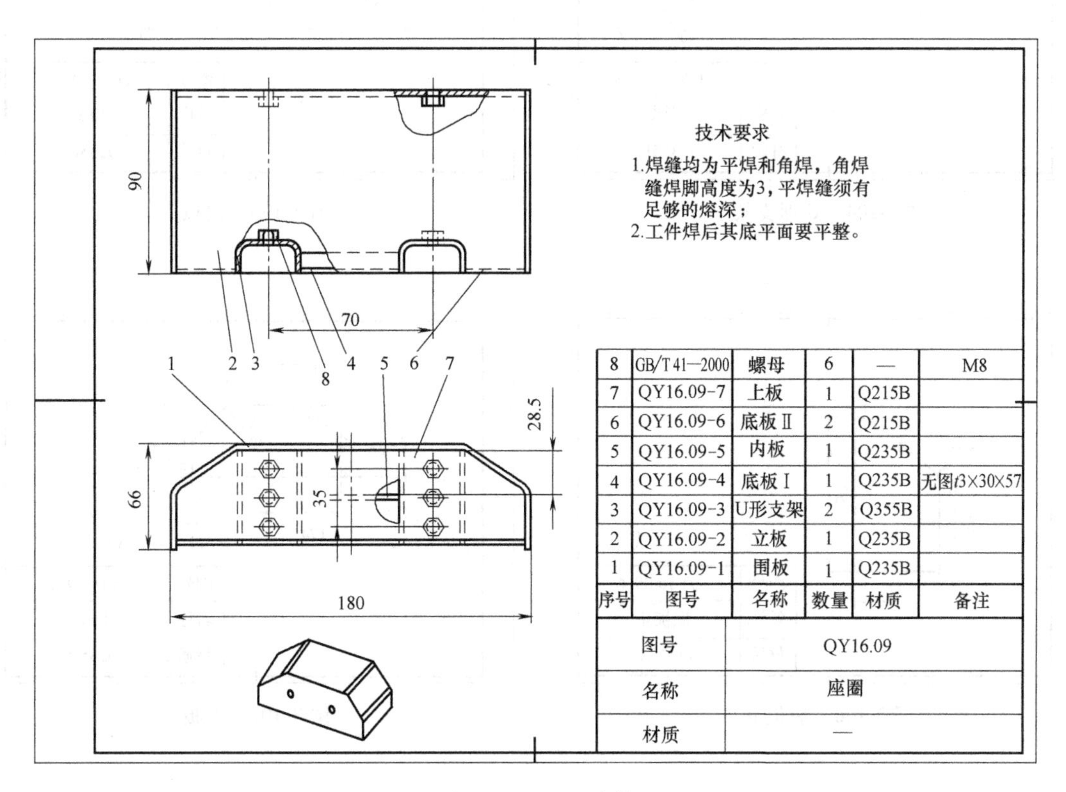

技术要求
1.焊缝均为平焊和角焊，角焊缝焊脚高度为3，平焊缝须有足够的熔深；
2.工件焊后其底平面要平整。
90
70
28.5
66
35
180
1 2 3 4 5 6 7 8
8 GB/T 41—2000 螺母 6 — M8
7 QY16.09-7 上板 1 Q215B
6 QY16.09-6 底板Ⅱ 2 Q215B
5 QY16.09-5 内板 1 Q235B
4 QY16.09-4 底板Ⅰ 1 Q235B 无图t3×30×57
3 QY16.09-3 U形支架 2 Q355B
2 QY16.09-2 立板 1 Q235B
1 QY16.09-1 围板 1 Q235B
序号 图号 名称 数量 材质 备注
图号 QY16.09
名称 座圈
材质 —

图3-101　配重壳体

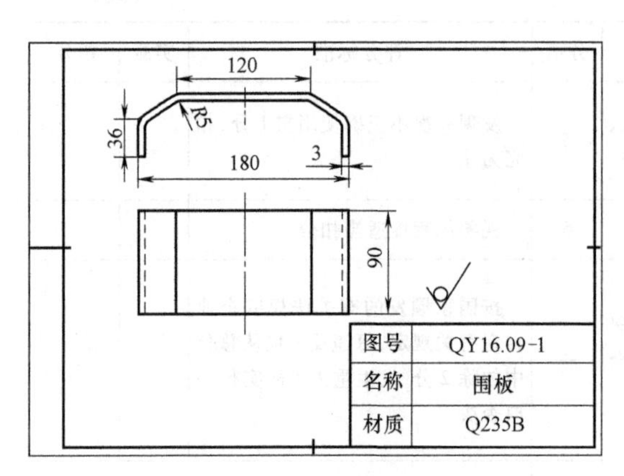

图 3-102　围板

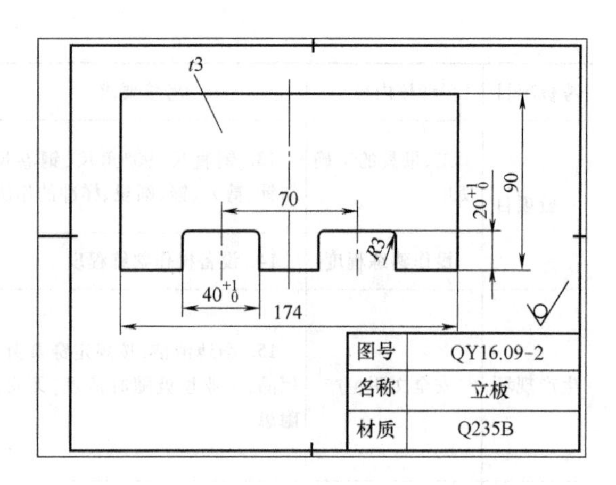

图 3-103　立板

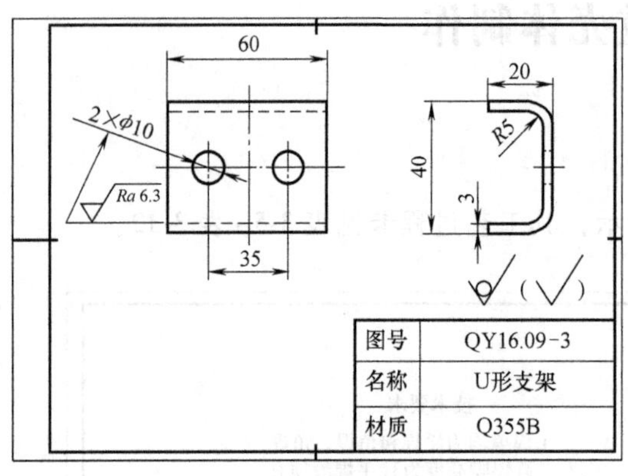

图 3-104　U 形支架

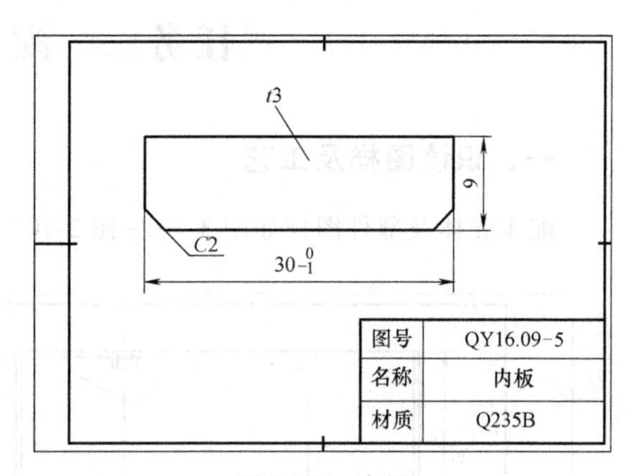

图 3-105　内板

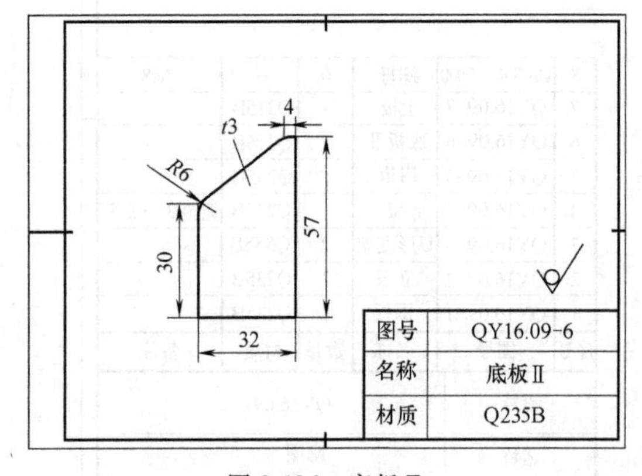

图 3-106　底板Ⅱ

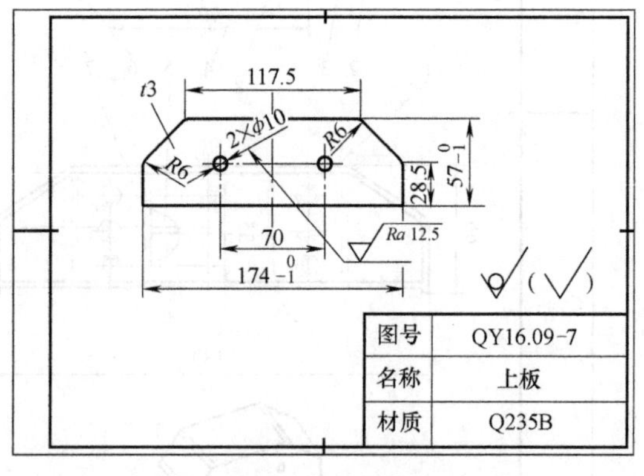

图 3-107　上板

表 3-5 配重工艺过程卡

		艺卡-02	总 页	第 页			
徐工技师学院	工艺过程卡	产品型号	QY16	零部件图号	QY16.09	物料编码	
		产品名称	汽车起重机	零部件名称	配重	共 8 页	第 1 页

材料种类	—	材料牌号	—	材料规格	—	每毛坯件数	—	每台数量	1

	工序号	工序名称	工序内容	工作中心	设备	刃量工具	工艺装备	辅料	工时
	1	拼点 1	以序 7 为基准拼点 2×M8 螺母		NBC-350	90°角尺、钢卷尺、锤子			0.10
	2	焊接 1	焊接 2×M8 螺母		NBC-350				0.10
	3	拼点 2	以序 3 为基准拼点 4×M8 螺母		NBC-350	90°角尺、钢卷尺、锤子			0.20
	4	焊接 2	焊接 4×M8 螺母		NBC-350				0.20
	5	拼点 3	以序 1 为基准依次拼点序 3、序 4、序 5、序 6		NBC-350	90°角尺、钢卷尺、锤子			0.30
	6	焊接 3	焊接序 3、序 4、序 5、序 6 与序 1 的所有焊缝		NBC-350				0.30
	7	拼点 4	继续拼点，先拼点序 2 再拼点序 7		NBC-350				0.20
	8	焊接 4	焊接序 2 与序 1 的焊缝，再焊接序 7 与序 1、序 2 的焊缝		NBC-350				0.30
	9	整形							1.00
		检							
底图号			入库						
装订号									

标记	处数	更改文件号	签 字	日 期	标记	处数	更改文件号	签 字	日 期	设计(日期)	审核(日期)	标准化(日期)	批准(日期)
										高大伟	刘晓	王军	郑磊

表 3-6 围板工艺过程卡

艺卡-02 总 页 第 页

徐工技师学院	工艺过程卡	产品型号	QY16	零部件图号	QY16. 09-1	物料编码	
		产品名称	汽车起重机	零部件名称	围板	共 8 页	第 2 页

材料种类	钢板	材料牌号	Q235B	材料规格	t3mm×270. 8mm×90mm	每毛坯件数	1	每台数量	1

工序号	工序名称	工序内容	工作中心	设备	刃量工具	工艺装备	辅料	工时
1	号料	号成 t3mm×270. 8mm×90mm			划针			0. 15
2	剪切	剪成 t3mm×270. 8mm×90mm		Q11-13×2500				0. 15
3	调平	手工调平			水平尺	锤子		0. 10
4	划线	划弯曲线和对刀线			90°角尺、划针			0. 15
5	弯曲	按图样弯曲成形		WC67Y-100/3200	90°角尺、R5 样板			0. 20
6	整形	手工整形				锤子		0. 15
	检							
		拼成 QY16. 09						

底图号

装订号

标记	处数	更改文件号	签 字	日 期	标记	处数	更改文件号	签 字	日 期	设计(日期)	审核(日期)	标准化(日期)	批准(日期)
										高大伟	刘晓	王军	郑磊

表 3-7　立板工艺过程卡

			艺卡-02	总　页	第　页

徐工技师学院	工艺过程卡	产品型号	QY16	零部件图号	QY16. 09-2	物料编码	
		产品名称	汽车起重机	零部件名称	立板	共 8 页	第 3 页
材料种类	钢板	材料牌号	Q235B	材料规格	t3mm×174mm×90mm	每毛坯件数	1
每台数量	1						

工序号	工序名称	工序内容	工作中心	设备	刃量工具	工艺装备	辅料	工时
1	号料	号成 t3mm×174mm×90mm 包括号出 2 处缺口			划针			0. 15
2	剪切	剪成 t3mm×174mm×90mm		Q11-13×2500				0. 15
3	气割	按图样气割 2 处缺口		LGK-40				0. 30
4	调平	手工调平			水平尺	锤子		0. 10
	检							
		拼成 QY16. 09						
底图号								
装订号								

标记	处数	更改文件号	签　字	日　期	标记	处数	更改文件号	签　字	日　期	设计(日期)	审核(日期)	标准化(日期)	批准(日期)
										高大伟	刘晓	王军	郑磊

表 3-8 U 形支架工艺过程卡

				艺卡-02	总 页	第 页
徐工技师学院	工艺过程卡	产品型号	QY16	零部件图号	QY16. 09-3	物料编码	
		产品名称	汽车起重机	零部件名称	U 形支架	共 8 页	第 4 页

材料种类	钢板	材料牌号	Q345B	材料规格	t3mm×60mm×68. 5mm	每毛坯件数	1	每台数量	1

工序号	工序名称	工序内容	工作中心	设备	刃量工具	工艺装备	辅料	工时
1	号料	号成 t3mm×60mm×68. 5mm			划针			0. 15
2	剪切	剪成 t3mm×60mm×68. 5mm		Q11-13×2500				0. 15
3	调平	手工调平			水平尺	锤子		0. 10
4	划线	划弯曲线和对刀线			90°角尺、划针			0. 15
5	弯曲	按图样弯曲成形		WC67Y-100/3200	90°角尺、R5 样板			0. 20
6	整形	手工整形				锤子		0. 15
7	划线	划 2×ϕ10mm 孔位线			高度尺、样冲、锤子			0. 15
8	钻孔	钻孔 2×ϕ10mm		手电钻	钻头 ϕ10mm			0. 15
	检							
		拼成 QY16. 09						
底图号								
装订号								

标记	处数	更改文件号	签 字	日 期	标记	处数	更改文件号	签 字	日 期	设计(日期)	审核(日期)	标准化(日期)	批准(日期)
										高大伟	刘晓	王军	郑磊

表 3-9 底板 I 工艺过程卡

艺卡-02	总 页	第 页

徐工技师学院	工艺过程卡	产品型号	QY16	零部件图号	QY16. 09-4	物料编码	
		产品名称	汽车起重机	零部件名称	底板 I	共 8 页	第 5 页
材料种类	钢板	材料牌号	Q235B	材料规格	t3mm×57mm×30mm	每毛坯件数	1
每台数量	1						

工序号	工序名称	工序内容	工作中心	设备	刃量工具	工艺装备	辅料	工时
1	号料	号成 t3mm×57mm×30mm			划针			0. 15
2	剪切	剪成 t3mm×57mm×30mm		Q11-13×2500				0. 15
3	调平	手工调平			平尺	锤子		0. 10
	检							
		拼成 QY16. 09						

底图号	
装订号	

标记	处数	更改文件号	签 字	日 期	标记	处数	更改文件号	签 字	日 期	设计(日期)	审核(日期)	标准化(日期)	批准(日期)
										高大伟	刘晓	王军	郑磊

表 3-10　内板工艺过程卡

艺卡-02　　总　页　　第　页

徐工技师学院		工艺过程卡		产品型号	QY16	零部件图号	QY16. 09-5	物料编码	
				产品名称	汽车起重机	零部件名称	内板	共 8 页	第 6 页
材料种类	钢板	材料牌号	Q235B	材料规格	t3mm×30mm×9mm	每毛坯件数	1	每台数量	1

工序号	工序名称	工序内容	工作中心	设备	刃量工具	工艺装备	辅料	工时
1	号料	按图样号料			划针			0. 15
2	剪切	按图样剪切		Q11-13×2500				0. 15
3	调平	手工调平			平尺	锤子		0. 10
	检							
		拼成 QY16. 09						

底图号

装订号

标记	处数	更改文件号	签　字	日　期	标记	处数	更改文件号	签　字	日　期	设计(日期)	审核(日期)	标准化(日期)	批准(日期)
										高大伟	刘晓	王军	郑磊

表 3-11　底板Ⅱ工艺过程卡

艺卡-02　　总　页　　第　页

徐工技师学院		工艺过程卡		产品型号	QY16	零部件图号	QY16.09-6	物料编码	
				产品名称	汽车起重机	零部件名称	底板Ⅱ	共8页	第7页
材料种类	钢板	材料牌号	Q235B	材料规格	t3mm×57mm×32mm	每毛坯件数	1	每台数量	2

工序号	工序名称	工序内容	工作中心	设备	刃量工具	工艺装备	辅料	工时
1	号料	按图样号料			划针			0.15
2	剪切	按图样剪切并修磨 R6mm		Q11-13×2500	平锉			0.20
3	调平	手工调平			平尺	锤子		0.10
	检							
		拼成 QY16.09						

底图号

装订号

标记	处数	更改文件号	签　字	日　期	标记	处数	更改文件号	签　字	日　期	设计（日期）	审核（日期）	标准化（日期）	批准（日期）
										高大伟	刘晓	王军	郑磊

表 3-12　上板工艺过程卡

艺卡-02　　总　页　　第　页

徐工技师学院	工艺过程卡	产品型号	QY16	零部件图号	QY16.09-7	物料编码	
		产品名称	汽车起重机	零部件名称	上板	共 8 页	第 8 页

材料种类	钢板	材料牌号	Q235B	材料规格	t3mm×174mm×57mm	每毛坯件数	1	每台数量	1

	工序号	工序名称	工序内容	工作中心	设备	刃量工具	工艺装备	辅料	工时
	1	号料	按图样号料			划针			0.15
	2	剪切	按图样剪切并修磨 4-R6		Q11-13×2500	平锉			0.30
	3	调平	手工调平			水平尺	锤子		0.10
	4	划线	划 2×ϕ10mm 孔位线			90°角尺、划针			0.15
	5	钻孔	钻孔 2×ϕ10mm		台钻	钻头 ϕ10mm			0.30
		检							
			拼成 QY16.09						
底图号									
装订号									

标记	处数	更改文件号	签　字	日　期	标记	处数	更改文件号	签　字	日　期	设计（日期）	审核（日期）	标准化（日期）	批准（日期）
										高大伟	刘晓	王军	郑磊

二、任务描述

配重是工程机械产品的主要部件之一，如起重机配重、挖掘机配重等。该部件的制作，需经过展开料长计算、放样与号料、剪切下料、气割下料、弯曲、整形、钻孔、拼点、焊接等工序。在制作过程中，要确保道道工序合格，否则将会直接影响整个配重的外形尺寸、连接尺寸和外观质量，尤其是焊接工序要注意焊接变形。

三、学习目标

1）通过该任务的实施，能使在任务1中所学习的相关知识和技能得以巩固。

2）通过该任务的实施，能对工程机械产品由感性认识上升到理性认识。

3）通过装配（拼点）相关知识的学习，在老师的指导下，能按工艺要求有序地完成该部件装配。

4）通过连接相关知识的学习，能正确选择焊接设备和焊条（焊丝），执行焊接工艺规范，实施该件的定位焊。

5）制作完毕，在老师的指导下，能正确使用量具对部件进行自检。

四、相关知识

1. 装配

在金属结构制造过程中，将组成结构的各个零件按照一定的位置、尺寸关系和精度要求组合起来的工序，称为装配，在冷作工的实际工作中装配俗称拼点。

（1）装配的基本条件　进行金属结构的装配，必须具备定位、夹紧和测量三个基本条件，这三个基本条件是相辅相成的，缺一不可。若没有定位，夹紧就无从谈起；若没有夹紧，就不能保证定位的准确性和可靠性；而若没有测量，就无法进行正确的定位，也无法判定装配的质量。因此，研究装配技术，总是围绕这三个基本条件进行的。

1）定位。定位是指确定零件在空间或零件间的相对位置。定位原理如下：

① 六点定位规则。任何空间的刚体未被定位时，都具有六个自由度，如图3-108a所示，即沿三个相互垂直的坐标的移动，如图3-108b所示和围绕三个坐标轴的转动，如图3-108c所示。因此，要使零件或结构（一般可视为刚体）在空间具有准确的位置，就必须约束其六个自由度。

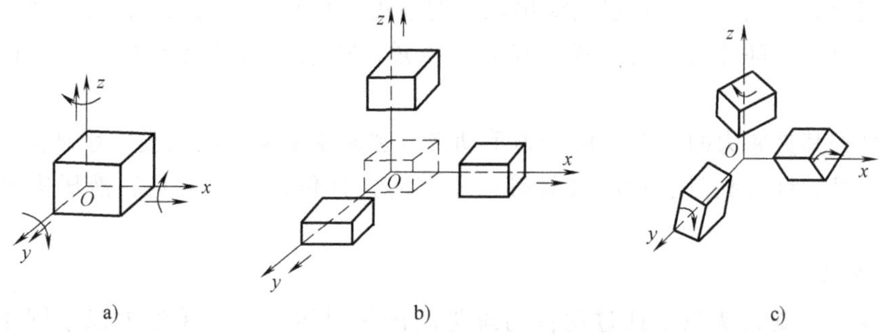

图3-108　空间刚体的六个自由度

为要限制零件在空间的六个自由度，至少要在空间设置六个定位点与零件接触。图3-109所示为确定一长方体零件的空间位置，在三个互相垂直的坐标平面内，分布六个定位点，其中：在 xoy 平面上的三个定位点，限制了零件的三个自由度，使零件不能绕 ox、oy 轴转动和沿 oz 轴移动；在 yoz 平面上的两个点，限制了零件的两个自由度，使零件不能沿 ox 轴移动和绕 oz 轴转动；在 xoz 平面上的一个点，限制了零件沿 oy 方向移动的一个自由度。这样，以六个定位点来限制零件在空间的自由度，以求得完全确定的零件空间位置，称为“六点定位规则”。

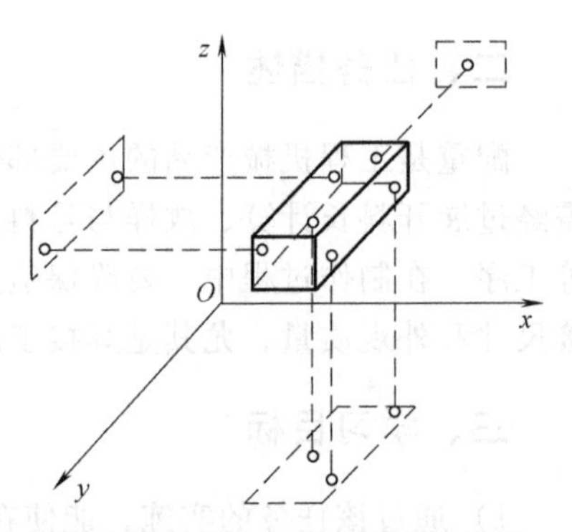

图 3-109　长方体零件的六点定位

六点定位规则适用于任何形状零件的定位，只是对不同形状零件定位时，六个定位点的形式及其在空间的分布有所不同。

在实际装配中，可由定位销、定位块、挡板等定位元件作为定位点；也可以利用装配平台或工件表面上的平面、边棱及胎架模板形成的曲面代替定位点；有时还通过在装配平台或工件表面画出定位线使其起到定位点的作用。

② 定位基准及其选择。在结构装配过程中，必须根据一些指定的点、线、面来确定零件或部件在结构中的位置，这些作为依据的点、线、面称为定位基准。

定位基准的选择。合理选择定位基准，对保证装配质量，安排零、部件装配顺序和提高装配效率，都有重要的影响。通常根据下列原则选择定位基准：

a. 尽可能选用设计基准作为定位基准，即基准统一的原则，这样可以避免因定位基准与设计基准不重合，而引起较大的定位误差。

b. 同一构件上与其他构件有连接或配合关系的各个零件，应尽量采用同一定位基准，这样能保证构件安装时与其他构件的正确连接与配合。

c. 应选择精度较高，又不易变形的零件表面或边棱作定位基准，这样能够避免由于基准面、线的变形造成定位误差。

d. 所选择的定位基准应便于装配中的零件定位与测量。

在实际装配中，定位基准的选择要完全符合上述所有的原则，往往是不可能的，因此，应根据具体情况进行分析，选出最有利的定位基准。

2）夹紧。夹紧是指借助于外力，使零件准确定位，并将定位后的零件固定。装配过程中的夹紧通常是通过装配夹具实现的。装配夹具是指在装配中，用来对零件施加夹紧力，使其获得可靠定位的工艺装备，它包括简单轻便的通用夹具和装配胎架上的专用夹具。

装配夹具对零、部件的紧固方式有夹紧、压紧、拉紧、顶紧（或撑开）等四种，如图 3-110 所示。

装配夹具按其夹紧力的来源，可分为手动夹具和非手动夹具两大类。手动夹具包括螺旋夹具、楔条夹具、杠杆夹具、偏心夹具等；非手动夹具包括气动夹具、液压夹具、磁力夹具等。

① 手动夹具

a. 螺旋夹具。螺旋夹具是通过丝杠与螺母间的相对运动，传递外力以紧固零件的，它具有夹、压、拉、顶、撑等多种功能。

a）弓形螺旋夹。弓形螺旋夹俗称卡兰，它是利用丝杠起夹紧作用的。选择或设计弓形螺旋夹时，应使其工作尺寸 H、B 与被夹紧零件的尺寸相适应，如图 3-111 所示，并应具有

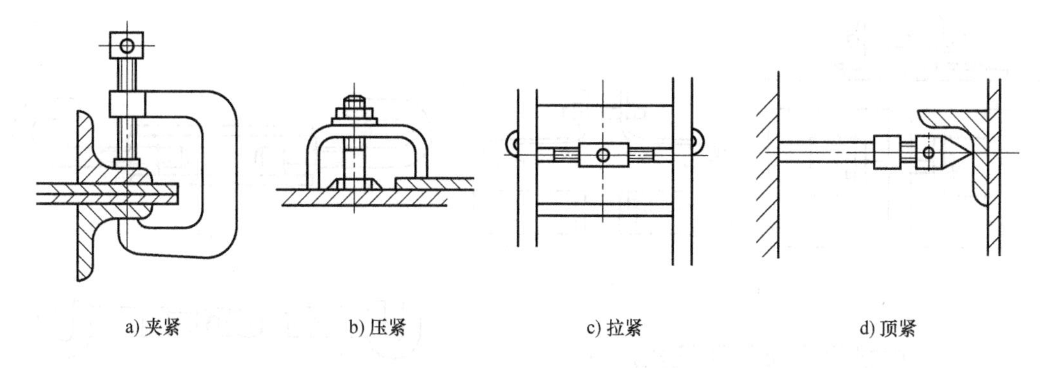

图 3-110　装配夹具的紧固方式

足够的强度和刚度。在此基础上，还要尽量减轻弓形螺旋夹的重量，以方便使用。常用的弓形螺旋夹有如图 3-112 所示的几种结构。

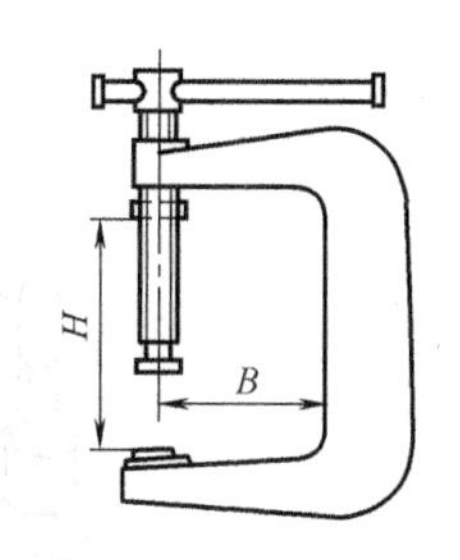

图 3-111　弓形螺旋夹

b）螺旋拉紧器。螺旋拉紧器是利用丝杠起拉紧作用，其结构形式有多种。如图 3-113a 所示为简单的螺旋拉紧器，旋转螺母，就可以起拉紧作用。图 3-113b、c 所示的拉紧器有两根独立的丝杠，丝杠上的螺纹方向相反，两螺母用厚扁钢或圆钢连成一体，当旋转螺母时，便能调节丝杠的距离，起到拉紧作用。如果将丝杠端头矩形板点焊在工件上，还可以起到定位和推撑的作用。图 3-113d 所示为双头螺柱拉紧器，其螺柱两头的螺纹方向相反。旋转螺柱时，就可以调节两弯钩间距离，以拉紧零件。

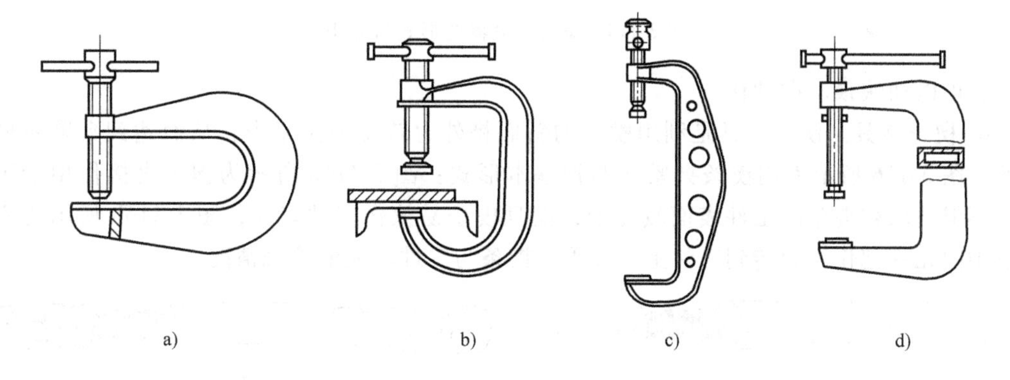

图 3-112　弓形螺旋夹结构

c）螺旋压紧器。如图 3-114 所示，螺旋压紧器通常是将支架临时焊固在工件上，再利用丝杠起压紧作用的。图 3-114a 所示是在对接板件时，利用“Γ”形支架的螺旋压紧器调平板缝。图 3-114b 所示是利用“Π”形支架的螺旋压紧器压紧零件。

d）螺旋推撑器。冷作工俗称螺旋推撑器为倒正顶丝，它是起顶紧或撑开作用的，不仅用于装配中，还可以用于矫正作业。图 3-115a 所示是最简单的螺旋顶具，由丝杠、螺母、圆管组成。这种顶具头部呈尖形，不利于保护零件的表面，只适用于顶撑表面精度要求不高的厚板或较大的型钢。图 3-115b 所示的螺旋顶具在丝杠头部增加了顶垫，顶、撑时不会损伤工件，也不易打滑。图 3-115c 所示的螺旋推撑器，由于丝杠两端分别具有左、右旋向的

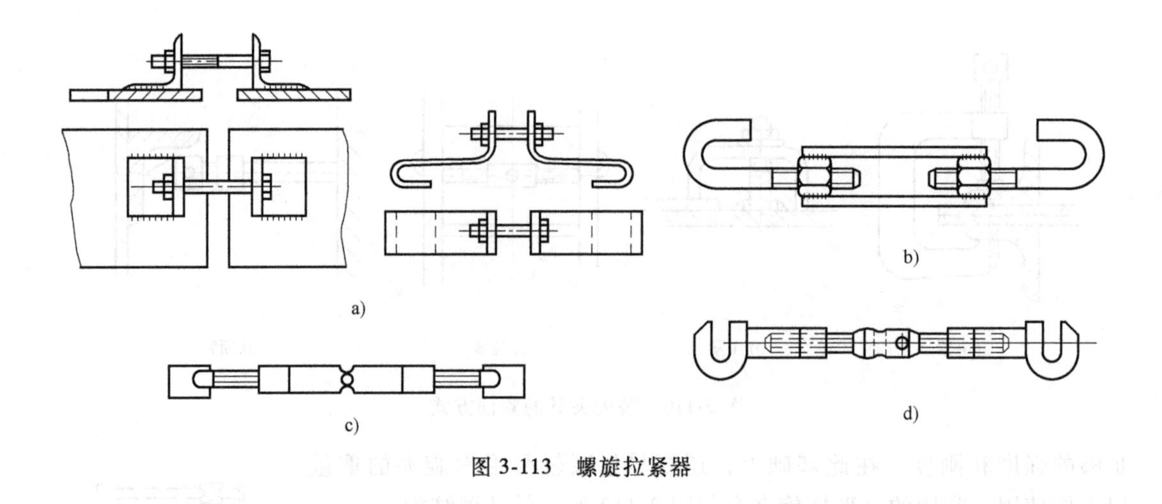

图 3-113　螺旋拉紧器

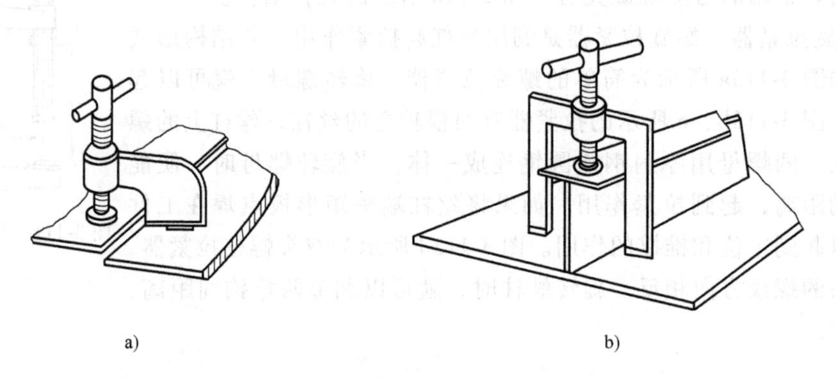

图 3-114　螺旋压紧器的形式与应用

螺纹，可以加快顶、撑动作。

b. 楔条夹具。楔条夹具是利用楔条的斜面将外力转变为夹紧力，从而达到夹紧零件的目的。图 3-116 所示为用楔条夹紧的两种基本形式：图 3-116a 所示为楔条直接作用于工件上，不但要求被夹紧的工件表面较光滑，而且楔条易擦伤工件表面；图 3-116b 所示为楔条通过中间元件把作用力传到工件上，改善了楔条与工件表面的接触情况。

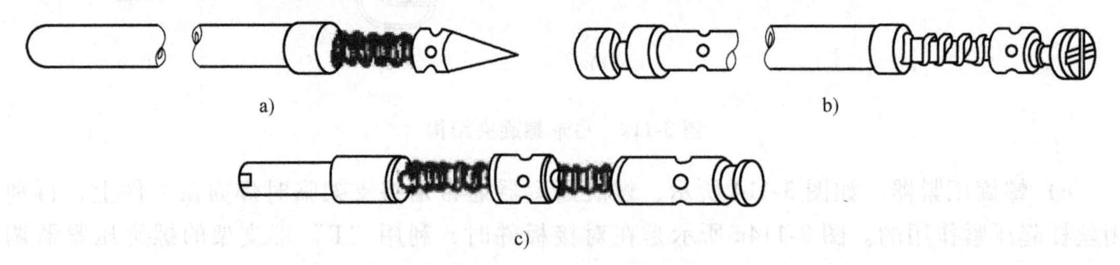

图 3-115　螺旋推撑器

为保证楔条夹具在使用中能自锁，楔条的楔角 a 应小于其摩擦角，一般采用 10°~15°。若需要增加楔条夹具的作用效果，可在楔条下面加入适当厚度的垫铁。

图 3-117 所示为楔条夹具的几种使用情况。图 3-117a 所示为用楔口夹板直接将型钢和板料夹紧。图 3-117b 所示为将 "Π" 形夹板和楔条联合使用而夹紧零件。

图 3-117c 所示为带嵌板的楔条夹具，楔条的截面形状可以做成矩形或圆形。这种夹具主要用于对齐板料，因为使用了楔板，所以只在板料对接处留有间隙时才能使用。图 3-117d 所示的角钢楔条夹具，也常在装配中使用。

c. 杠杆夹具。杠杆夹具是利用杠杆的增力作用，夹持或压紧零件的。由于它制作简单，使用方便，通用性强，故在装配中应用较多，如图 3-118 所示。

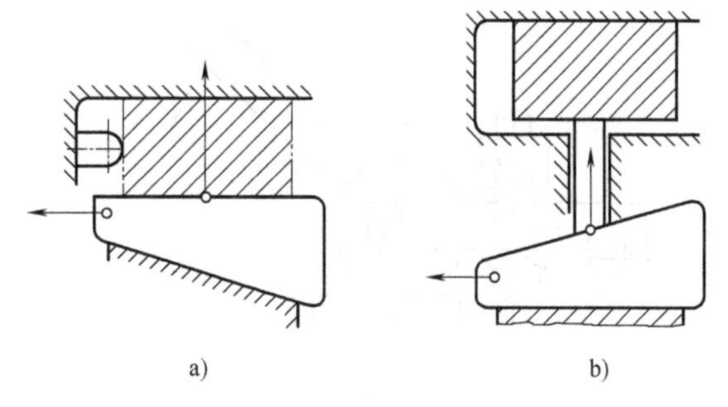

图 3-116　楔条夹紧的基本形式

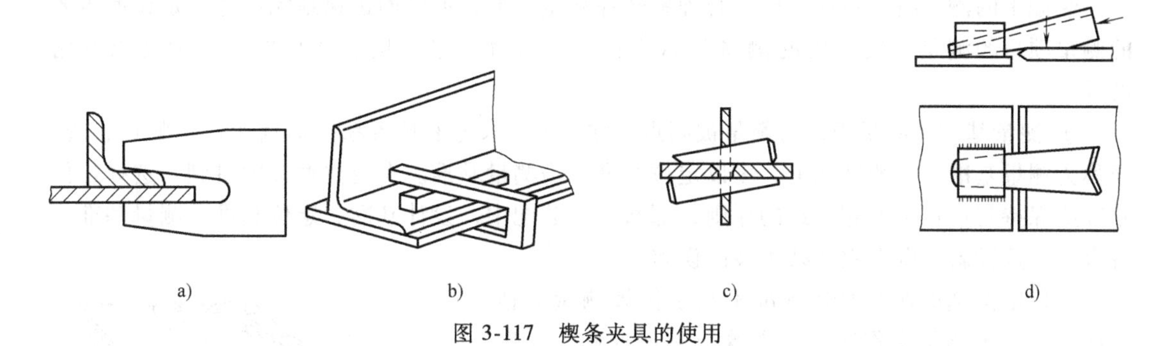

图 3-117　楔条夹具的使用

图 3-119 所示也是冷作工在装配中常用的几种简易杠杆夹具。

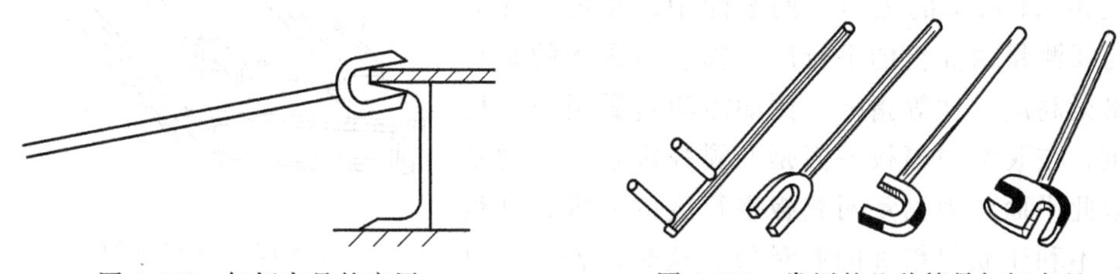
图 3-118　杠杆夹具的应用　　图 3-119　常用的几种简易杠杆夹具

d. 偏心夹具。偏心夹具是利用一种转动中心与几何中心不重合的偏心零件来夹紧的。生产中应用的偏心夹具，根据工件表面外形的不同，分为圆偏心轮和曲线偏心轮两种形式。前者制造容易，应用较广。偏心夹具一般要求能自锁。

图 3-120 所示为圆偏心轮夹具，将带偏心孔的圆偏心轮套在固定轴上，并可绕轴转动。圆偏心轮中心和轴心间的距离 e 叫偏心距，圆偏心轴上装有手柄以便操纵。当偏心轮绕轴转动时，横杆绕支点旋转，从而把工件夹紧。图 3-120a 所示是以弹簧为支点，而图 3-120b 所示是以固定销轴为支点。偏心夹具的优点是动作快，缺点是夹紧力小，只能用于无振动或振动小的场合。

② 非手动夹具。非手动夹具有气动夹具、液压夹具、磁力夹具等，此类夹具的设计较为复杂，在企业里通常由专业技术人员进行设计，由工具车间进行制造。因此，非手动夹具的工作原理在这里就不一一叙述了。

3）测量。测量是指在装配过程中，对零件间的相对位置和各部分尺寸，进行一系列的

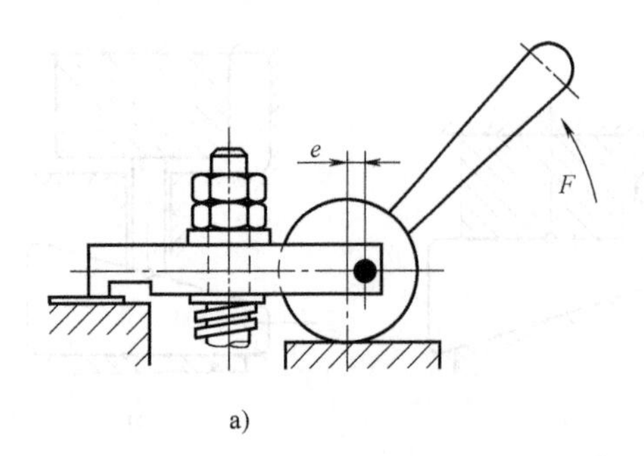

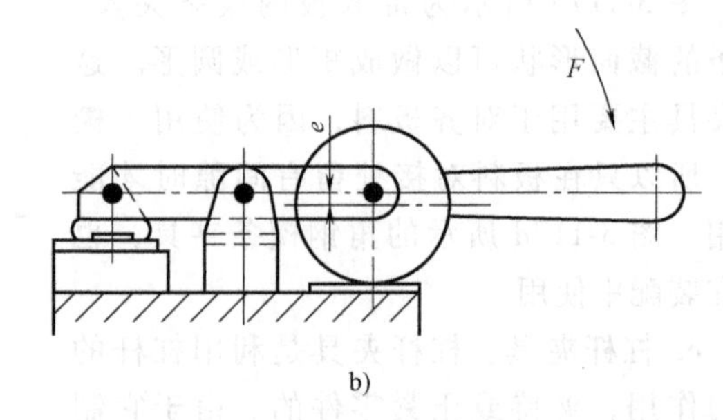

图 3-120 偏心夹具

技术检测，从而衡量定位的准确性和夹紧的效果，以指导装配工作。

装配中的测量技术包括正确、合理地选择测量基准，准确而迅速地完成零件定位所需要的测量项目的测量。较常用的测量项目有：线性尺寸、平行度、垂直度、同轴度以及角度等。

① 测量基准。测量中，为衡量被测点、线、面的尺寸和位置精度而选作依据的点、线、面称为测量基准。一般情况下，多以定位基准作为测量基准。在定位章节中讲到，选择定位基准应保持与设计基准相一致的原则，那么，在装配中，设计基准、定位基准、测量基准三者合一，这样就可以有效地减小装配误差。

当以定位基准作为测量基准不利于保证测量的精确度或不便于测量操作时，应本着使测量准确、操作方便的原则，重新选择合适的点、线、面作为测量基准。如图 3-121 所示的工形梁的装配中，在定位并夹紧后，需要测量两翼板的平行度、辐板与翼板的垂直度、工形梁高度尺寸等指标。比如需测量翼板与翼板的平行度，在装配中辐板平面是两翼板垂直定位的基准，但以此平面作为测量两翼板平行度的基准，则很不方便，不利于获得精确的测量值。这时，若采用以装配平台作为测量基准，则容易测量，并能保证测量结果的准确性，即通过用 90°角尺测量两翼板与平台面的垂直度，来检验两翼板的平行度是否符合要求。

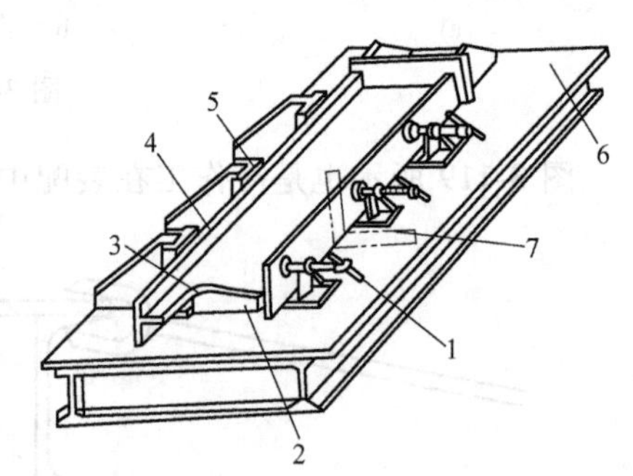

图 3-121 工形梁的装配
1—调节螺杆 2—垫块 3—辐板 4—翼板 5—挡板 6—平台 7—90°角尺

② 线性尺寸的测量。线性尺寸是指零件上被测的点、线、面与测量基准间的距离。由于组成构件的各个零件间都有尺寸要求，因此，线性尺寸测量在装配中应用最多，而且在进行其他项目的测量时，往往也须辅以线性尺寸的测量。线性尺寸测量主要是利用各种刻度尺（钢卷尺、盘尺、钢直尺等）来完成，有时也用画有标志的样杆进行线性尺寸的测量。

构件上的某些线性尺寸，有时受构件形状等因素的影响，不能直接用尺测量，需要借助其他一些量具进行间接测量。图 3-122 所示的圆锥台与圆筒，按图示的位置装配，在测量整体高度时，由于圆锥台小口端面（封闭的）较圆筒外壁缩进一段，无法用尺直接测量，这时可借助于用轻型工字钢制成的大平尺来延伸圆锥台小口端平面，再用钢直尺或钢卷尺间接测量。

采用间接测量法时应注意：所采用的测量方法和辅助量具应该能保证测量结果的精确

度，而且简单易行。如上例中为保证测量结果的精确，所用大平尺的工作面应十分平直，而且尺身应不易变形。此外，为了使用方便，大平尺不宜过重，常用小型铝质工字钢制作。

③ 平行度和水平度的测量。

平行度的测量。平行度是指工件上被测的线（或面）相对于测量基准线（或面）的平行程度。测量平行度，通常是在被测的线（或面）上选择一些测量点，与测量基准线（或面）上的对应点进行线性尺寸的测量。当由各对应测量点所得到的线性尺寸都相等时，被测的线（或面）即与测量基准线（或面）相互平行，否则就不平行。测量两零件间的平行度，有时也需要通过间接测量来完成。在图 3-122 所示圆锥台与圆筒的装配中，若要测量圆锥台小口端面与圆筒下端面的平行度，则仍要借助大平尺来间接完成。测量时要转换大平尺的方位，以获得多点测量，而每一对应点的测量方法均应相同。

水平度的测量。容器里的水或其他液体在静止状态下，其表面总是处于与重力作用方向相垂直的位置，这种位置称之为水平。水平度就是衡量零件上被测的线（或面）是否处于水平位置。许多钢结构制品，在使用中要求有良好的水平度。例如桥式起重机（行车）的运行轨道，需要有良好的水平度，否则不利于起重机在运行中的控制，甚至会引起事故。

④ 垂直度和铅垂度的测量。

垂直度的测量。垂直度是指零件上被测的直线（或面）相对测量基准线（或面）的垂直程度。相对垂直度是装配中常见的测量项目，很多产品都对其有严格的要求。测量垂直度通常是利用90°角尺直接测量，如图 3-123 所示，当基准面和被测面分别与90°角尺的两个工作尺面贴合时，说明两面垂直，否则不垂直。使用 90°角尺测量垂直度，简单易行，在企业生产中得到广泛应用。在使用时不可磕碰 90°角尺，以免损坏 90°角尺或因 90°角尺角度变化，而造成测量误差。

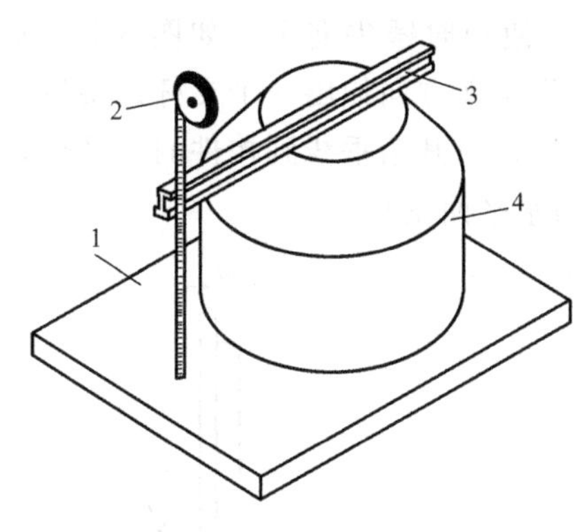

图 3-122　间接测量工件高度

1—平台　2—钢卷尺　3—大平尺　4—工件

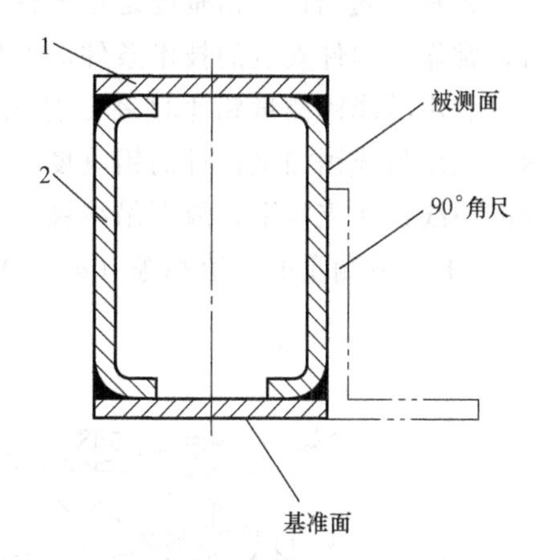

图 3-123　用 90°角尺测量垂直度

1—上、下盖板　2—左右侧板

使用 90°角尺测量垂直度，还要注意 90°角尺的规格与被测面尺寸相适应。当零件被测面长度远远大于 90°角尺的长度时，用 90°角尺测量往往会产生较大的误差，这时可采用辅助线测量法。

图 3-124a 所示为辅助线测量法测量直角（垂直），在被测面与基准面的垂直断面上，构成一个直角三角形，用“勾 3、股 4、弦 5”法进行测量，即在基准面画出 3 份长度，在被

测面画出 4 份长度，然后量取弦的长度，如果弦的长度是 5 份长度，说明两面垂直。

图 3-124b 所示为用辅助线测量法（测量对角线）检验一矩形框的四个直角，若两对角线相等（$ac=bd$），说明矩形框的四个内角均为直角，即各相邻面互相垂直。

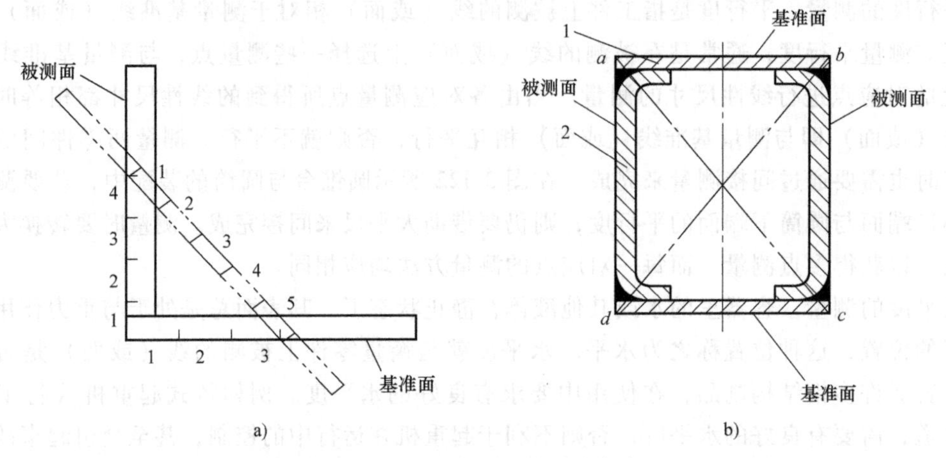

图 3-124 利用辅助线测量垂直度

一些桁架类构件某些部位的垂直度难以直接测量时，可采用间接测量法测量。图 3-125 所示为对塔式桁架的一节的两端面对中心线的垂直度进行间接测量。首先过桁架两端面的中心拉一钢丝 3，再将其平置于测量基准面 1 上，并使钢丝与基准面平行，然后用 90°角尺 2（或其他方法）测量桁架两端面与基准面的垂直度，若桁架两端面垂直于基准面，必同时垂直于桁架中心线，这样就间接测量了桁架两端面对中心线的垂直度。

铅垂度的测量。铅垂度是指零件上被测的线（或面）是否与水平面垂直的一个测量项目，常作为构件安装的技术条件。冷作工常用吊线锤来测量铅垂度。

利用吊线锤测量铅垂度就是把吊线连接在锤的尾端，使用时锤尖向下，如图 3-126 所示。当用吊线锤测量构件的铅垂度时，可以在构件的上端沿水平方向伸出一个支杆，将吊线锤的吊线拴在支杆上，放下吊线锤使锤尖接近地面并稳定后，量其铅垂线到构件的水平距离 a，若上、下测量的数值相等（$a=a'$），则说明构件该侧与水平面垂直。

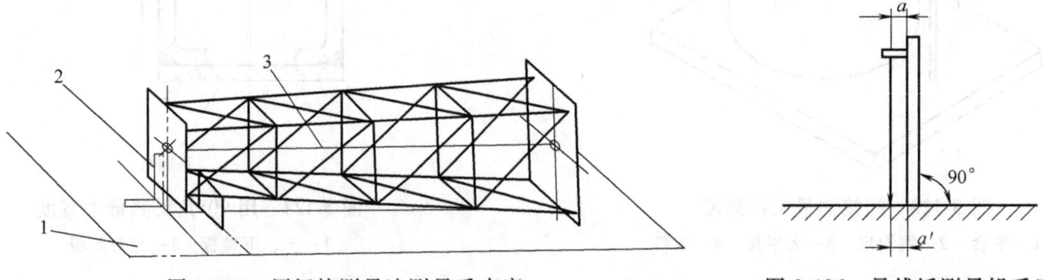

图 3-125 用间接测量法测量垂直度

图 3-126 吊线锤测量铅垂度

⑤ 同轴度的测量。同轴度是指构件上具有同一轴线的零件，装配时其轴线的重合程度。测量同轴度的方法很多，企业生产中一般常用样轴进行检测。图 3-127 所示为样轴检测连接支耳部件中两立板零件的同轴度实例。

⑥ 角度的测量。装配中，通常是利用各种角度样板测量零件间的角度。测量时，将角

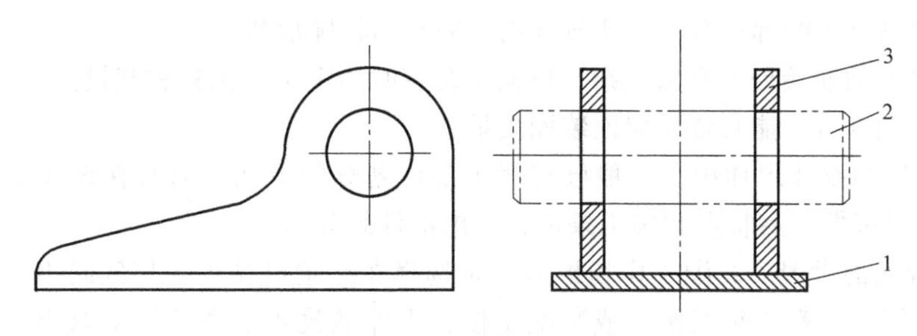

图 3-127　样轴检测同轴度

1—底板　2—样轴　3—立板

度样板卡塞入形成夹角的两零件之间，并使样板与两零件表面同时垂直。再观察样板两边是否与两零件表面都贴合，若都已贴合，则说明零件角度正确。图 3-128 所示为利用角度样板测量两零件角度的实例。

装配测量除上述项目外，还有斜度、挠度、平面度等一些测量项目，都需要冷作工采取不同的测量方法，测得准确的结果以保证装配质量。

还应强调的是，除测量方法外，测量量具精确、可靠，也是保证测量结果准确的重要因素。因此，在装配测量中，还应注意保护量具不受损坏，并经常检验其精度是否符合要求。

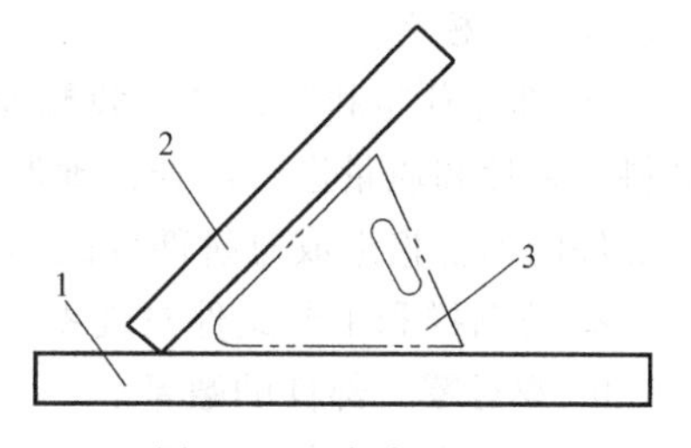

图 3-128　角度的测量

1—零件 1　2—零件 2　3—角度样板

重要的结构，有时要求装配中始终用同一量具或仪器测量。对尺寸较大的钢结构，在制造过程中进行测量时，为保证测量精度，尚需考虑测量点的选择、结构自重等的影响。

（2）装配的基本方法

1）装配前的准备。装配前的准备工作，是装配工艺的重要组成部分，充分、细致的准备工作，是高质量、高效率地完成装配工作的有力保证。装配前的准备工作，通常包括以下几个方面：

① 熟悉产品图样和工艺规程。产品图样和工艺规程，是装配工作的主要依据，通过熟悉图样和工艺规程，应达到如下目的：

a. 了解产品的用途、特性、结构特点、数量和装配技术要求，并依此确定装配方法。

b. 了解各零件间的位置关系、连接方式、装配尺寸和精度，选择好定位基准和装配夹具类型。

c. 了解各零件的数量、材质及其特性。

② 划分部件。金属结构产品是一个独立而完整的总体，由数量不等的零件和部件构成。零件是组成产品的基本件，由若干个零件组成一个可独立装配的、相对完整的结构称为部件。

对于大型、复杂的金属结构产品，通常总是将总体分成若干个部件，将各部件装配（拼点）或焊接后，再进行总装（总拼）。这样，可以减少总装时间，减少了许多不利的焊接位置，扩大了自动焊、半自动焊的应用范围，减少了高空作业，改善了施工条件，提高了装配效率，保证了装配质量。同时，也有利于实现装配工作机械化。

划分部件时应考虑下列几点：

a. 尽量使划分出的部件有一个比较规则、完整的轮廓形状。

b. 部件之间的连接处不宜太复杂，以便于总装时的定位、夹紧和测量。

c. 部件装配以后，能有效地保证装配质量。

大型金属结构设计图样中，一般已标明了部件划分的形式，只有在设计未规定的情况下，冷作工可以根据产品特点和施工条件，考虑部件划分问题。

③ 装配现场的设置。装配工作场地应尽量选择在起重机械的工作区间内，而且场地应平整、清洁，便于安置装配工作台或装配胎模，零件堆放要整齐且便于取用，人行道应畅通，还要保证运输车辆通行无阻。

在装配场地周围，应选择适当的位置放置工具箱、电焊机、气割设备，同时根据需要配备其他设备，如钳工台案和台虎钳等。

④ 工、量、夹具和吊具的准备。装配前，应根据需要备齐装配中所需的工具、量具、夹具和吊具等。此外，装配前还要根据工件不同结构的具体情况，准备或制作一些专用的工、夹、胎模等。

⑤ 部件预检和防锈蚀。装配前，应对从前道工序转来或从仓库领取的零、部件及辅助材料的数量和质量进行检查，确保不合格的零、部件或辅助材料不投入装配和使用，避免因零部件的不合格造成总拼部件的不合格。零、部件预检的主要内容有：

a. 按图样和工艺文件检查零、部件的形状、尺寸和材质以及表面质量。

b. 查对零、部件的数量。

c. 核对电焊材料等辅助材料的规格、型号。

d. 按工艺规定，检查标准件等辅助零件的规格、材质和数量。

装配前还要对零、部件连接处的表面进行去毛刺、除污垢、除锈蚀等清理工作，并在清理后，按技术要求进行防锈蚀处理。对于零部件在装配后难于进行清理、防锈蚀处理的部位，也应在装配前采取措施。

⑥ 安全措施。结构件的装配工作大部分需要群体作业，涉及不安全的因素很多。因此，安全措施尤为重要，必须在装配前的准备工作中予以充分考虑。例如：氧气瓶和乙炔瓶要放在远离人行道的地方，距火源的距离要符合国家规定的安全标准；消防器材要放在取用方便的地方；所有的吊具要进行严格的检查；用电的地方要有预防触电的措施；高空作业的安全带要经过严格的检查等。

2）装配方式与支承形式

① 装配方式。金属结构件的装配方式，按装配时结构的位置划分，主要有正装、倒装和卧装。正装和倒装又称为立装，如图 3-129 所示。正装，是指工件在装配中所处的位置与其工作位置相同而进行的装配，如图 3-129a 所示；倒装是指工件在装配中所处的位置与其工作位置相反而进行的装配，如图 3-129b 所示；卧装是指将工件按其工作位置旋转 90°，使它的侧面与工作台相接触而进行的装配，如图 3-129c 所示。

结构件装配方式的选择应考虑以下几个方面：

a. 有利于达到装配要求，保证产品质量。

b. 所选的装配方式，应使工件在装配中较容易地获得稳定的支承。例如：顶部大、底部小的工件，一般采用倒装；细高的工件，一般采用卧装。

c. 所选的装配方式，应有利于工件上各零件的定位、夹紧和测量，以保证装配质量。

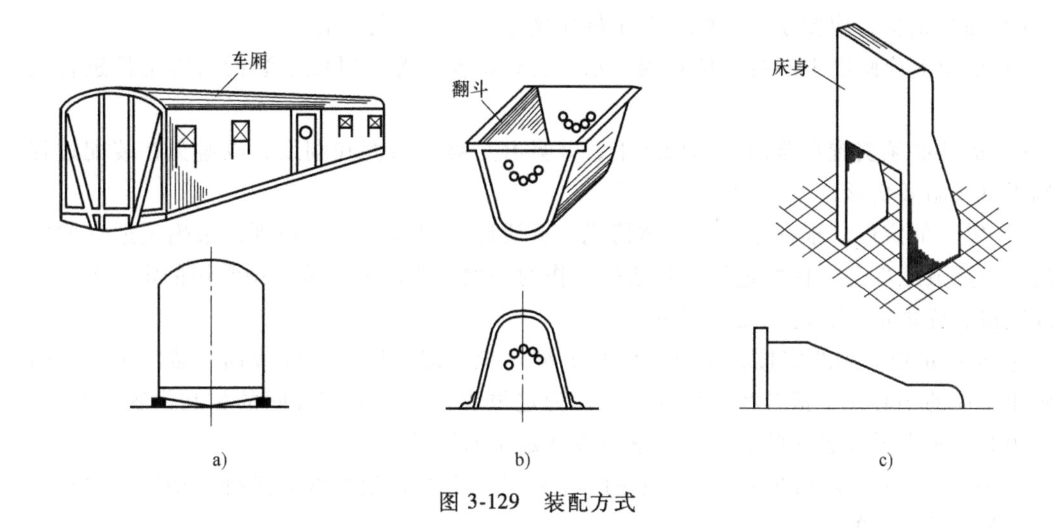

图 3-129 装配方式

d. 所选的装配方式，应有利于装配中及装配后的焊接和其他连接。

e. 所选的装配方式，应与装配场地的大小、起重机械的能力等工作条件相适应。

② 工件的支承形式。工件的支承形式是在选定了装配方式以后，根据工件的结构特点、数量和装配技术要求等因素来确定的。工件在装配中的支承形式，分为装配平台支承和装配胎架支承。

a. 装配平台。装配平台一般水平放置，其工作表面要求达到一定的平直度。冷作工常用的装配平台有以下几种：

a）铸铁平台。铸铁平台由一块或多块经过表面加工的铸铁制成，它坚固耐用，工作表面精度较高。为了便于夹紧工件和进行某些作业，铸铁平台上留有许多通孔或沟槽，可用于零件加工和结构的装配。

b）钢结构平台。钢结构平台是冷作工应用最广的平台，它由厚钢板和型钢组合而成，有时也将厚钢板直接铺在平整的地面上，构成简易的钢结构平台。它的工作表面一般不经切削加工，所以平直度比铸铁平台差，常用于拼接钢板或装配精度要求不高的工件。

c）电磁平台。电磁平台的主体用钢板和型钢制成，在平台内安置许多电磁铁。通电后，可将工件吸附在平台上。电磁平台多用于板材的拼接，因为电磁铁对钢板的吸附作用能有效地减小焊接变形。该平台通常由技术部门工装设计人员进行设计。

b. 装配胎架。企业里冷作工俗称装配胎架为拼箱胎。当工件结构不适于以装配平台作为支承时，就需要制造胎架来支承工件，进行装配。

装配胎架按其功能，分为通用胎架和专用胎架。适用于结构形状相同而尺寸不同的多个结构件装配的胎架为通用胎架；只适用于一种形状、尺寸的工件装配使用的装配胎架称为专用胎架。

生产实际中，有许多装配胎架都是由工艺文件中规定而进行设计制造使用，除此之外，也有冷作工自行设计制造的装配胎架，尤其是在样机试制和小批小量生产中，往往冷作工需自行制作临时装配胎架以满足生产使用，待专门设计的胎架制造好以后再被取代。

装配胎架应符合下列要求：

a）胎架工作面的形状，应与工件被支承部位的形状相适应。

b）胎架结构，应便于在装配时对工件实施定位、夹紧等操作。

c）胎架上应画出中心线、位置线、水平线和检验线等，以便于装配时对工件进行校正和检验。

d）胎架必须安置在坚固的基础之上，并具有足够的强度和刚度，以避免在装配过程中基础下沉或胎架变形。

3）零件的定位。根据零件的具体情况，灵活地运用六点定位规则，来确定适宜的定位方法，以完成工件上零件的定位，是装配工作的一项主要内容。装配中常用的定位方法，有画线定位、样板定位、定位元件定位三种。

① 画线定位。画线定位就是进行线性放样定位，即利用在零件表面、装配平台、胎架上画出工件的中心线、接合线、轮廓线等作为定位线，来确定零件间的相互位置。图 3-130 所示为利用画在零件表面的定位线，进行零件定位的例子。

图 3-130 所示是以画在工件底板上的中心线和接合线作定位线，来确定槽钢、立板和三角形加强板的位置的。

“地样装配法”是画线定位的一种典型应用形式，在样机试制和单件小批小量生产时应用较为普遍。它是将构件的装配样图按 1∶1 的实际尺寸，直接在装配平台上进行线性放样，然后根据零件间接合线的位置进行装配。“地样装配法”主要适用于桁架（框架）结构的装配。图 3-131 所示是利用“地样装配法”装配角钢桁架，装配时，先在平台上画出桁架的地样，如图 3-131a 所示，然后依照地样将零件组合起来，如图 3-131b 所示。

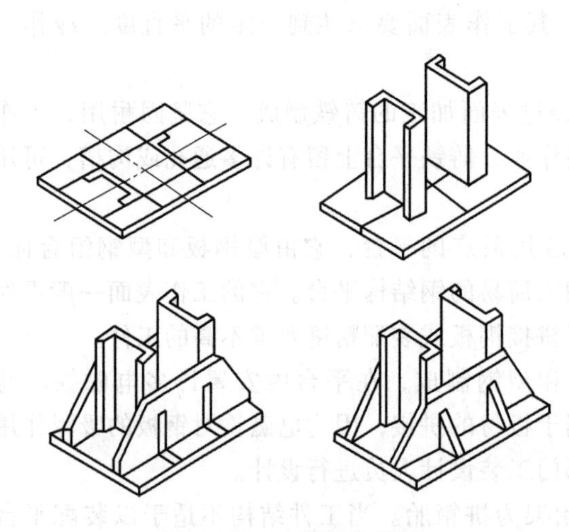

图 3-130　画线定位举例

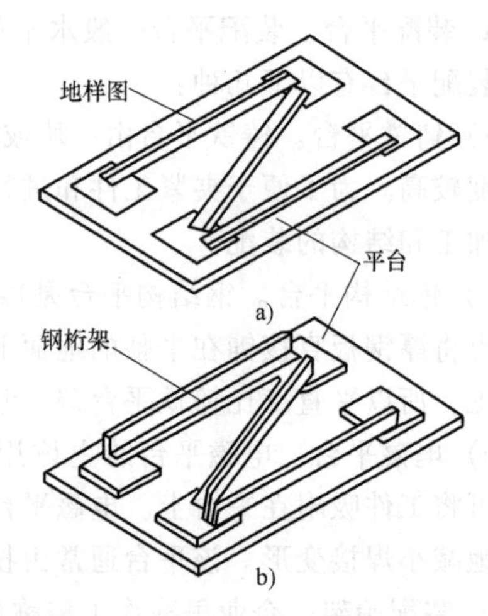

图 3-131　角钢桁架的地样装配

② 样板定位。样板定位是指根据工件形状，制作相应的样板，作为空间定位线，来确定零件间的相对位置。装配时对零件的各种角度位置，通常采用样板定位。如图 3-132 所示为斜 T 形结构的装配，根据斜 T 形结构立板的倾斜度，预先制作样板。装配时在立板和平板接合位置确定后，即以样板来确定立板的倾斜度，使其达到完全定位。

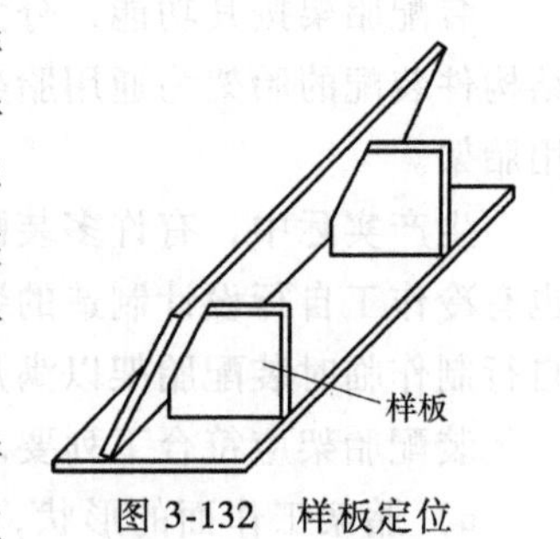

图 3-132　样板定位

③ 定位元件定位。定位元件定位是用一些特定的定位元件（如板块、角钢、圆钢、曲边模板等）构成空间定位点或定位

线，来确定零件的位置。这些定位元件，根据不同工件的定位需要，可以固定在平台上，也可以是活动的。图 3-133 所示就是利用挡块作为定位元件，来实现零件 1、零件 2、零件 3 定位的。

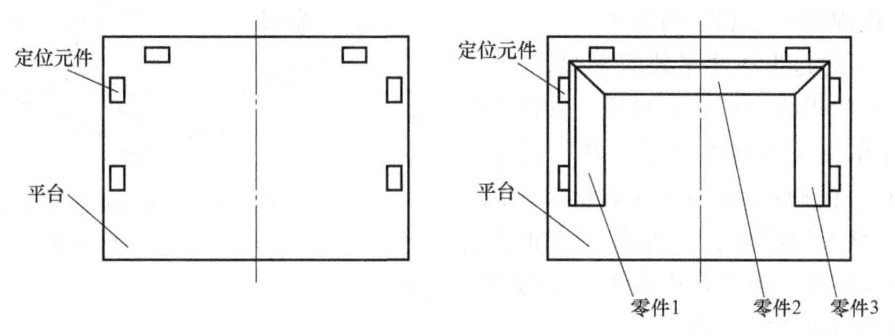

图 3-133 挡块定位

上述三种定位方法，在装配定位时，可以单独使用，也可以同时使用，互为补充，以利于定位操作和定位准确。

还应指出，装配时一个零件的定位、夹紧和测量，往往是交替进行并互相影响的。因此，熟练地掌握测量技术和灵活地确定夹紧方法，是准确而迅速地进行零件定位的重要保证。

4）零件的夹紧。在金属结构件的装配中，零件的夹紧主要是通过各种装配夹具实现的。为获得较好的夹紧效果和装配质量，进行零件夹紧时，必须对所用夹具的类型、数量、作用位置及夹紧方式等，做出正确、合理的选择。以图 3-133 所示角钢框装配为例，对它的夹紧方法可作如下分析：

① 夹具类型。根据此工件夹紧部位的结构，选择 Γ 形支架的螺旋压紧器和快速夹钳均可。由于角钢的壁厚不大，所需的夹紧力较小，因而选择快速夹钳作为夹具比较好。

② 夹具数量和作用位置。夹具的数量，应根据所装配角钢的长度，本着既能使角钢与工作台面贴合，又使夹具数量尽可能少的原则来确定。夹具的作用位置，距角钢两端为 100mm 左右，中间部位作用点的间距一般在 300mm 左右。若中间仍有角钢与工作台面不贴合的地方，则应在局部存在间隙处增设夹具。

5）胎型装配法（拼箱胎装配法）。在金属结构装配中，对批量生产的结构件，可将工件装配所用的各定位元件、夹具和装配胎架，三者合为一个整体，构成装配胎型。

利用装配胎型进行装配，可以显著地提高装配工作效率，保证装配质量，减轻劳动强度，同时也易于实现装配工作的机械化和自动化。

在企业的生产中，要按照工艺文件工序内容规定的先后顺序进行装配，否则将会造成个别零件的漏装或无法拼装。

对装配要求不高的结构件，各零件定位又较容易时，可以采用无夹具的装配胎型进行装配。装配时用定位挡铁确定各零件的位置，挡铁同时起夹紧作用，并依靠各零件自重，使其与胎型平面贴紧，如图 3-134 所示。

6）装配定位焊的一般要求。定位焊用于固定各焊接零件间的相互位置，以保证整个结构件得到正确的几何形状和尺寸。

定位焊焊缝一般比较短小，焊接过程易产生焊接缺陷，如定位焊缝作为正式焊缝而留在焊接结构内，对所使用的焊条及操作技术要求应与正式焊缝完全一样。发现定位焊缝有缺陷时，应该铲除重新焊接，不允许留在焊缝内。

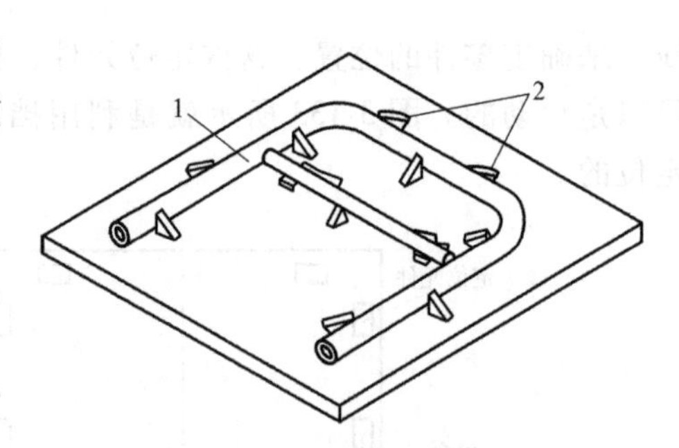

图 3-134　无夹具胎型装配
1—工件　2—挡铁

进行定位焊时应注意下列事项：

① 定位焊的起头和结尾处应平缓，若过陡时，易在正式焊接的焊缝中产生未焊透、夹渣等缺陷。

② 焊件在正式焊接时如需预热，则定位焊时亦应进行预热（预热温度与正式焊接时相同）。

③ 定位焊为间断焊，工件温度比正式焊接时要低，因热量不足，而易产生未焊透，故焊接电流应比正式焊接时高 10%～15%。

④ 定位焊的焊缝尺寸，一般可按表 3-13 选用，但在特殊情况下，可适当增加定位焊的焊缝尺寸和数量。

表 3-13　定位焊的参考尺寸　（单位：mm）

焊件厚度	定位焊高度	焊缝长度	间距
<4	<4	5～10	50～100
4～12	4～6	10～20	100～200
>12	>6	15～30	100～300

⑤ 在焊缝交叉处和焊缝方向急剧变化处，不可进行定位焊，应离开 50mm 左右进行定位焊。

⑥ 经强制装配的结构，其定位焊缝长度应根据具体情况适当加长。

⑦ 在低温下焊接时，定位焊缝易开裂，应尽量避免强制装配后进行定位焊，且定位焊缝长度也应适当加长。必要时，可采用碱性低氢型焊条，而且定位焊后要尽快进行正式焊接，并焊满整个焊缝，避免中途停顿和间隔时间过长。

2. 连接

连接是将几个零件或部件，按照一定的结构形式和相对位置固定成为一体的一种工艺过程。金属结构件的连接方法通常有铆钉连接、螺纹连接、焊接连接三种，其中焊接的应用较为广泛。

（1）铆接　利用铆钉把两个或两个以上的零件或部件，连接成为一个整体称为铆钉连接，简称铆接，如图 3-135 所示。

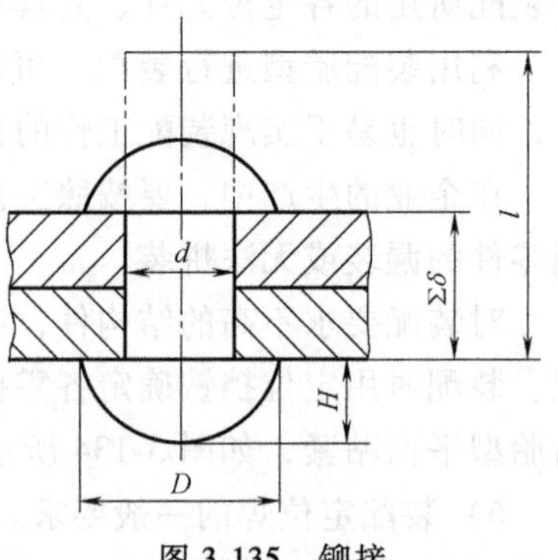

图 3-135　铆接

铆接是冷作工专业中的一个组成部分，金属结构的连接应用铆接已有较长的历史。近几年来，由于焊接和高强度螺纹摩擦连接的发展，铆接的应用已逐渐减少。但由于铆接不受金属种类和焊接性能的影响，而且铆接后结构的应力和变形都比焊接小，所以对于承受严重冲击和振动载荷结构的连接、某些异种金属和轻金属（如铝合金）的连接中，铆接仍被经常采用。

1）铆接的形式。根据被连接件的相对位置不同，铆接有以下三种形式：

① 搭接。搭接是将一块钢板（或型钢）搭在另一块钢板上进行铆接，如图 3-136 所示。

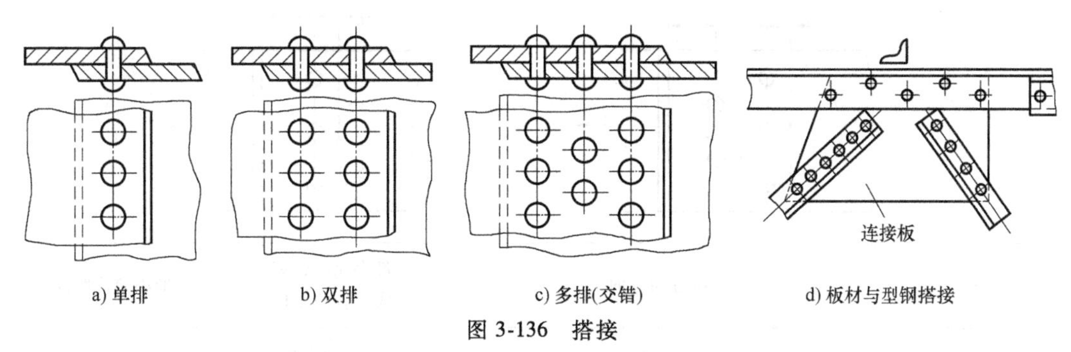

a) 单排　b) 双排　c) 多排(交错)　d) 板材与型钢搭接

图 3-136　搭接

② 对接。对接是将两块钢板（或型钢）的接头置于同一平面，用盖板做连接件，把接头铆在一起。盖板有单盖板和双盖板两种形式，如图 3-137 所示，每种形式又根据接头一侧铆钉的排数有单排、双排和多排之分。铆钉的排列形式分为平行和交错两种。

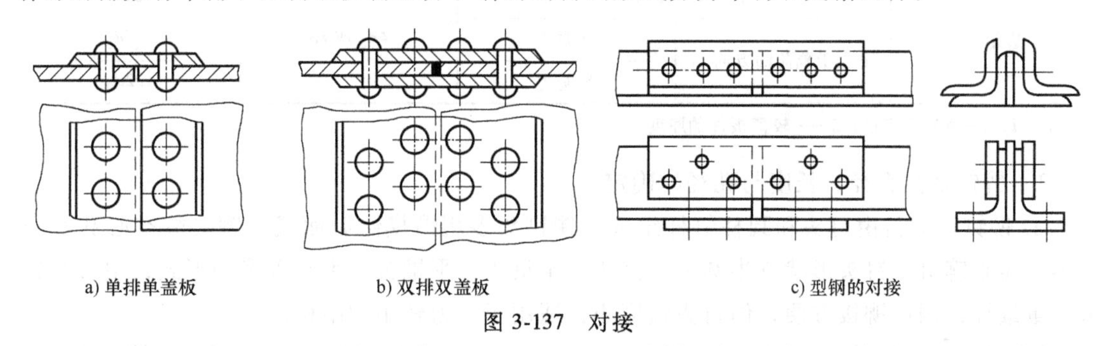

a) 单排单盖板　b) 双排双盖板　c) 型钢的对接

图 3-137　对接

③ 角接。角接是两板件互相垂直或呈一定角度的连接，在接合处用角钢做连接件，有单面和双面两种形式，如图 3-138 所示。

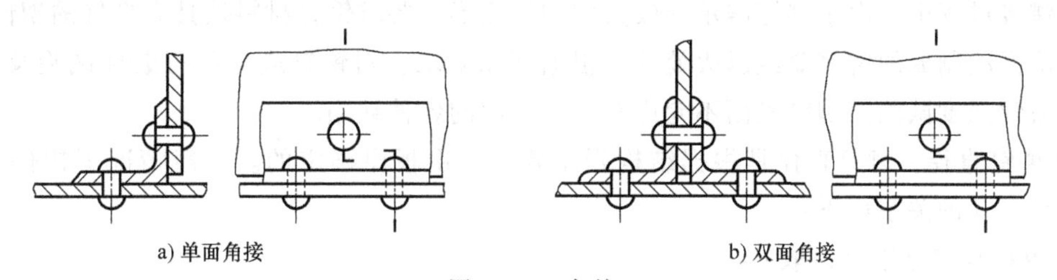

a) 单面角接　b) 双面角接

图 3-138　角接

2）铆钉排列的基本参数。铆钉排列的主要参数是指铆钉距、排距和边距，如图 3-139 所示。

铆钉距 t：一排铆钉中相邻两个铆钉中心的距离。

排距 c：相邻两排铆钉中心的距离。

边距 e：外排铆钉中心至工件板边的距离。

钢板上铆钉排列参数可按表 3-14 中的规定来确定。

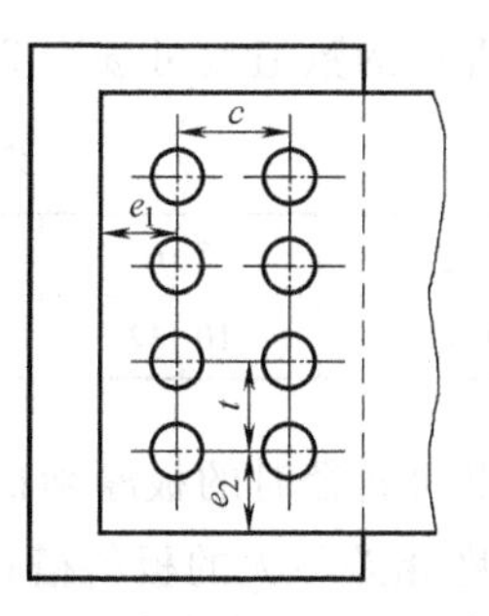

图 3-139　铆钉排列的基本参数

表 3-14　钢板上铆钉排列参数　（单位：mm）

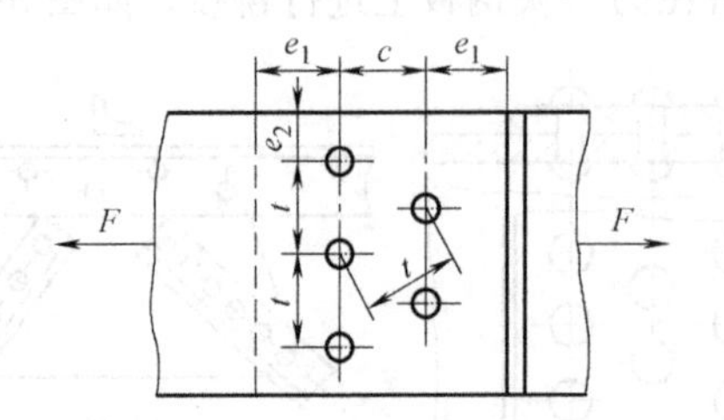

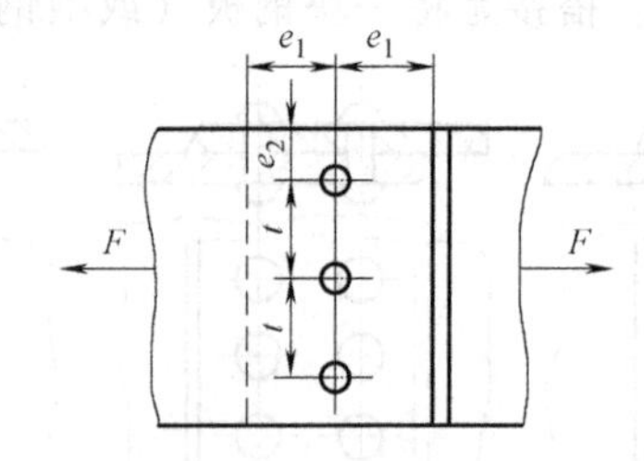

<table>
<tr><th>名称</th><th colspan="2">位置和方向</th><th>最大允许距离（取两者的小值）</th><th>最小允许距离</th></tr>
<tr><td rowspan="3">铆距 t 或排距 c</td><td colspan="2">外排</td><td>$8d_0$ 或 12δ</td><td rowspan="3">$3d_0$</td></tr>
<tr><td rowspan="2">中间排</td><td>构件受压</td><td>$12d_0$ 或 18δ</td></tr>
<tr><td>构件受拉</td><td>$16d_0$ 或 24δ</td></tr>
<tr><td rowspan="3">边距 e</td><td colspan="2">平行于载荷的方向 e_1</td><td rowspan="3">$4d_0$ 或 8δ</td><td>$2d_0$</td></tr>
<tr><td rowspan="2">垂直于载荷的方向 e_2</td><td>切割边</td><td>$1.5d_0$</td></tr>
<tr><td>轧割边</td><td>$1.2d_0$</td></tr>
</table>

注：d_0——铆钉孔直径；δ——较薄板件的厚度。

3）铆钉及其直径、长度与孔径的确定。

① 铆钉。铆钉由钉头和圆柱钉杆组成，铆钉头多用锻模镦制而成。铆钉分空心和实心两类，实心铆钉按钉头形状有半圆头、沉头、半沉头、平锥头、平头等多种形式；空心铆钉由于重量轻，因而铆接方便，但钉头强度小，适用于受力较小的结构。

铆钉材质按国家标准规定，钢铆钉有 Q215、Q235、ML2、ML3、10、15；铜铆钉有 T3、H62；铝铆钉有 1050A、2A01、2A10、5B05。

在铆接过程中，由于铆钉需承受较大的塑性变形，要求铆钉材料须具有良好的塑性，为此，用冷镦法制成的铆钉要经退火处理。根据使用要求，对铆钉应进行可锻性试验及拉伸、剪切等力学强度试验。铆钉表面不允许有影响使用的各种缺陷。

② 铆钉直径。铆钉直径是根据结构强度要求，由板厚确定的。一般情况下构件板厚 t 与铆钉直径 d 的关系如下：

a. 单排与双排搭接，取 $d=2t$。

b. 单排与双排双盖板连接，取 $d\approx(1.5\sim1.75)t$。

铆钉直径的数值也可按表 3-15 确定。

表 3-15　铆钉直径与板厚的一般关系　（单位：mm）

板料厚度	5~6	7~9	9.5~12.5	13~18	19~24	>25
铆钉直径	10~12	14~25	20~22	24~27	27~30	30~36

计算铆钉直径时的板厚须按以下原则确定：

a. 厚度相差不大的板料搭接时，取较厚板料的厚度。

b. 板厚相差较大的板料铆接时，取较薄板料的厚度。

c. 钢板与型钢铆接时，取两者的平均厚度。

被连接件的总厚度，不应超过铆钉直径的 5 倍。

③ 铆钉长度。铆接质量与选定铆钉杆长度有直接关系，若铆杆过长，铆钉的镦头就过大，而且钉杆也容易弯曲；若钉杆过短，则镦粗量不足，铆钉头成形不完整，将会严重影响铆接的强度和紧密性。铆钉长度应根据被铆接件的总厚度、钉孔与钉杆直径间隙及铆接工艺方法等因素来确定。采用标准孔径的铆钉杆长度，可按下列公式计算：

半圆头铆钉 $L=(1.65\sim1.75)d+1.1\sum t$

沉头铆钉 $L=0.8d+1.1\sum t$

半沉头铆钉 $L=1.1d+1.1\sum t=1.1(d+\sum t)$

式中 L——铆钉杆长度（mm）；

d——铆钉杆直径（mm）；

$\sum t$——被连接件总厚度（mm）。

以上各式计算的铆钉杆长度都是近似值，大量地铆接时，铆钉杆实际长度还需经试铆后再确定。

④ 铆钉孔径的确定。铆钉孔径与铆钉的配合，应根据冷、热铆不同方式而确定。

冷铆时，铆钉杆不易镦粗，为保证连接的强度，钉孔直径与钉杆直径接近。

热铆时，由于铆钉受热膨胀变粗，为了便于穿钉，钉孔直径与钉杆直径的差值应略大些。钉孔直径的标准见表 3-16。对于多层板料密固铆接时，钻孔直径应按标准孔径减小 1~2mm。

表 3-16 钉孔直径 （单位：mm）

铆钉直径		3.5	4	5	6	8	10	12	14	16	18	20	22	24	27	30	36
钉孔直径 d_0	精装配	3.6	4.1	5.2	6.2	8.2	10.3	12.4	14.5	16.5							
	粗装配	3.9	4.5	5.5	6.5	8.5	11	13	15	17	19	21.5	23.5	25.5	28.5	32	38

4）铆接工具与设备

① 铆钉枪。铆钉枪是铆接的主要工具，铆钉枪又叫风枪，如图 3-140 所示，主要由手把、枪体、开关及管接头等组成。枪体前端孔内可安装各种铆钉凹头或冲头，用以铆接和冲钉等作业。使用时通常将凹头用钢丝拴在手把上，以防止提枪时因凹头脱离枪体致使活塞滑出。铆钉枪具有体积小，操作方便，可以进行各种位置的铆接等优点，但操作时噪声很大。

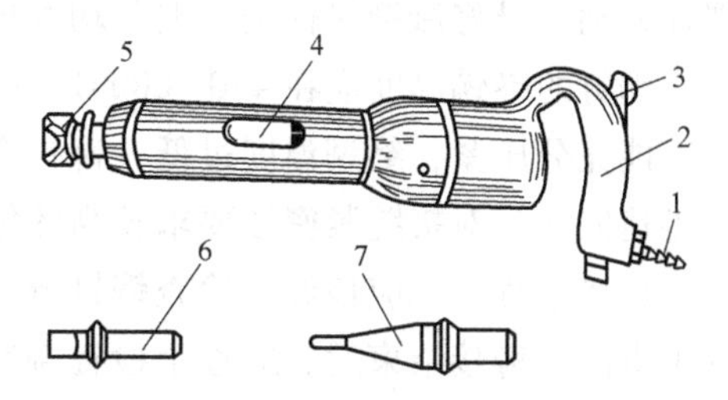

图 3-140 铆钉枪

1—管接头 2—手把 3—开关 4—枪体 5—凹头 6—铆平头 7—冲头

② 铆接机。铆接机与铆钉枪不同，它是利用液压或气压使铆钉杆塑性变形，制成铆钉头的一种专用设备。它本身具有铆钉和顶钉两种机构，由于铆接机产生的压力大而均匀，所以铆接质量和铆接强度都比较高，而且工作时无噪声。

铆接机有固定式和移动式两种，固定式铆接机生产效率高，但因设备费用较高，故仅适用于专业生产中；移动式铆接机工作灵活，应用广泛，这种铆接机有液压、气动和电动三种。

液压铆接机如图 3-141 所示，是利用液压原理进行铆接的，它由机架、活塞、凹头、顶钉凹头和缓冲弹簧等部分组成。当液压油经管接头进入液压缸时，推动活塞向下运动。活塞下端装有凹头，铆钉在上下凹头之间受压变形，形成钉头。当活塞向下移动时，弹簧受压变形，铆接结束后，依靠弹簧的弹力使活塞复位。密封垫的作用是防止活塞漏油。整个铆接机可由吊车移动。吊环处的弹簧可起缓冲使用，以防止铆接时的振动。

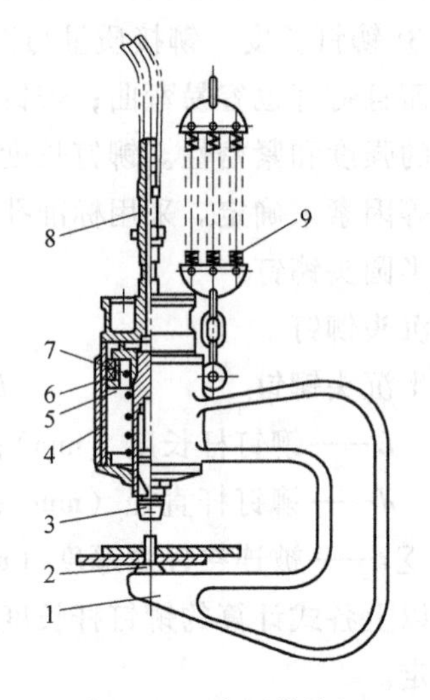

图 3-141 液压铆接机

1—机架 2—顶钉凹头 3—凹头 4—液压缸 5—活塞 6—密封垫 7—弹簧 8—管接头 9—缓冲弹簧

5）铆接工艺。铆接分为冷铆和热铆两种。

① 冷铆。铆钉在常温下的铆接称为冷铆。冷铆时要求铆钉具有良好的塑性。铆接机冷铆时，铆钉直径最大不得超过 25mm。铆钉枪铆接时，铆钉直径一般限制在 12mm 以下。

② 热铆。铆钉加热后的铆接称为热铆。铆钉受热后钉杆强度降低，塑性增加，钉头成形容易，铆接所需外力与冷铆相比明显减小。所以直径较大的铆钉和大批量铆接时，通常采用热铆。热铆时。钉杆一端除形成封闭的钉头外，同时镦粗充实钉孔。冷却时，铆钉长度缩短，对被铆件产生足够的压力，使板缝贴合更严密，从而获得足够的连接强度。

采用铆钉枪热铆时，一般情况下需要四人配合操作，一人负责加热铆钉与传递，一人负责接钉和穿钉，其余两人一人顶钉，另一人掌握铆钉枪，完成铆接作业。热铆的基本操作过程如下：

铆接件的紧固与钉孔修整→铆钉加热→接钉与穿钉→顶钉→铆接

为了保证铆接质量，压缩空气的压力不应低于 0.5MPa。为了防止由于铆接振动而引起螺栓松动，最好沿铆接件全长上，均等地先铆几颗定位钉，然后再铆其他铆钉。

铆钉的终铆温度应在 450~600℃之间。终铆温度过高，会降低铆钉杆的初应力，使铆接件不能充分压紧；终铆温度过低，铆钉会出现冷脆现象。因此，热铆过程应尽可能在短时间内迅速完成。对接缝紧密性要求较高的结构，在铆接后尚需进行敛缝。

铆接过程中，应该经常检查铆钉枪与风管接头的连接情况，发现松动应及时紧固，以免发生事故。铆接结束后，应逐个检查铆钉是否合格，发现松动且不能修复的，应铲掉重铆。锋接结束后，应卸下凹头和活塞，保管好以备再用。

③ 铆接质量检查

a. 目测检查表面质量。铆钉表面缺陷主要有铆钉成形差、裂纹、工件表面磕伤等。

b. 用小锤子轻轻敲击铆钉头，凭声音判断铆钉是否松动。

c. 用量具（尺、样板等）检查铆钉位置是否符合图样给定的尺寸。

铆接中常见的缺陷及产生原因、预防措施和消除方法见表 3-17。

表 3-17　常见的铆接缺陷及产生原因、预防措施和消除方法

缺陷名称	图示	产生原因	预防方法	消除方法
铆钉头偏移或铆钉杆歪斜		1. 铆接时铆钉枪与板面不垂直 2. 气压过大 3. 钉孔歪斜	1. 铆钉枪与铆钉杆应在同一轴线上 2. 开始铆接时，风门应由小逐渐增大 3. 钻或铰孔时刀具应与板面垂直	偏心 ≥ 0.1d 时更换铆钉（d——钉杆直径）
铆钉头四周未与板件表面结合		1. 孔径过小或铆钉杆有毛刺 2. 压缩空气压力不足 3. 顶钉力不够或未顶严	1. 铆接前先检查孔径 2. 穿钉前先消除铆钉杆毛刺和氧化皮 3. 压缩空气压力不足时应停止铆接	更换铆钉
铆钉头局部未与板件表面结合		1. 罩模偏斜 2. 铆钉杆长度不够	1. 铆钉枪应保持垂直 2. 正确确定铆钉杆长度	更换铆钉
板件结合面间有缝隙		1. 装配时螺栓未紧固或过早地拆卸螺栓 2. 孔径过小 3. 板件间相互贴合不严	1. 铆接前检查板件是否贴　合和孔径大小 2. 拧紧螺母，待铆接后再拆除螺栓	更换铆钉
铆钉头形成突头及磕伤板料		1. 铆钉枪位置偏移 2. 铆钉杆长度不足 3. 罩模直径过大	1. 铆接时铆钉枪与板件垂直 2. 计算铆钉杆长度 3. 更换罩模	更换铆钉
铆钉杆在钉孔内弯曲		铆钉杆与钉孔的间隙过大	1. 选用适当直径的铆钉 2. 开始铆接时，风门应小	更换铆钉
铆钉头有裂纹		1. 铆钉材料塑性差 2. 加热温度不适当	1. 检查铆钉材质，试验铆钉的塑性 2. 控制好加热温度	更换铆钉
铆钉头周围有过大的帽缘	a b	1. 铆钉杆太长 2. 罩模直径太小 3. 铆接时间过长	1. 正确选择铆钉杆长度 2. 更换罩模 3. 减少打击次数	a ≥ 3mm 时，b ≥ 1.5 ~ 3mm 拆除更换
铆钉头过小，高度不够		1. 铆钉杆较短或孔径过大 2. 罩模直径过大	1. 加长铆钉杆 2. 更换罩模	更换铆钉
铆钉头上有伤痕		罩模击在铆钉头上	铆接时紧握铆钉枪，防止跳动过高	更换铆钉

（2）螺纹连接　螺纹连接是利用螺纹零件构成的可拆卸的固定连接。常用的螺纹连接有螺栓连接、双头螺柱连接和螺钉连接三种形式。螺纹连接具有结构简单、紧固可靠、装卸迅速方便、经济等优点，所以应用极为广泛。螺纹紧固件的种类、规格繁多，但它们的形式、结构、尺寸都已标准化，可以从相应的标准中查出。

1）螺栓连接。螺栓连接由连接件、螺栓、螺母和垫圈组成，主要用于被连接件不太厚，能形成通孔部位的连接，如图 3-142 所示。

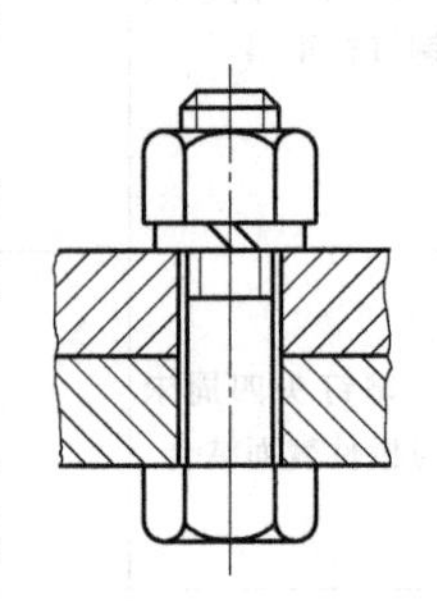
图 3-142　螺栓连接

螺栓装配时，应根据被连接件的厚度和孔径，来确定螺栓、螺母和垫圈的规格及数量。一般螺杆长度应等于被连接件、螺母和垫圈三者厚度之和，外加 1~2d（d 为螺栓的直径）的余量即可。

连接时，将螺栓穿过被连接件上的通孔，套上垫圈后用螺母旋紧。紧固时，为防止螺栓随螺母一起转动，应分别用扳手卡住螺栓头部和螺母，向反方向扳动，直至达到要求的紧固程度。

紧固时，必须对拧紧力矩加以控制。拧紧力矩太大，会出现螺栓拉长、断裂和被连接件变形等现象；拧紧力矩太小，不能保证被连接件在工作时的要求和可靠性。目前，为提高生产效率，企业在有能力的情况下，多采用电动或气动扳手进行紧固。

拧紧成组的螺栓时，必须按照一定的顺序进行，并做到分次逐步拧紧（一般分为三次拧紧），否则会使部件或螺栓产生松紧不一致，螺栓受力不均匀现象，导致个别受力大的螺栓被拉断。在拧紧长方形布置的组件螺栓时，必须从中间开始，逐渐向两侧对称进行，如图 3-143 所示；拧紧方形或圆形的成组螺栓时，必须与中心对称地进行，如图 3-143b、c 所示，图中的数字表示拧紧的顺序。

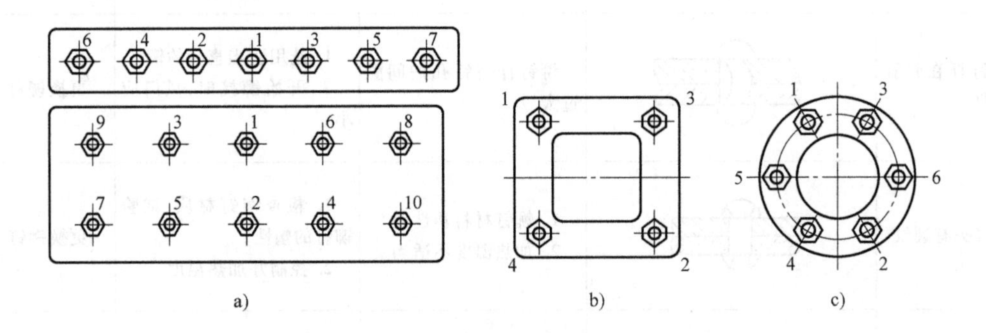

图 3-143　拧紧成组螺栓的顺序

2）螺柱连接。双头螺柱主要用于连接工件较厚不宜用螺栓连接的场合。连接时，把双头螺柱的旋入端拧入不透的螺孔中，另一端穿上被连接件的通孔后套上垫圈，然后拧紧螺母，如图 3-144 所示。拆卸时，只要拧开螺母，就可以使被连接件分离开。

3）螺纹连接的防松方法。一般的螺纹连接，都具有自锁性能，在受静载荷和工作温度变化不大时，不会自行松动和脱落。但在受冲击、振动或变载荷作用下及工作温度变化很大时，螺纹连接有可能自松。为了保证螺纹连接安全、可靠，避免松动发生事故，必须采取有效的防松措施。常用的防松措施有增大摩擦力和机械防松两大类。

① 增大摩擦力的防松措施。这种措施主要利用弹簧垫圈或双螺母，如图 3-145 所示。这两种方法，都能使拧紧的螺纹之间产生不因外载荷而变化的轴向压力，因此始终有摩擦阻力防止连接松脱。但这种方法不十分可靠，所以多用于冲击和振动较小的场合。

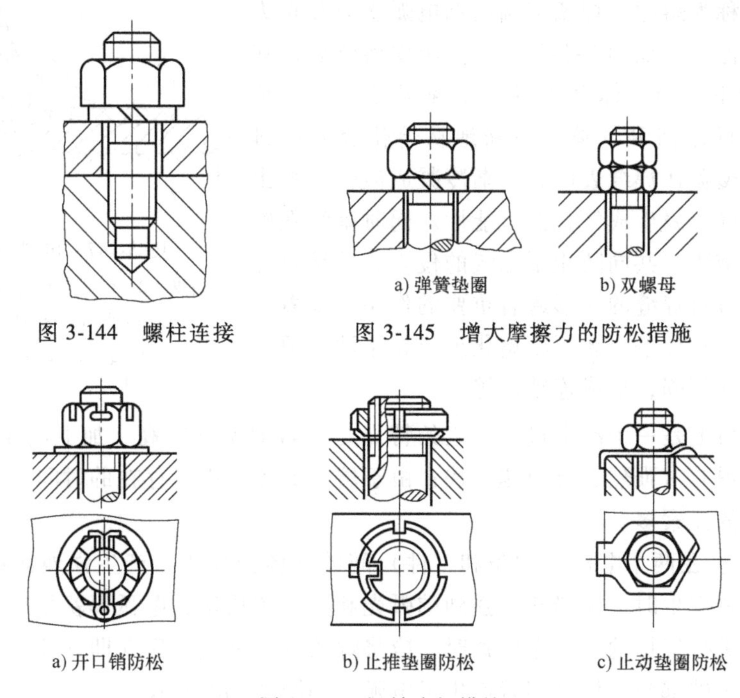

图 3-144　螺柱连接

a) 弹簧垫圈　b) 双螺母

图 3-145　增大摩擦力的防松措施

a) 开口销防松　b) 止推垫圈防松　c) 止动垫圈防松

图 3-146　机械防松措施

② 机械防松

a. 开口销防松。将开口销穿过拧紧螺母上的槽和螺栓上的孔后，将尾端扳开，使螺母和螺栓不能相对转动，如图 3-146a 所示，以达到防松目的。这种防松措施常用于有振动的场合。

b. 止推垫圈防松。将止推垫圈内翅嵌入外螺纹零件端部的轴向槽内，拧紧圆螺母，再将垫圈的一外翅弯入螺母的槽内，螺母即被锁住，如图 3-146b 所示。这种垫圈常用于轴类螺纹连接的防松。

c. 止动垫圈防松。螺母拧紧后，将止动垫圈上单耳或双耳折弯，分别与零件和螺母的边缘贴紧，防止螺母回松，见图 3-146c。它仅能用于连接位置有容纳弯耳的地方。

4）螺纹连接的质量检测

① 目测螺栓头、螺母与工件之间是否存在间隙。

② 检查两个工件之间是否存在间隙。

③ 各个螺母的松紧程度是否一致。

（3）焊接　焊接是通过加热或加压，或两者并用，并且用或不用填充材料，使工件达到原子结合的一种方法。

1）焊条电弧焊的基础知识。焊条电弧焊是利用电弧热使焊条和工件接缝金属熔化，冷却后形成牢固的焊缝，它是熔焊中最基本的一种焊接方法。

焊条电弧焊使用的设备简单，操作方便、灵活，适应各种条件下的焊接，是生产中应用最广泛的一种焊接方法。焊条电弧焊的基本原理如下：

① 焊条电弧焊的过程。焊条电弧焊利用焊条和焊件作为两个电极，焊接时，由焊机提供焊接电源。利用电弧热使工件和焊条同时熔化，焊件上的熔化金属在电弧吹力下形成一凹坑，称为熔池。焊条熔滴借助电弧吹力和重力作用，过渡到熔池中，如图 3-147 所示。药皮熔化后，在电弧吹力的搅拌下，与液体金属发生快速强烈的冶金反应，反应后形成的熔渣和气体，不断地从熔化金属中排出，浮起的熔渣覆盖在焊缝表面，逐渐冷凝成渣壳。排出的气体减少了焊缝金属生成气孔的可能性。同时围绕在电弧周围的气体与熔渣，共同防止了空气的侵入，使熔化金属缓慢冷却，熔渣对焊缝的成形起着重要的作用。随着电弧向前移动，焊件和焊条金属不断熔化形成新熔池，原先的熔池不断地冷却凝固，形成连续焊缝。

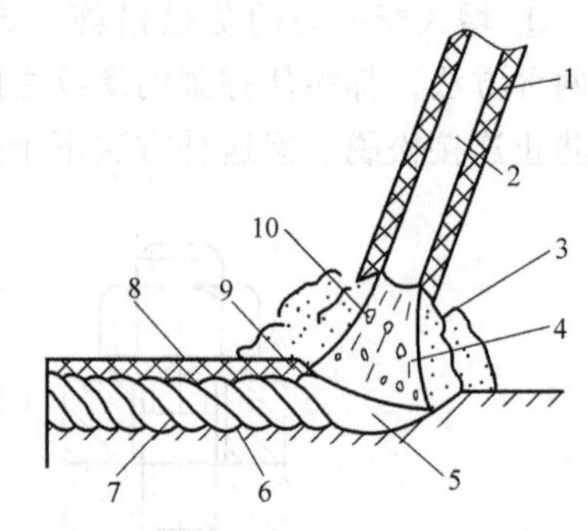

图 3-147 电弧焊接过程

1—药皮 2—焊芯 3—保护气体 4—电弧 5—熔池 6—焊件 7—焊缝 8—焊渣 9—熔渣 10—熔滴

焊接过程实质上是一个冶金过程。它的特点是：熔池温度很高，加上电弧的搅拌作用，使冶金反应进行得非常强烈，反应速度快；由于熔池的体积小，存在的时间短，所以温度变化快；参加反应的元素多。

② 焊接电弧。在两个电极（焊条和工件）间的气体介质中，产生强烈而持久的放电现象称为电弧。电弧产生时，能释放出强烈的弧光和集中的热量，电弧焊就是利用此热量熔化焊件金属和焊条进行焊接的。引燃电弧时，应将焊条与焊件接触后立即分开，并保持一定的距离，这时在焊条端部与焊件之间就产生了电弧，如图 3-148 所示。

③ 焊接电弧的构造及温度。焊接电弧由阴极区、阳极区和弧柱三部分组成，如图 3-149 所示。

直流正接时，阴极区位于焊条末端，阳极区位于焊件表面，弧柱位于阴极和阳极之间，四周被气体和弧焰包围（弧柱的形状一般呈锥台形）。

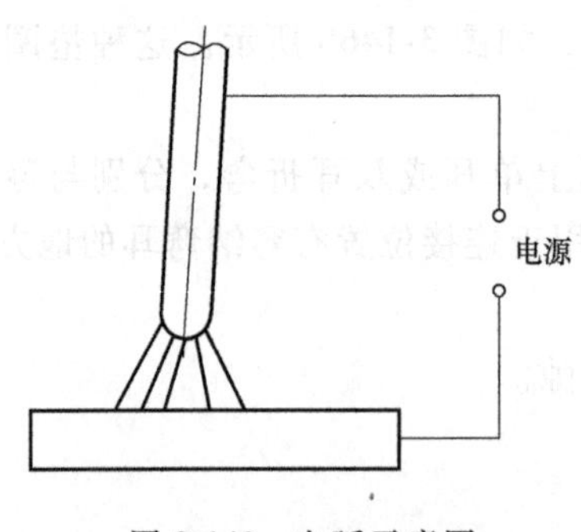

图 3-148 电弧示意图

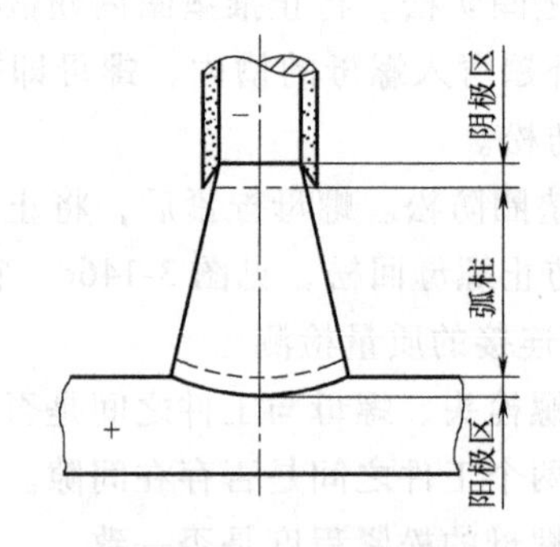

图 3-149 电弧的构造

电弧中各部分的温度，因电极和工件材料不同而有所不同。焊接钢材时，阳极区温度约为 2600℃，阴极区温度约为 2400℃，电弧中心区温度可高达 6000~8000℃。

④ 焊接电弧极性的选择。使用直流电焊机焊接时，工件接正极而焊条接负极叫作正接法；反之，叫作反接法。正接法焊件获得的热量高，适用于厚板件焊接；反接法焊件获得的热量较低，适用于薄板或采用低氢型焊条的焊接。

使用交流电焊机焊接时，由于电源的极性是交变的，两极产生的热量是相同的，不存在正接和反接的问题。

⑤ 焊接工具及使用。焊条电弧焊常用的工具有电焊钳、焊接电缆、防护面罩和清理工具等。

a. 电焊钳。电焊钳又称焊把，如图 3-150 所示，用于夹持焊条和传导电流。电焊钳应满足重量轻、导电性好的要求，而且要使更换焊条方便。自制电焊钳的导电部分用铜质材料，手柄用耐热的绝缘材料。

b. 焊接电缆。焊接电缆用来传导焊接电流。从电焊机的两极引出的两根电缆，一根连接电焊钳，另一根连接焊接平台或工件。焊接电缆一般采用导电性能好的多股紫铜软线，外表有良好的绝缘层，以避免发生短路或触电事故。电缆长度应根据使用需要来决定，一般不宜太长。在使用中应注意保护，以免被锐利的钢板边缘等割伤。

c. 面罩。面罩用于遮挡飞溅金属和电弧中有害光线，保护焊接者的头部、脸部和眼睛，同时又是观察焊接过程的重要工具。常用的面罩有手握式和头戴式两种，如图 3-151 所示。

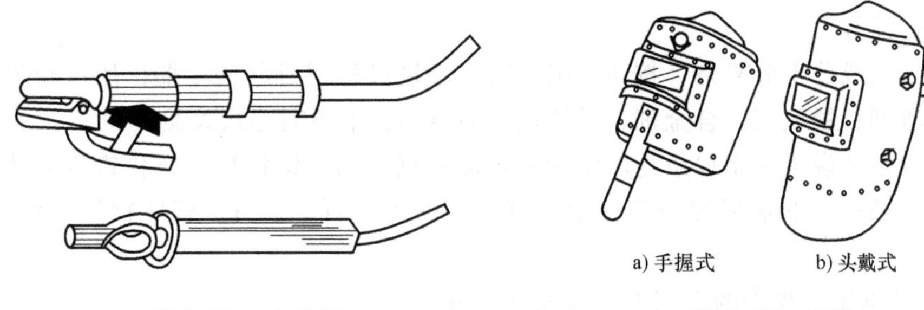

图 3-150　电焊钳

图 3-151　面罩

d. 清理工具。清理工具有钢丝刷和清渣锤等。钢丝刷用来刷除焊件表面的锈蚀以及污物；清渣锤用来敲除焊渣和检查焊缝。锤头的两端可根据需要制成棱锥形和扁铲形，如图 3-152 所示。

e. 附属设施。焊接附属设施主要有遮光板和焊接平台。当焊接地点在室内，并且是多台电焊机同时工作时，为了避免相互干扰和弧光灼伤眼睛，可用遮光板将各焊接位置隔开。遮光板可采用厚度为 1~1.5mm 的薄钢板焊在圆钢或小角钢煨制的框架上，如图 3-153 所示，板面长 1400~1600mm、高 1000~1200mm，两侧面涂以深色油漆以减少光的反射。

焊接平台是为了方便焊接操作而设立的，可用厚钢板焊接或铸制而成。焊接平台的尺寸根据具体的情况而定。在焊接平台一条腿的下端钻一通孔，用以连接焊接电缆，如图 3-154 所示。

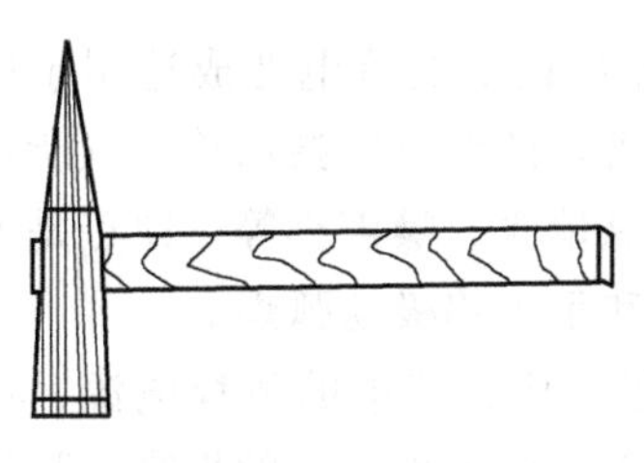

图 3-152　焊锤

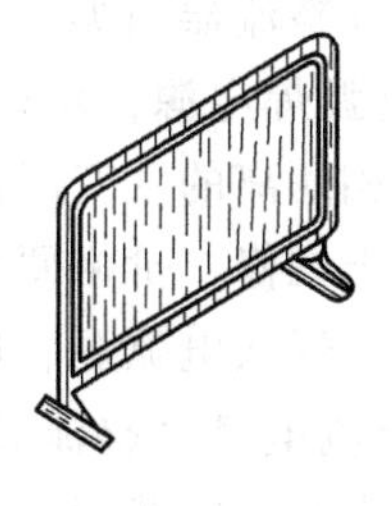

图 3-153　遮光板

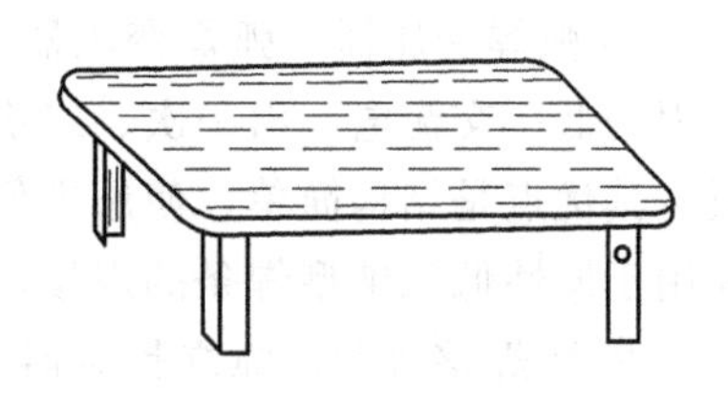

图 3-154　焊接平台

对批量生产且部件尺寸较大、焊缝较多、焊缝质量要求较高的部件进行焊接，可设计制作专用焊接工装来替代焊接平台。焊接工装在很大程度上能使焊缝转为平焊缝或V形焊缝，以使焊缝质量达到最佳状态。

2）焊条

① 焊条的组成。焊条由焊芯和药皮组成，分工作部分和尾部。工作部分供焊接用，尾部供电焊钳夹持使用。

a. 焊芯。焊芯起导电作用，熔化后成为填充焊缝金属材料。焊芯的化学成分直接影响焊缝质量，因此选用焊芯材料应符合国家标准规定的焊条用钢要求。碳素结构钢焊芯牌号有H08、H08A、H08Mn、H15A和H15Mn等。

焊条直径（即焊芯直径）有1.6mm、2mm、2.5mm、3.2mm、4mm、5mm、5.8mm、6mm、7mm、8mm等多种规格，长度在250~450mm之间。其中直径为3.2mm、4mm、5mm的焊条应用最普遍。

b. 药皮。药皮在焊接过程中有多种作用，如提高电弧燃烧的稳定性；造气、造渣，防止空气侵入熔滴、熔池；使焊缝金属缓慢冷却；保证焊缝金属的脱氧和加入合金元素，提高焊缝的力学性能等。

药皮的组成成分十分复杂，按药皮组成物在焊接过程中所起的主要作用可分为稳弧剂、造气剂、造渣剂、脱氧剂、合金剂、稀渣剂、粘结剂和增塑剂等八大类。

对于钢焊条来说，由于焊条药皮中含有较多的氧化钛、钛铁矿、氧化铁等酸性氧化物，故称为酸性焊条；而低氢型焊条药皮中含有较多的大理石、氟石，碱性较强。故称为碱性焊条。

② 焊条的选用。焊条的选用主要考虑以下两点：

a. 按母材的力学性能和化学成分选用相应的焊条，如碳素结构钢或低合金高强度钢焊接时，可选用强度等级和母材相同的焊条；对于特殊钢（如不诱钢、耐热钢等），要选用主要合金元素与母材相同或接近的焊条。如果母材的含碳量（质量分数）较高，或含硫、磷较高，焊后易裂时，可选用抗裂性较好的低氢型焊条。

b. 按工件的工作条件和使用性能选择合适的焊条，当焊接部位有锈蚀、油污等污物很难清除的情况下，应选用酸性焊条；如构件受冲击载荷作用，应选用冲击韧性和断后伸长率较高的碱性焊条。

此外，选择焊条时，还应考虑构件大小、焊接设备条件、劳动条件、生产率高低和成本等因素。

3）焊条电弧焊电源。焊条电弧焊电源有交流电源和直流电源两大类。交流电源即弧焊变压器，直流电源包括弧焊发电机和弧焊整流器两类。

① 弧焊变压器。弧焊变压器是交流弧焊电源，用以将交流电网的交流电变成适用于电弧焊的低压交流电，由一次、二次线圈相隔离的主变压器及所需要的调节和指示等装置所组成。其优点是结构简单、使用方便、易于维修、价格便宜、无磁偏吹、噪声小等。缺点是不能用于碱性低氢钠型焊条的焊接。可用于焊条电弧焊、埋弧焊和手工钨极氩弧焊。

② 弧焊整流器。弧焊整流器是把交流电经过整流装置整流变成直流电的弧焊电源，由变压器和整流器件等组成。其优点是噪声小、空载损耗小，随着整流元件质量的提高，弧焊整流器的性能已接近弧焊发电机水平，应用日益增多。缺点是过载能力小，使用和维护要求

较高。弧焊整流器可用作各种电弧焊的电源。

4）焊条电弧焊工艺

① 焊接接头及与焊缝。在焊条电弧焊接中，按照焊件的结构形状、厚度及对强度、质量要求的不同，其接头和坡口形式也有所不同。构件的接头形式可分为对接、搭接、角接及丁字接头等四种，如图 3-155 所示。

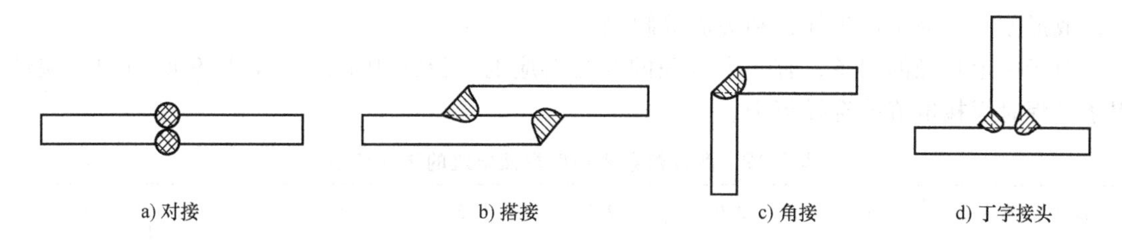

图 3-155　接头形式

焊件厚度较大时，为使焊缝熔透，常在板边开有一定形状的坡口，坡口的形状与尺寸可根据国家有关标准选用。

焊缝按空间位置分为平焊缝、立焊缝、横焊缝和仰焊缝等四种形式，如图 3-156 所示。进行焊条电弧焊时，平焊操作技术较容易掌握，且容易获得优质焊缝，焊接效率也高。构件在条件允许的情况下，可改变位置，使焊缝处于平焊位置。对于搭接、角接和丁字接头的焊缝，将其转成船形焊（所谓船形焊就是 V 形焊缝），其焊缝质量更易于保证。

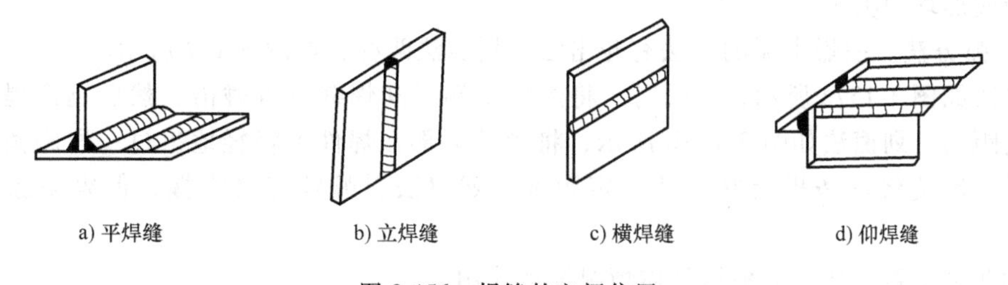

图 3-156　焊缝的空间位置

② 焊接参数的选择。焊条电弧焊时，焊接参数主要是指焊条直径和焊接电流。正确地选择焊接参数，将有利于提高焊接质量和焊接生产效率。

a. 焊条直径的选择。焊条直径的选择主要取决于焊件的厚度，厚度越大，则焊缝需要填充的金属也越多，因此应选用较大直径的焊条。工件厚度与焊条直径的关系见表 3-18。

表 3-18　焊条直径的选择　　（单位：mm）

工件厚度	≤1.5	2	3	4~7	8~12	≥13
焊条直径	1.6	1.6~2	2.5~3.2	3.2~4	4~5	5~5.8

一般情况下，为了提高劳动生产率，在允许范围内，应尽可能地选用较大直径的焊条。在厚板多层焊接时，底层焊缝的焊条直径一般不超过 4mm，以免产生未焊透现象，以后几层可适当选用较大直径的焊条。

在立焊、横焊、仰焊时，为了防止熔池过大而铁液下流，选用的焊条直径一般不能超过 4mm。

b. 焊接电流的选择。焊接电流的选择主要取决于焊条类型、焊条直径和焊缝的位置。焊接的电流大，焊条熔化快，生产效率高，但是电流过大时，飞溅严重，工件易烧穿，甚至使后半根焊条药皮烧红而大块脱落，使焊缝产生气孔、咬肉、未焊透等缺陷。焊接电流过小时，工件熔化面积小，焊条熔化金属在工件上流动性差，熔渣和铁液很难分清，使焊缝窄而高，成形差，并易于产生气孔和夹渣等缺陷。

对于一定直径的焊条，有一个合理的与之对应的电流使用范围。表 3-19 所列的为酸性焊条平焊时焊接电流的选择范围。

表 3-19　酸性焊条平焊时焊接电流的选择范围

焊条直径/mm	1.6	2.0	2.5	3.2	4	5	5.8
焊接电流/A	25~40	40~70	50~80	90~130	160~210	200~270	260~300

焊接电流和焊缝位置的关系：焊接平焊缝时，由于运条和控制熔池中熔化的金属比较容易，因此，可选择较大电流进行焊接。但在其他位置焊接时，为了避免熔化金属从熔池中流出，要使熔池小些，焊接电流相应要比平焊时小一些。使用碱性焊条时，焊接电流一般要比使用酸性焊条小些。

在实际操作中，可通过观察焊接电弧、焊条熔化的速度和焊缝成形的好坏等情况，判断焊接电流选择是否得当。当电流合适时，电弧稳定、噪声小、飞溅少，熔渣与铁液容易分离，焊缝成形均匀美观。

③ 引弧方法。引燃电弧的方法有碰击法和划擦法两种，如图 3-157 所示。

碰击法如图 3-157a 所示，引弧时，将焊条末端对准焊缝垂直碰击，然后迅速提起并保持一定的距离。划擦法如图 3-157b 所示，将焊条端部在焊件上轻轻地擦过一段距离，引燃电弧以后，迅速将焊条提起并保持一定距离。划擦法引弧较容易掌握，但容易擦伤工件表面。

上述两种引弧方法，应根据具体情况灵活使用。

在施焊起点或中间更换焊条时引弧，应在焊点前面 10mm 左右处，如图 3-158 所示，引弧后拉长电弧，并迅速将电弧移回至起焊点，稍停片刻对焊件预热，待接点弧坑填满时，再移动焊条进入正常焊接。这种引弧方法，由于再次熔化引弧点，可将已产生的气孔消除，提高施焊起点或接头处的焊缝质量。

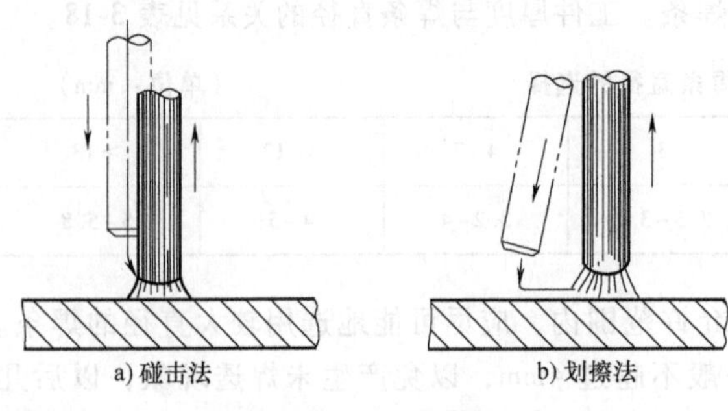

图 3-157　引弧方法

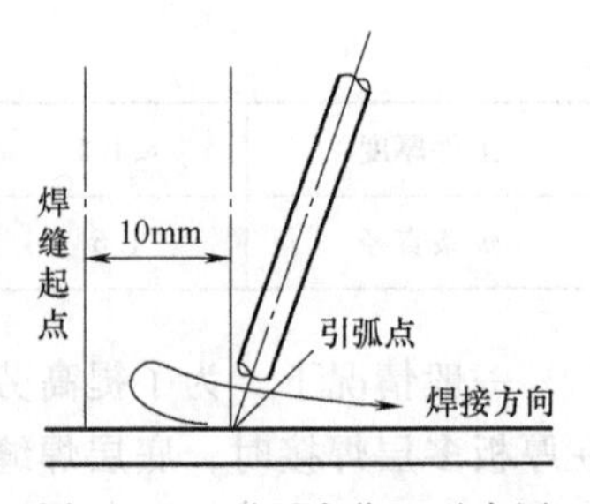

图 3-158　引弧点位置示意图

引弧时如果焊条粘在工件上，应迅速左右摆动焊钳，使焊条脱离。

④ 运条方法。电弧引燃后，焊条要有三个方向的运动，才能使焊缝成形良好，焊接保持连续。这三个方向的运动是：向熔池方向进给，沿焊接方向移动，做横向摆动。

向熔池方向进给：焊接时，焊条不断被电弧熔化变短，为了保持一定的弧长，必须使焊条向熔池方向送进。送进速度应与焊条的熔化速度相适应，否则会发生断弧。

沿焊接方向移动：焊条沿焊接方向移动，使熔池金属形成焊缝。焊条的移动速度（焊接速度）对焊缝质量影响很大，因此，移动速度要适当。移动速度太快，焊缝熔深小，易焊不透；移动速度太慢，会使焊缝过高，工件过热，变形增加或烧穿。

横向摆动：焊条做横向摆动，可以得到一定宽度的焊缝。由于摆动中电弧反复搅动熔池，加速熔化金属的冶金反应，促进熔池中熔渣和气体的浮出，从而改善焊缝质量。摆动的幅度视焊缝的宽度而定。对于窄焊缝可以不做横向摆动。

以上三个方向的动作必须协调。应根据不同接头形式、间隙、焊缝位置、焊条直径与焊接电流、工件厚度等情况，采用适当的运条方法。

⑤ 焊缝的收尾。焊缝焊完时，如果立即熄弧，会在焊缝末端形成低于焊件表面的弧坑。过深的弧坑很容易产生应力集中而形成裂纹，影响焊缝质量。为了让熔化金属填满弧坑，应在焊接收尾时，焊条停止前移，做圆弧运动，待填满弧坑后再拉断电弧。也可以回焊一小段后收尾。对薄板，则常采用较短时间内反复点燃和熄灭电弧，直至填满弧坑为止。

五、任务实施

1. 生产前准备：

（1）识读图样（图 3-101~图 3-107）及工艺（表 3-5~表 3-12）。

（2）准备工具、量具　台钻、ϕ10mm 钻头、划针、锤子、90°角尺、钢直尺、钢卷尺、高度划线尺、样冲等。

（3）领取 Q235B　t3mm 钢板；领取 QY16-09-3　U 形支架；领取 M8 螺母。

2. 加工制造

严格按图样、按工艺、按标准的“三按生产”，根据工艺中的工序顺序进行生产。其中序 3 件属于成品件，可从仓库直接领取，故不在制作范围之列。

（1）展开料长计算　在配重部件的所有零件中，唯有序 1 弯形件需进行展开料长计算。该件的展开料长计算相对复杂一点，但本着展开料长的计算要领，需要认真进行计算。

1）首先算出如图 3-159 所示的 C 的尺寸。

根据图中已知尺寸得知：

尺寸 $A=(180-120)/2=30(\text{mm})$

尺寸 $B=66-36=30(\text{mm})$

$$C=\sqrt{A^2+B^2}=\sqrt{30^2+30^2}\approx 42.4(\text{mm})$$

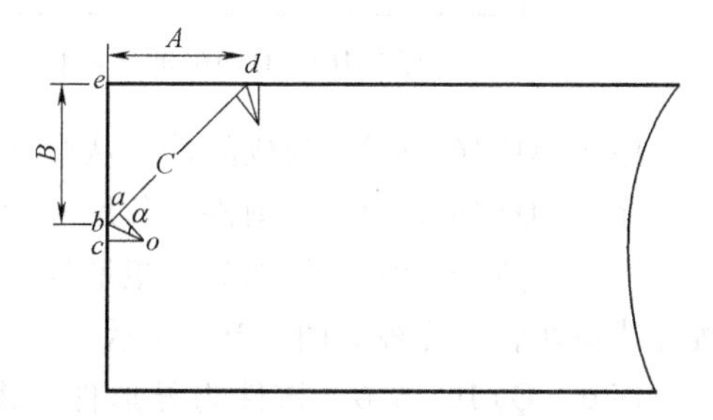

图 3-159　围板展开料长计算示意图

2）求出 R 的圆心角。

在 Δbde 中，尺寸 $A=30\text{mm}$，$B=30\text{mm}$，因而三角形为等腰三角形，故 $\angle ebd=45°$，因而

$$\angle abo=(180°-45°)/2=67.5°\text{，那么}\angle aob=90°-67.5°=22.5°$$

所以圆心角$\angle aoc = 22.5°\times2 = 45°$

3）计算$a-b$或$b-c$的尺寸：

$$\tan\alpha = ab/oa$$

$$ab = \tan22.5°\times(5+3) = 0.414\times8 \approx 3.3(\text{mm})$$

4）划分直线段和曲线段。如图3-160所示，该件为Y轴对称件，故只画出图形的一半。

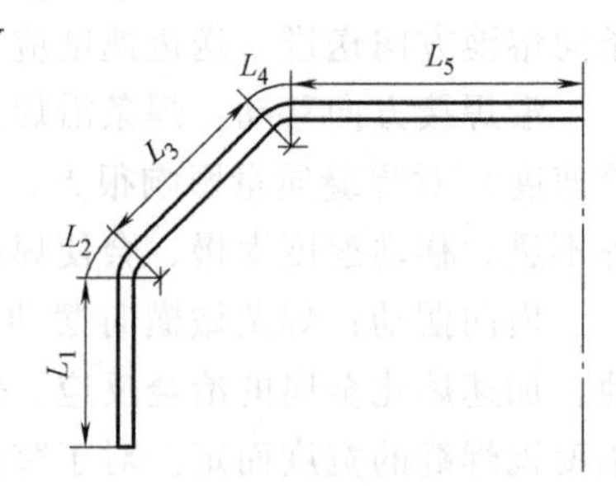

图3-160　划分直线段和曲线段

5）展开料长计算：

$L_1 = 36-bc = 36-3.3 = 32.7$（mm）

$L_2 = \pi R/4 = 3.14\times(5+1.5)/4 \approx 5.1$（mm）

$L_3 = 42.4-3.3-3.3 = 35.8$（mm）

$L_4 = \pi R/4 = 3.14\times(5+1.5)/4 \approx 5.1$（mm）

$L_5 = 120/2-3.3 = 56.7$（mm）

$$L = (L_1+L_2+L_3+L_4+L_5)\times2$$
$$= (32.7+5.1+35.8+5.1+56.7)\times2$$
$$= 270.8\ (\text{mm})$$

通过以上计算可以看出该件的展开料长计算较为复杂，为简便起见，也可采取线型放样的方法，进行数据测量（前提是线型放样图一定要准确），并结合曲线的展开计算来获取该件的展开料长。

（2）号料

1）制作号料样板。为了提高材料利用率，提高号料工作效率，需对号料零件制作号料样板。

序1　QY16.09-1　该件为弯形件，其展开料为270.8mm×90mm的矩形，在进行线型放样时，要确保矩形的4个角垂直，避免出现菱形，否则，将会影响弯曲后几何尺寸，可利用量取对角线的方法加以控制，其样板如图3-161所示。

序2　QY16.09-2　进行线型放样并按轮廓线剪切，其样板如图3-162所示。

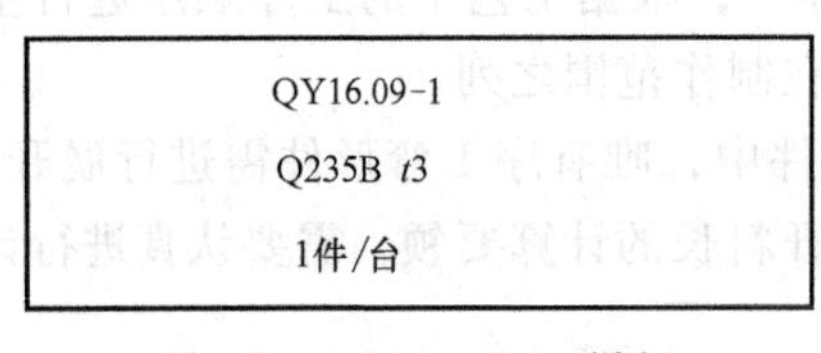

图3-161　QY16.09-1样板

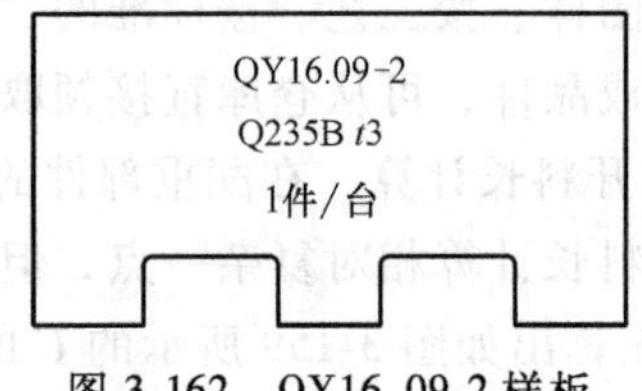

图3-162　QY16.09-2样板

序3　QY16.09-3　为成品件，从仓库直接领用，无须重复制作。

序4　QY16.09-4　无图件，其尺寸为30mm×57mm矩形，其样板如图3-163所示。

序5　QY16.09-5　虽然为一矩形件，但在两个直角处有$C2$的倒角，可进行线型放样并按廓线剪切，其样板如图3-164所示。

序6　QY16.09-6　该件为异形件，需进行线型放样并按廓线剪切，其样板如图3-165所示。

序7　QY16.09-7　该件为异形件，需进行线型放样并按廓线剪切，图中的$2\times\phi10$mm孔不需在样板上作出，待下料后再进行划线钻孔，其样板如图3-166所示。

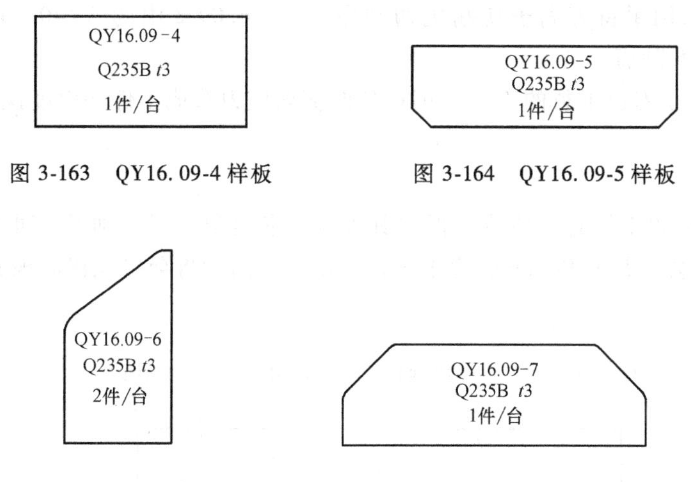

图 3-163　QY16. 09-4 样板　　　图 3-164　QY16. 09-5 样板

图 3-165　QY16. 09-6 样板　　　图 3-166　QY16. 09-7 样板

2）号料。为提高材料利用率，降低生产成本，将同材质、同厚度的零件进行集中号料。从所有零件的工艺得知，号料后的工序均为剪切下料，因而号料时要考虑剪切下料时的剪切顺序，确保每次剪切都能把板料分成两块，且不得相互破坏其他零件的形状。其套料图如图 3-167 所示。

（3）剪切　将剪切线与剪床的下切削刃对齐，特别要提醒注意的是：对线时，人的视线与切削刃有一定的倾斜角度，因而目视对线时应使剪切线超出下切削刃 1~1. 5mm，以弥补视觉误差。剪切线对好后，脚踩脚踏板完成剪切，其剪切顺序如图 3-168 所示。

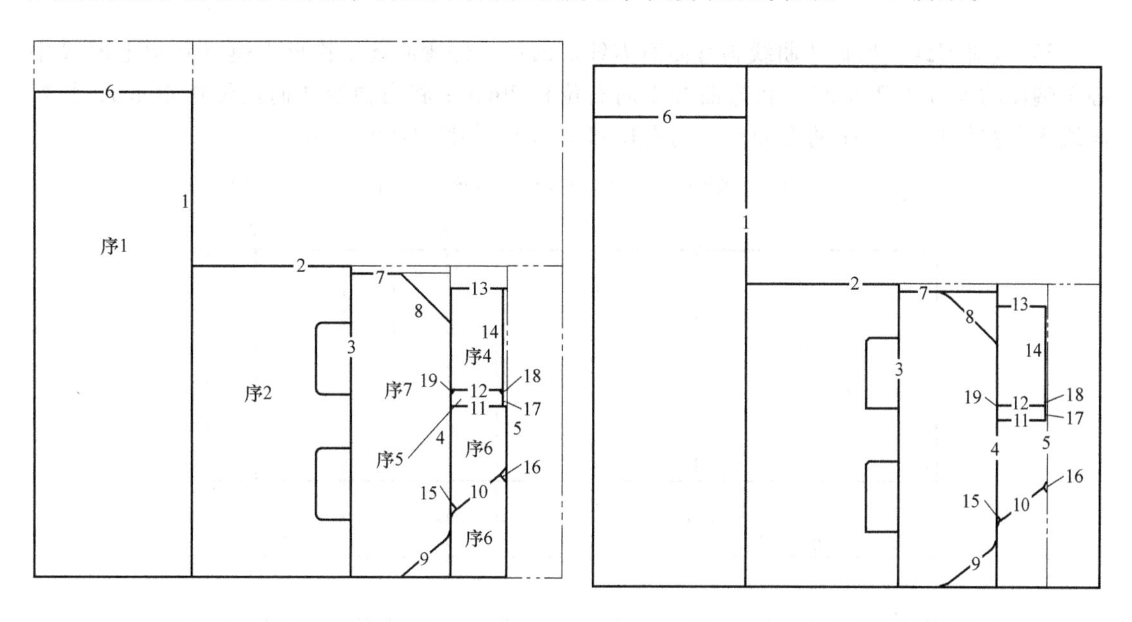

图 3-167　配重零件套料图　　　图 3-168　配重零件剪切顺序图

修磨序 6　QY16. 09-6 和序 7　QY16. 09-7 两个零件的 R6mm 圆角，可由角磨机进行打磨，也可用锉刀进行锉削。

(4) 气割　采用手持等离子切割机切割序 2 QY16. 09-2 中的 2×40mm×20mm 缺口及 R3mm 圆角，并打磨割瘤。

(5) 调平　手工对已下料的工件（因剪切时剪切应力造成工件平面度误差）进行调平。

(6) 弯曲

1) 画弯曲线。

画序 1　QY16. 09-1 件的弯曲线。根据其展开料长计算结果，画出弯曲线，如图 3-169 所示。弯曲线一定要和尺寸 90mm 的边垂直，否则，弯曲后将会出现扭曲现象，影响部件的拼点。

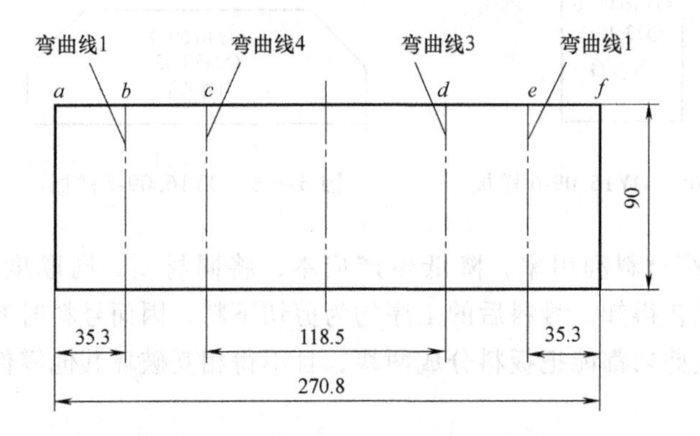

图 3-169　QY16. 09-1 围板弯曲线

图中：$ab=ef=L_1+L_2\div2=32.7+5.1\div2\approx35.3$

$Cd=(L_5+L_4\div2)\times2=(56.7+5.1\div2)\times2\approx118.5$

2) 画对刀线。根据弯曲线画弯曲对刀线。因该工件弯曲选用钩形上模（钩形上模 R 中心至端面的尺寸为 20mm）。将弯曲线 1 向右位移 20mm；将弯曲线 2 向左位移 20mm；将弯曲线 3 向左位移 20mm；将弯曲线 4 向右位移 20mm，如图 3-170 所示。

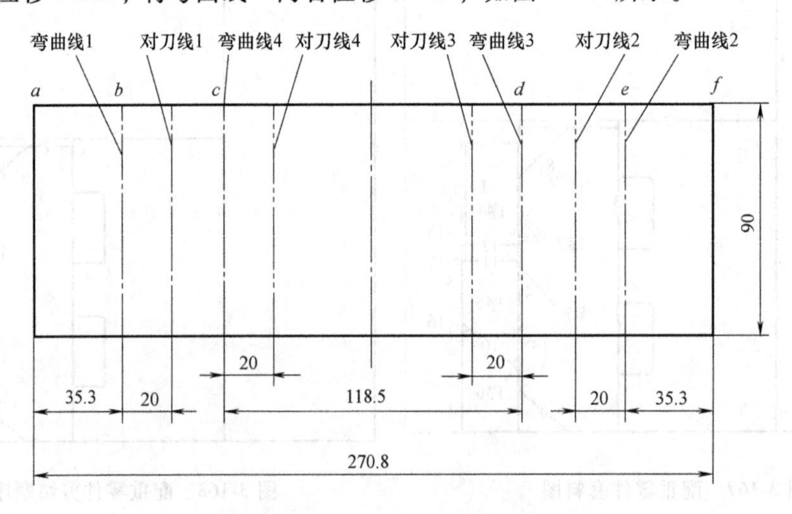

图 3-170　QY16. 09-1 围板弯曲对刀线

3) 弯曲。

① 选取模具。上模采用钩形上模；下模根据板材厚度与 V 字形的宽度比率约为 1∶8 的原则选取开口尺寸为 25mm 的下模。

② 安装上、下模。先安装上模，将上模对准下模槽缓缓下落，然后将上模抬起，反复几个行程后，将上模落至下死点（即与下模槽压实），将下模固定。

③ 试压。用同材质、同厚度的余料试压，检查弯件的曲率角度是否能满足工件弯曲的要求，否则要予以调整行程，直到试压的弯曲曲率角度与工件弯曲所需的曲率角度相同为止，方可进行工件弯曲。

④ 弯曲。按弯曲顺序号依次进行弯曲。将工件放在凹模上，用 90°角尺将工件上的对刀线 1 与上模端面对齐，脚踩脚踏板，完成弯曲线 1 的折弯；将工件转动 180°，进行弯曲线 2 和弯曲线 3 的折弯。同理，再将工件再转动 180°，进行弯曲线 4 的折弯，弯曲的同时，用 R5mm 的半径样板进行检测。

（7）划线　划序 7　QY16. 09-7 件的 2×ϕ10mm 孔位线。将工件靠在 90°弯板上，用高度尺画出尺寸 28. 5mm，然后用钢卷尺或钢直尺先找出其长度方向的中线，再以中线为基准画出尺寸 70mm，并打上样冲眼，用石笔圈上。

（8）钻孔　选取钻头并进行装夹，开启钻床，将工件放在台面上，钻头认准样冲眼后进行钻孔。钻孔时，为防止工件在钻削力的作用下打转，可采用钳子夹持工件钻孔，或用挡块防止工件打转。

（9）拼点与焊接

1）分别以序 3、序 7 为基准拼点 M10 螺母，并按图样实施焊接。

2）以序 1 为基准拼点序 3、序 4 和序 6。将序 1 立放在工作台上，使其与工作台保持垂直，依次放入序 3、序 4 和序 6，在拼点过程中要确保拼点尺寸 180mm。在确保序 1 与序 6 两侧边无缝隙的情况下，若尺寸大于 180mm，则要对序 3、序 4 和序 6 件的尺寸进行复查并进行修整；若尺寸小于 180mm，则要对序 3、序 4 和序 6 件的尺寸进行复查并更换其不合格件（尺寸偏小的件）；当序 3、序 4 和序 6 件均处于合格状态时，则要检查序 1 件的尺寸 180mm 是否合格，本着该尺寸宁大不小的原则，若尺寸大了，在拼点时可用紧钉螺钉进行夹紧来确保尺寸 180mm，若尺寸小了，在拼点时，通过锤击，能使序 3、序 4 和序 6 放入也可，否则应予以修复序 1 件的开口尺寸 180mm。确保拼点的几何尺寸符合要求时，根据焊接参数，按图实施内焊缝的焊接。

3）拼点序 5 件。若序 5 件不能按图放入，则要将序 5 件的尺寸 30mm 修整，直到能放入为止（前提是两件序 3 件的位置尺寸 70mm 处于符合图样要求的状态）。拼点后实施序 5 件与序 3 件和序 4 件的焊接。

4）拼点序 2 件。用 90°角尺靠序 2 件与工作台的 90°。

5）拼点序 7 件。拼点时要确保序 7 件与配重上平面平行，此件的拼点会略有点难度，可能会放入困难。可采取逐边进入的方式进行拼点，即先将序 7 件的一边放入并进行定位焊，然后再逐步依次用锤子轻轻敲击放入，同时进行定位焊。若在拼点过程中，出现序 7 件无法进入的部位，则可用气割进行现场修整，以确保序 7 件的装入。

（10）焊接　按工艺过程中的工艺规范实施外焊缝的焊接，并清理打磨焊接飞溅物。

（11）整形　该件焊接后有可能出现下平面不平或出现菱形现象，可采取机械矫正的方法进行矫正。

当底平面不平时，可在压力机床上对高出的部位施加外力进行矫正；当出现菱形时，在压力设备闭合高度允许的情况下，将工件垫起，对对角线较长的部位施加外力矫正。

3. 检验

对已完成的部件进行自检。可按图样上的定形尺寸和定位尺寸进行检验，确认合格后方可开具入库单进行交付（入库）。

六、操作技能评定

配重壳体操作技能可按表 3-20 中的项目进行评定。

表 3-20　QY16.09 配重壳体操作技能评分表

考核项目	考核内容	考核要求	分值	评分标准	实测	扣分
主要项目	几何误差	1. 尺寸 180mm±1mm	10	超差 1mm 扣 2 分,扣完为止		
		2. 尺寸 66mm±1mm	10	超差 1mm 扣 2 分,扣完为止		
		3. 尺寸 90mm±1mm	10	超差 1mm 扣 2 分,扣完为止		
		4. 尺寸 70mm±1mm	10	超差 1mm 扣 2 分,扣完为止		
		5. 底部平面度≤1mm	10	超差 1mm 扣 2 分,扣完为止		
		6. 序 1 件与底平面的垂直度误差≤1mm	10	超差 1mm 扣 2 分,扣完为止		
		7. 序 2 件与底平面的垂直度误差≤1mm	10	超差 1mm 扣 2 分,扣完为止		
		8. 工件的菱形度误差±1mm(测量对角线)	10	超差 1mm 扣 2 分,扣完为止		
一般项目	工量具的正确使用	9. 钢直尺、90°角尺、钢卷尺、划针、剪刀、锉、圆规、样冲的用法	10	发现一次不正确使用扣 2 分,扣完为止		
	操作熟练程度	10. 设备操作熟练程度	10	视熟练程度适当扣分		
生产现场	安全文明生产	11. 场地清洁,按规定穿戴劳保用品,工业垃圾随时清理,无安全隐患	—	按国家颁发的有关法规或企业自定有关规定,每违反一项从总分中扣除 2 分,发生重大事故实行一票否决		
合计得分						

任务三　吊臂制作

一、识读图样和工艺

吊臂图样如图 3-171～图 3-178 所示，其工艺过程卡见表 3-21～表 3-28。

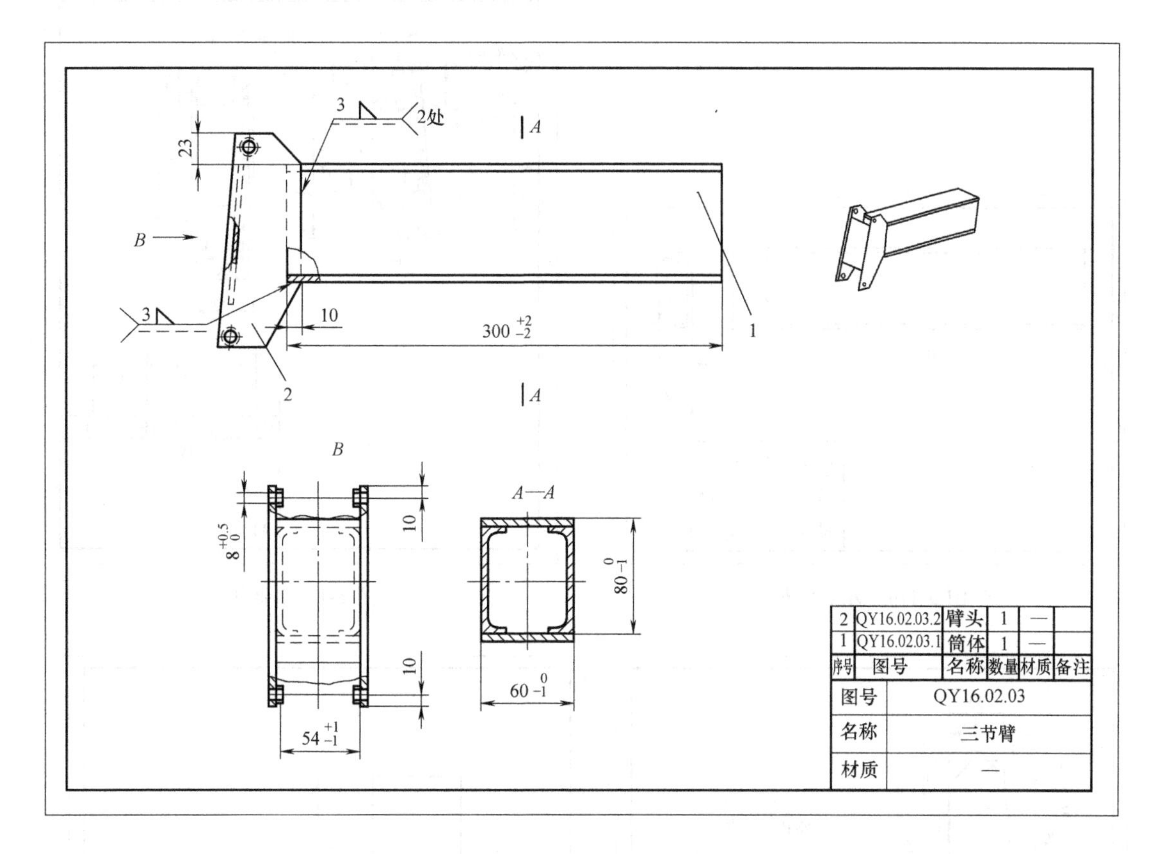

图 3-171 三节臂

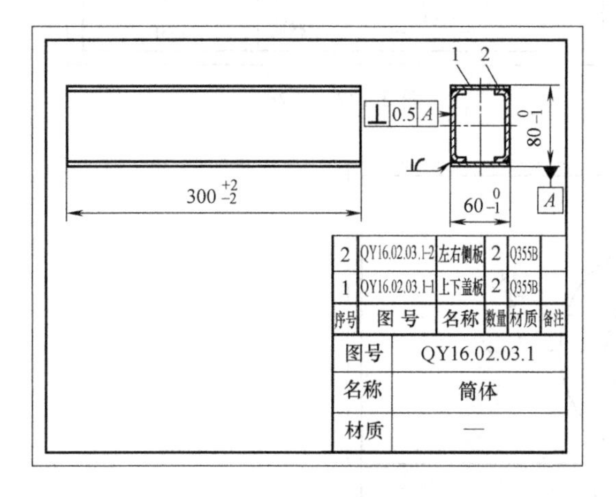

图 3-172 筒体

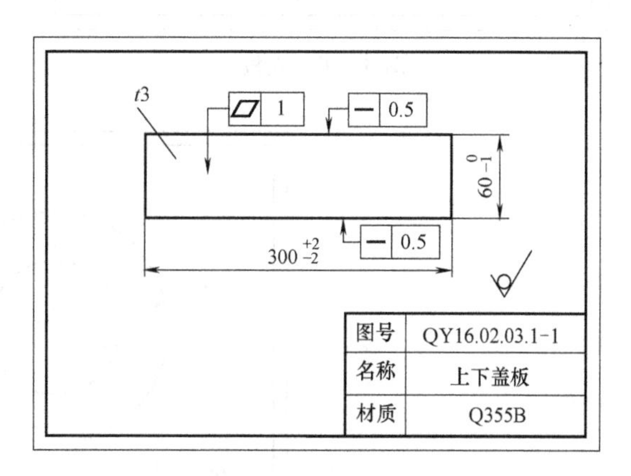

图 3-173 上下盖板

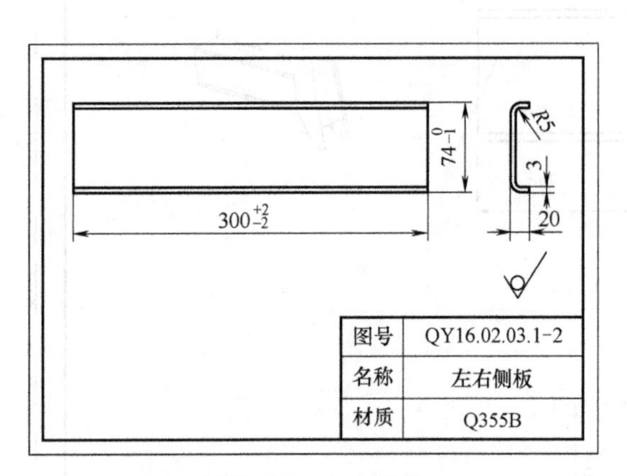

图 3-174 左右侧板

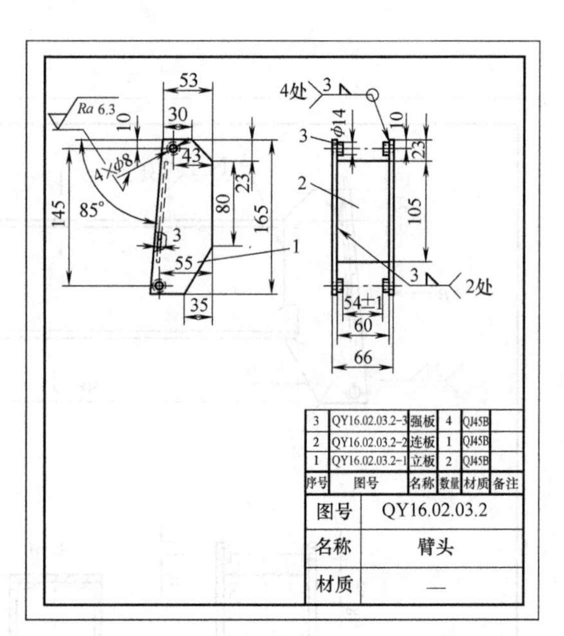

图 3-175 臂头

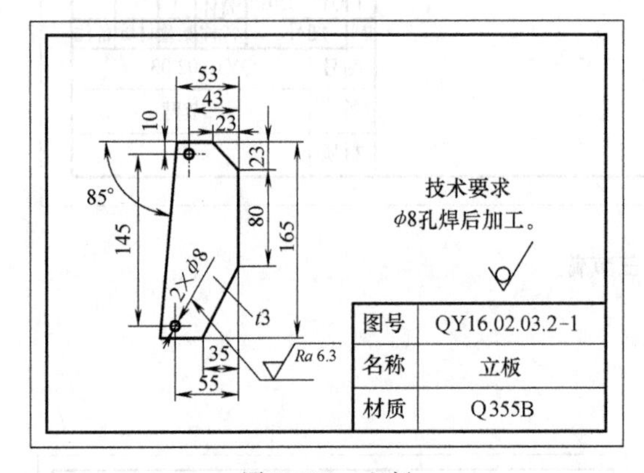

图 3-176 立板

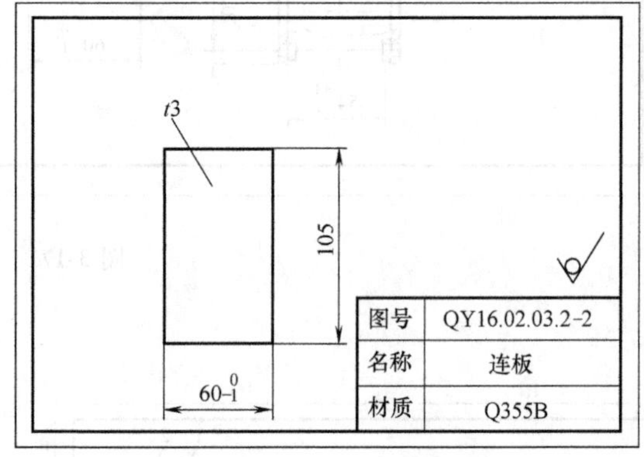

图 3-177 连板

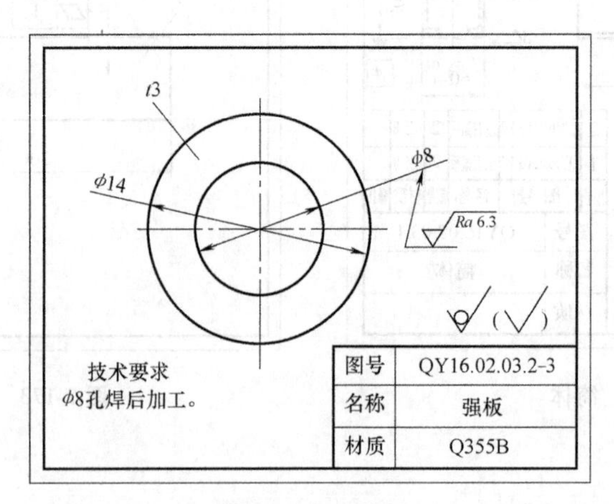

图 3-178 强板

表 3-21 三节臂工艺过程卡

							艺卡-02	总 页	第 页
徐工技师学院		工艺过程卡		产品型号	QY16	零部件图号	QY16. 02. 03	物料编码	
				产品名称	汽车起重机	零部件名称	三节臂	共 8 页	第 1 页
材料种类	—	材料牌号	—	材料规格	—	每毛坯件数	—	每台数量	1

	工序号	工序名称	工序内容	工作中心	设备	刃量工具	工艺装备	辅料	工时
	1	拼点	以序 1 筒体为基准拼点序 2 臂头		NBC-350	90°角尺、钢卷尺、锤子	QY16. 02. 03/A-I		1. 00
	2	焊接	按图样标注要求进行焊接		NBC-350				0. 40
	3	整形							0. 30
		检							
			入库						
底图号									
装订号									

标记	处数	更改文件号	签 字	日 期	标记	处数	更改文件号	签 字	日 期	设计(日期)	审核(日期)	标准化(日期)	批准(日期)
										高大伟	刘晓	王军	郑磊

表 3-22　筒体工艺过程卡

艺卡-02	总　页	第　页

徐工技师学院	工艺过程卡	产品型号	QY16	零部件图号	QY16. 02. 03. 1	物料编码	
		产品名称	汽车起重机	零部件名称	筒体	共 8 页	第 2 页

材料种类	—	材料牌号	—	材料规格	—	每毛坯件数	—	每台数量	1

工序号	工序名称	工序内容	工作中心	设备	刃量工具	工艺装备	辅料	工时
1	拼点	将序 1 下盖板放入拼箱胎,以序 1 下盖板为基准拼点序 2 左、右侧板,为确保左右侧板的宽度尺寸 60mm;放入上盖板,实施定位焊		NBC-350	90°角尺、钢卷尺、锤子	QY16. 02. 03. 1/A-I	ϕ10mm 撑棍	2. 00
2	焊接	按图样要求进行焊接		NBC-350				2. 00
3	整形							
	检							
		拼成 QY16. 02. 03						

底图号

装订号

标记	处数	更改文件号	签　字	日　期	标记	处数	更改文件号	签　字	日　期	设计(日期)	审核(日期)	标准化(日期)	批准(日期)
										高大伟	刘晓	王军	郑磊

表 3-23 上下盖板工艺过程卡

艺卡-02 总 页 第 页

徐工技师学院	工艺过程卡	产品型号	QY16	零部件图号	QY16.02.03.1-1	物料编码	
		产品名称	汽车起重机	零部件名称	上下盖板	共 8 页	第 3 页
材料种类	钢板	材料牌号	Q355B	材料规格	t3mm×300mm×60mm	每毛坯件数	1
每台数量	2						

工序号	工序名称	工序内容	工作中心	设备	刃量工具	工艺装备	辅料	工时
1	号料	尺寸 300mm 号成 300mm±2mm;60mm 号成 60_{-1}^{0}mm			90°角尺、钢卷尺、300mm 钢直尺、划针			0.10
2	剪切	尺寸 300mm 剪成 300mm±2mm;60mm 剪成 60_{-1}^{0}mm		Q11-13×2500				0.15
3	调平	手工调平包括调直			锤子、钢直尺			0.20
	检							
		拼成 QY16.02.03.1						

底图号

装订号

标记	处数	更改文件号	签字	日期	标记	处数	更改文件号	签字	日期	设计(日期)	审核(日期)	标准化(日期)	批准(日期)
										高大伟	刘晓	王军	郑磊

表 3-24　左右侧板工艺过程卡

艺卡-02　　总　页　　第　页

徐工技师学院		工艺过程卡		产品型号	QY16	零部件图号	QY16.02.03.1-2	物料编码	
				产品名称	汽车起重机	零部件名称	左右侧板	共 8 页	第 4 页
材料种类	钢板	材料牌号	Q355B	材料规格	t3mm×300mm×102mm	每毛坯件数	1	每台数量	2

	工序号	工序名称	工序内容	工作中心	设备	刃量工具	工艺装备	辅料	工时
	1	号料	尺寸 300mm 号成 300mm±2mm；102mm 号成 102_{-1}^{0}mm			90°角尺、钢卷尺、划针			0.10
	2	剪切	尺寸 300mm 剪成 300mm±2mm；102mm 剪成 102_{-1}^{0}mm		Q11-13×2500				0.15
	3	调平	手工调平包括调直			锤子、钢直尺			0.20
	4	弯曲	按图样弯曲成形，重点控制尺寸 74_{-1}^{0}mm		WC67Y-100/3200	90°角尺、钢卷尺			0.30
	5	整形	手工整形，确保弯曲边的 90°						0.30
		检							
			拼成 QY16.02.03.1						
底图号									
装订号									

										设计(日期)	审核(日期)	标准化(日期)	批准(日期)
标记	处数	更改文件号	签　字	日　期	标记	处数	更改文件号	签　字	日　期	高大伟	刘晓	王军	郑磊

表 3-25　臂头工艺过程卡

				艺卡-02	总　页	第　页
徐工技师学院	工艺过程卡	产品型号	QY16	零部件图号	QY16. 02. 03. 2	物料编码
		产品名称	汽车起重机	零部件名称	臂头	共 8 页 / 第 5 页
材料种类	—	材料牌号	—	材料规格	—	每毛坯件数 — / 每台数量 1

工序号	工序名称	工序内容	工作中心	设备	刃量工具	工艺装备	辅料	工时
1	拼点 1	以序 1 为基准划线拼点序 3		NBC-350	90°角尺、钢卷尺、划针			0. 20
2	焊接 1	按图样要求实施焊接		NBC-350				0. 15
3	划线	划 2×ϕ8mm 孔位线			90°角尺、钢卷尺、划针、样冲、锤子			0. 20
4	钻孔	钻孔 2×ϕ8mm		手电钻	钻头 ϕ8mm			0. 30
5	拼点 2	以序 2 为基准拼点左右立板		NBC-350				0. 30
6	焊接 2	按图样要求实施焊接		NBC-350				0. 30
7	整形				锤子、90°角尺、钢卷尺			0. 30
	检							
		拼成 QY16. 02. 03						

底图号　　装订号

标记	处数	更改文件号	签　字	日　期	标记	处数	更改文件号	签　字	日　期	设计（日期）	审核（日期）	标准化（日期）	批准（日期）
										高大伟	刘晓	王军	郑磊

表 3-26　立板工艺过程卡

				艺卡-02	总　页	第　页
徐工技师学院	工艺过程卡	产品型号	QY16	零部件图号	QY16. 02. 03. 2-1	物料编码	
		产品名称	汽车起重机	零部件名称	立板	共 8 页	第 6 页
材料种类	钢板	材料牌号	Q355B	材料规格	t3mm×165mm×68m	每毛坯件数	1	每台数量	2

工序号	工序名称	工序内容	工作中心	设备	刃量工具	工艺装备	辅料	工时
1	号料	按图样号外形，2×ϕ8mm 孔不号			划针		样板	0. 20
2	剪切	按外形剪切		Q11-13×2500				0. 20
3	调平	手工调平			锤子、钢直尺			0. 15
	检							
		拼成 QY16. 02. 03. 2						
底图号								
装订号								

标记	处数	更改文件号	签　字	日　期	标记	处数	更改文件号	签　字	日　期	设计(日期)	审核(日期)	标准化(日期)	批准(日期)
										高大伟	刘晓	王军	郑磊

表 3-27 连板工艺过程卡

艺卡-02 总 页 第 页

徐工技师学院	工艺过程卡	产品型号	QY16	零部件图号	QY16. 02. 03. 2-2	物料编码	
		产品名称	汽车起重机	零部件名称	连板	共 8 页	第 7 页

材料种类	钢板	材料牌号	Q355B	材料规格	t3mm×105mm×60mm	每毛坯件数	1	每台数量	1

工序号	工序名称	工序内容	工作中心	设备	刃量工具	工艺装备	辅料	工时
1	号料	尺寸 60mm 号成 60_{-1}^{0}mm			划针		样板	0. 15
2	剪切	尺寸 60mm 剪成 60_{-1}^{0}mm		Q11-13×2500				0. 20
3	调平	手工调平			锤子、钢直尺			0. 10
	检							
		拼成 QY16. 02. 03. 2						

底图号

装订号

标记	处数	更改文件号	签 字	日 期	标记	处数	更改文件号	签 字	日 期	设计(日期)	审核(日期)	标准化(日期)	批准(日期)
										高大伟	刘晓	王军	郑磊

表 3-28　强板工艺过程卡

		艺卡-02	总　页	第　页

徐工技师学院	工艺过程卡	产品型号	QY16	零部件图号	QY16. 02. 03. 2-3	物料编码	
		产品名称	汽车起重机	零部件名称	强板	共 8 页	第 8 页

材料种类	圆钢	材料牌号	Q355B	材料规格	ϕ14mm×3mm	每毛坯件数	1	每台数量	1

	工序号	工序名称	工序内容	工作中心	设备	刃量工具	工艺装备	辅料	工时
	1	锯切	锯成 $L=3$mm				弓锯		0. 10
		检							
			拼成 QY16. 02. 03. 2						
底图号									
装订号									

										设计(日期)	审核(日期)	标准化(日期)	批准(日期)
标记	处数	更改文件号	签　字	日　期	标记	处数	更改文件号	签　字	日　期	高大伟	刘晓	王军	郑磊

二、任务描述

汽车起重机吊臂是金属结构主要形式中箱体结构的典型代表之一。它具有截面惯性矩大，承载能力强等优点，它是汽车起重机的主要结构部件之一。该件的制作包含了冷作工工序内容，其制作过程的关键是吊臂筒体形状尺寸和位置尺寸的把握，因而在制作过程中控制好左、右侧板的弯曲精度最为关键，再者就是要控制好焊接后整体的变形，否则将会影响整车的装配。遵循按图样、按工艺、按标准的“三按”生产原则，确保每个零件的道道工序合格，从而保证整个结构件与图样要求的一致性。

三、学习目标

1）通过该结构件的制作，加深对金属结构主要形式的了解。

2）通过对该构件零、部件的制作，巩固相关理论知识的应用和技能的发挥。

3）通过课件制作，提升对工程机械产品的了解程度。

4）通过课件制作，对箱体结构的焊接变形种类及其矫正顺序有所了解。

5）通过群体作业，加强配合的默契。

四、任务实施

1. 生产前的准备

（1）识读图样（图 3-171～图 3-178）和工艺（表 3-21～表 3-28）。

（2）领取材料　钢板 t3mm×300mm×450mm；ϕ14mm 圆钢 L=30mm。

（3）领取工具和量具　划针、样冲、钢直尺、钢卷尺、90°角尺、锤子、钻头、石笔等。

（4）准备拼箱胎　将拼箱胎清扫干净，丝杠处注油并保持旋转自如。

2. 加工制造

（1）号料

1）展开料长计算。在所有的零件中，唯有 QY16. 02. 03. 1-2 左右侧板为弯形件，需进行展开料长计算，如图 3-179 所示。

$L_1=20-8=12$（mm）

$L_2=\pi R/2=3.14\times(5+1.5)/2\approx10.2$（mm）

$L_3=74-8-8=58$（mm）

$L_4=\pi R/2=3.14\times(5+1.5)/2\approx10.2$（mm）

$L_5=20-8=12$（mm）

$L=L_1+L_2+L_3+L_4+L_5=12+10.2+58+10.2+12\approx102$（mm）

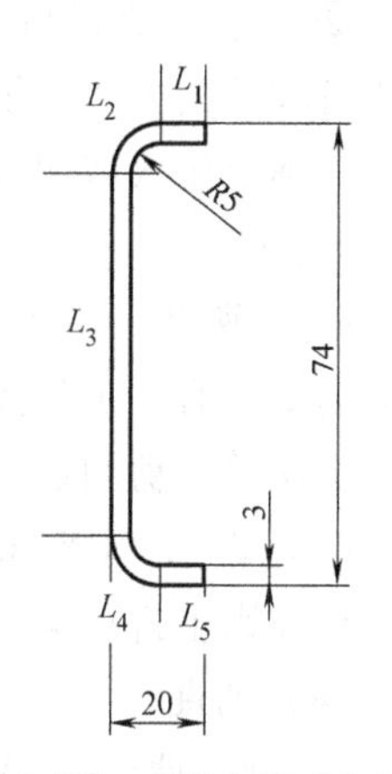

图 3-179　QY16. 02. 03. 1-2 左右侧板的展开计算

2）号料

① 制作号料样板。为了提高材料利用率，提高号料工作效率，需对号料零件制作号料样板。

QY16. 02. 03. 1-1 该件为平板件，其外形尺寸为 300mm×60mm

的矩形，在进行线型放样时，避免出现菱形，否则，将会影响装配质量，可利用量取对角线的方法加以控制，其样板如图 3-180 所示。

QY16. 02. 03. 1-2 该件为弯形件，其展开尺寸为 300mm×102mm 的矩形，同样，在进行线型放样时，避免出现菱形，否则，将会影响弯曲后的几何尺寸和装配质量，可利用量取对角线的方法加以控制，其样板如图 3-181 所示。

QY16. 02. 03. 2-1　该件为异形件，需按外轮廓进行线型放样，其 ϕ8mm 孔不需作出（焊后钻孔），其样板如图 3-182 所示。

QY16. 02. 03. 2-2　该件为平板件，其外形尺寸为 105mm×60mm 的矩形，在进行线型放样时，避免出现菱形，否则，将会影响装配质量，可利用量取对角线的方法加以控制，其样板如图 3-183 所示。

QY16. 02. 03. 2-3　该件为圆钢件，不需制作样板。

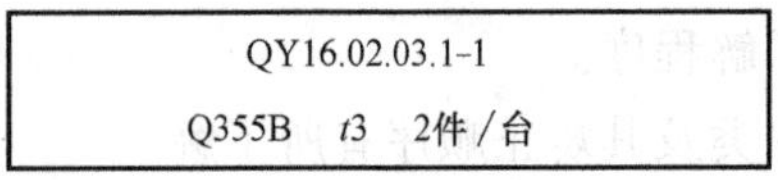

QY16.02.03.1-1
Q355B　t3　2件／台

图 3-180　QY16. 02. 03. 1-1 样板

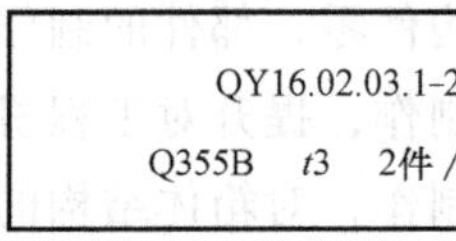

QY16.02.03.1-2
Q355B　t3　2件／台

图 3-181　QY16. 02. 03. 1-2 样板

QY16.02.03.2-1
Q355B　t3　2件／台

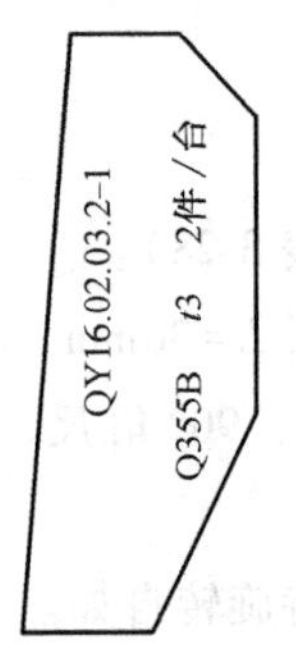

图 3-182　QY16. 02. 03. 2-1 样板

QY16.02.03.2-2
Q355B　t3　1件／台

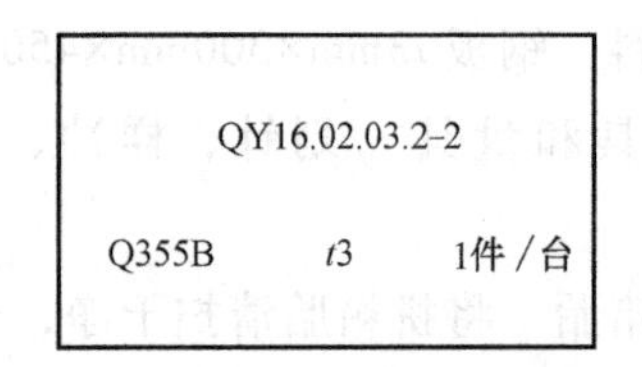

图 3-183　QY16. 02. 03. 2-2 样板

② 号料。为提高材料利用率，降低生产成本，将同材质、同厚度的零件进行集中号料。从所有零件的工艺得知，号料后的工序均为剪切下料，因而号料时要考虑剪切下料时的剪切顺序，确保每次剪切都能把板料分成两块，且不得相互破坏其他零件的形状。其套料图如图 3-184 所示。

（2）剪切　将剪切线与剪床的下切削刃对齐，特别要提醒注意的是：对线时，人的视线与切削刃有一定的倾斜角度，因而目视对线时应使剪切线超出下切削刃 1～1.5mm，以弥补视觉误差。剪切线对好后，脚踩脚踏板完成剪切，其剪切顺序如图 3-185 所示。

（3）锯切　QY16. 02. 03. 2-3　该件为圆钢件，按工艺要求，需手工锯切下料。将圆钢夹在台虎钳上进行锯切，要确保锯口与圆钢轴线的垂直。

（4）弯曲

1）画弯曲线。QY16. 02. 03. 1-2 为弯形件。根据其展开料长计算结果，画出弯曲线，如图 3-186 所示。弯曲线一定要和尺寸 300mm 的边垂直，否则，弯曲后将会出现扭曲现象，影响部件的拼点。

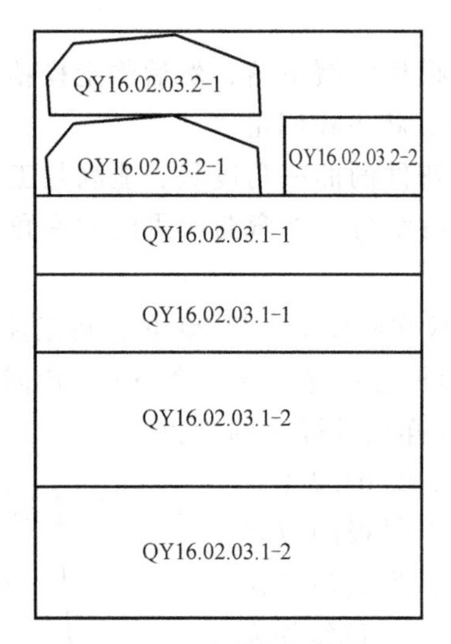

图 3-184　吊臂零件套料图

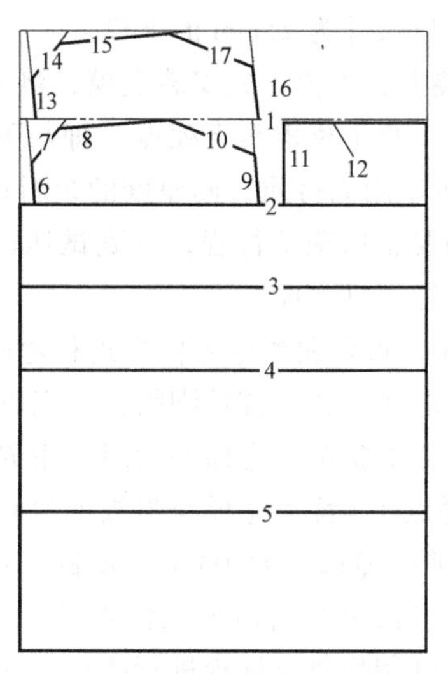

图 3-185　吊臂零件剪切顺序图

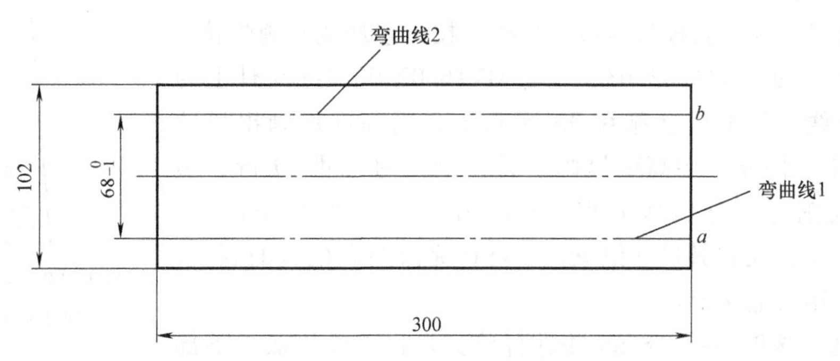

图 3-186　QY16. 02. 03. 1-2 左右侧板弯曲线

图中：$ab=74-8-8+\pi R=74-8-8+3.14\times6.5\approx68$

2）画对刀线。根据弯曲线画弯曲对刀线。因该件弯曲选用钩形上模（钩形上模 R 中心至端面的尺寸为 20mm）。将弯曲线 1 向上位移 20mm；将弯曲线 2 向下位移 20mm。如图 3-187 所示。

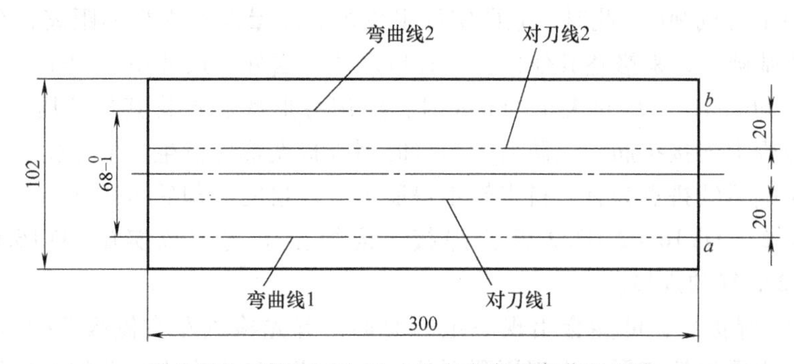

图 3-187　QY16. 02. 03. 1-2 左右弯板弯曲对刀线

3）弯曲

① 选取模具。上模采用钩形上模；下模根据板材厚度与 V 字形的宽度比率约为 1∶8 的

原则选取开口尺寸为 25mm 的下模。

② 安装上、下模。先安装上模，将上模对准下模槽缓缓下落，然后将上模抬起，反复几个行程后，将上模落至下死点（即与下模槽压实)，将下模固定。

③ 试压。用同材质、同厚度的余料试压，检查弯件的曲率角度是否能满足工件弯曲的要求，否则要予以调整行程，直到试压的弯曲曲率角度与工件弯曲所需的曲率角度相同为止，方可进行工件弯曲。

④ 弯曲。按弯曲顺序号依次进行弯曲。将工件放在凹模上，用 90°角尺将工件上的对刀线 1 与上模端面对齐，脚踩脚踏板，完成弯曲线 1 的折弯；将工件转动 180°，用同样的方法进行弯曲线 2 的折弯。弯曲的同时，用 *R*5mm 的半径样板进行 *R* 的检测。

（5）拼点 1　臂头立板与强板的拼点　以 QY16. 02. 03. 2-1 立板 为基准拼点 QY16. 02. 03. 2-3 强板。在立板上画出强板的位置线，按线放上强板并用锤子压住强板并实施定位焊。为提高工作效率，也可以制作拼点样板进行拼点，如图 3-188 所示。该组件为左右对称件，拼点时应注意方向性，以防拼错。

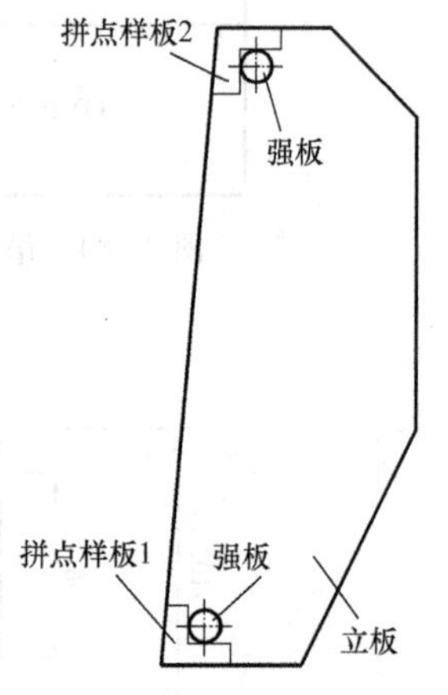

图 3-188　立板与强板利用样板拼点

（6）焊接 1　臂头立板与强板的焊接，按工艺规范实施焊接。

（7）划线　划 QY16. 02. 03. 2-1 与 QY16. 02. 03. 2-3 组件上的 2×ϕ8mm 孔位线。将工件立靠在 90°弯板上，用高度尺画出尺寸 10mm，再将工件倒立，用高度尺画出另一个孔的尺寸 10mm，然后用钢卷尺或钢直尺分别画出两个孔的另一方向尺寸 10mm 和 12mm，再用 90°角尺将其尺寸沿纵向上延即完成两孔位线的画线，打上样冲眼，用石笔圈上。

（8）钻孔　选取钻头 ϕ8mm 并进行装夹。将工件平放，下部放入垫木或垫铁，孔位置处的下部应悬空，开启手电钻，钻头认准样冲眼后进行钻孔。钻孔时，手电钻（及钻头）应确保与工件垂直，以防将孔钻斜。

（9）拼点 2　QY16. 02. 03. 2 臂头拼点。在平台上放上一块 3mm 厚垫板，使之与平台贴实。将 QY16. 02. 03. 2-2 放在垫铁上，以该件为基准拼点 QY16. 02. 03. 2-1 与 QY16. 02. 03. 2-3 组件。拼点时穿入 ϕ8mm 样轴，以保证左右立板对应孔的同心。同时用 90°角尺将左右立板靠正，确保与平台成 90°，此时，立即实施定位焊。测量左右立板的距离，在保证连板处的尺寸 66mm 的基础上，来修整其他位置的开口尺寸。当外口尺寸小于 66mm 时，应用撑棍将其尺寸撑开至 66mm；当尺寸大于 66mm 时，应用弓形螺旋夹将其尺寸压缩至 66mm，并在左右立板上点焊上连接拉筋，以防后续焊接时因焊接变形而发生尺寸变化。点焊连接拉筋的位置，以不影响后续拼点为宜。拼点轴不得取下，焊接完冷却后再取下。

（10）焊接 2　QY16. 02. 03. 2 臂头焊接。按焊接工艺规范实施 QY16. 02. 03. 2-1 与 QY16. 02. 03. 2-2 焊缝的焊接。

（11）整形　焊接后，可能会出现一定的变形，首先检查左右侧板 2×ϕ8mm 孔是否同轴，拼点轴在孔内因焊接变形会出现固死现象，可通过修整左右立板孔的开口尺寸 54mm 和左右立板与水平面的垂直度来实现两孔的同心。

检查左右立板的开口尺寸 60mm。一般情况下，应将其尺寸修整至 60^{+1}_{+2}，以保证与筒体的拼点顺利。

（12）拼点3　QY16.02.03.1筒体拼点。将序1　QY16.02.03.1-1上下盖板放入拼箱胎上，再依次放入序2　QY16.02.03.1-2左右侧板。将侧板靠到定位，两侧板内侧用$L=54$mm的撑棍撑着，旋紧夹紧丝杠，测量其尺寸（测量点为随处测量）符合图样要求后，在下盖板与左右侧板的内侧实施定位焊。然后再盖上上盖板，在确保其前后左右与左右侧板对正后，在外部实施定位焊。

（13）焊接3　QY16.02.03.1筒体焊接。为防止焊接变形，除严格执行焊接工艺规范外，其焊接顺序应严格按照图3-189所示进行。

（14）整形　焊接完成后，该筒体可能出现的变形种类有以下几种：

1）菱形，如图3-190所示。其矫正方法可利用压力设备对对角线较长的部位施加外力，所施加的外力应略大于其矫正所需的矫正力，即矫正要矫的过一点，当外力撤去后要有适量的回弹，以使其菱形得到矫正。矫正力不可一次性过大，要分多次进行施加，以菱形得到矫正为止。其矫正示意图如图3-191所示。

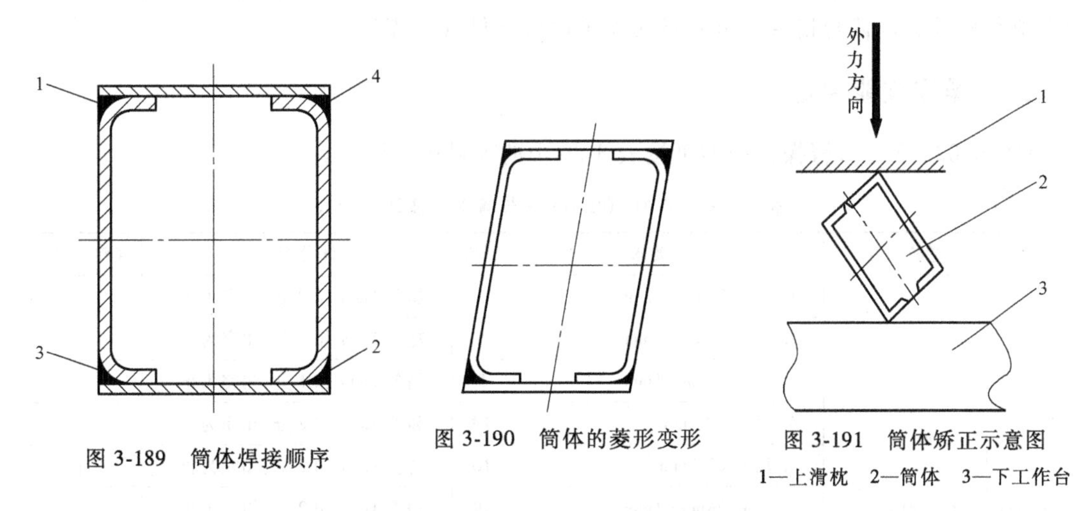

图3-189　筒体焊接顺序

图3-190　筒体的菱形变形

图3-191　筒体矫正示意图

1—上滑枕　2—筒体　3—下工作台

2）拱曲变形。所谓拱曲变形就是箱体构件上下方向的弯曲变形，冷作工俗称为上挠或下挠。筒体的拱曲变形如图3-192所示。该变形的矫正一般情况下采用机械矫正，即用压力设备进行矫正，其矫正方法如图3-193所示。矫正的同时用钢直尺进行上平面的平行度测量。

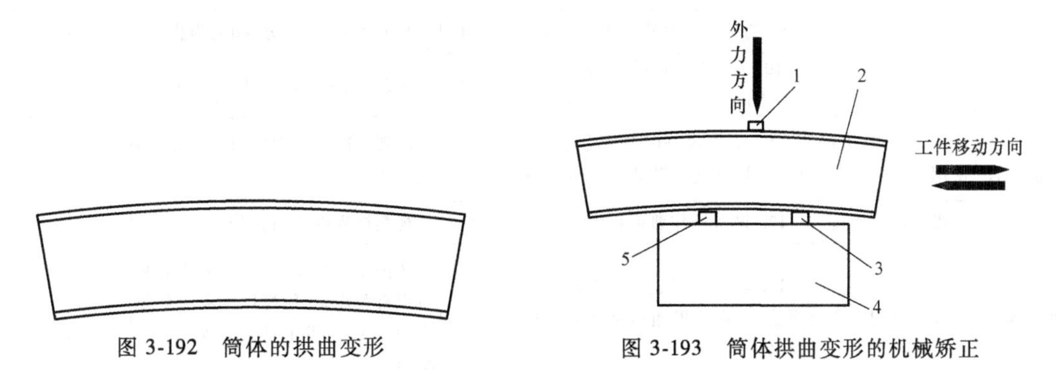

图3-192　筒体的拱曲变形

图3-193　筒体拱曲变形的机械矫正

1—压条　2—工件　3—垫铁Ⅰ　4—工作台　5—垫铁Ⅱ

3）旁弯变形。旁弯变形是箱体构件前后方向的弯曲变形。它与拱曲变形只是方向上的变化而已。因此，旁弯的矫正与拱曲的矫正相同。

（15）拼点4　QY16.02.03三节臂拼点，即筒体与臂头的拼点。将整形后的筒体再次放入拼箱胎，靠到定位并进行夹紧。以筒体为基准拼点，将臂头放入拼箱胎并穿轴，此时，臂头左右立板与筒体左右侧板贴合处若有缝隙，可用卡兰进行夹紧以使结合部位严密，此时，对臂头左右立板与筒体左右侧板贴合严密的部位实施定位焊，然后再将卡兰移至有缝隙部位进行夹紧并实施定位焊。

（16）焊接5　按工艺规范实施左右立板与左右侧板的焊接，焊接前，应穿入2×ϕ8mm轴，以防焊接后造成变形而不同心。清除所有焊渣与焊瘤。

（17）整形　重点检查臂头上的2×ϕ8mm孔是否因焊接变形而产生不同心。若样轴在孔内不能转动自如，说明有焊接变形，则需进行矫正，其方法就是对变形的孔穿入样轴，用锤子击打样轴以使该变形孔的轴线达到水平状态。

3. 检验

对已完成的部件进行自检。可按图样上的定形尺寸和定位尺寸进行检验，同时，对位置公差进行检验，确认合格后方可开具入库单进行交付（入库）。

五、操作技能评定

QY16.02.03三节臂操作技能可按表3-29中的项目进行评定。

表3-29　QY16.02.03三节臂操作技能评分表

考核项目	考核内容	考核要求	分值	评分标准	实测	扣分
主要项目	几何误差	1. 尺寸300mm±2mm	10	超差1mm扣2分，扣完为止		
		2. 尺寸23mm±1mm	5	超差1mm扣1分，扣完为止		
		3. 尺寸10mm±1mm	5	超差1mm扣1分，扣完为止		
		4. 尺寸80_{-1}^{0}mm	10	超差1mm扣2分，扣完为止		
		5. 尺寸60_{-1}^{0}mm	10	超差1mm扣2分，扣完为止		
		6. 尺寸54mm±1mm	10	超差1mm扣2分，扣完为止		
		7. 尺寸$\phi8_{0}^{+0.5}$mm	10	超差0.5mm扣2分，扣完为止		
		8. 左右侧板与底平面的垂直度误差≤0.5mm	10	超差0.5mm扣2分，扣完为止		
		9. 筒体的直线度误差≤1mm	10	超差1mm扣2分，扣完为止		
		10. 2×ϕ8mm的同轴度误差≤0.5mm	10	超差0.5mm扣2分，扣完为止		
一般项目	工量具的正确使用	11. 钢直尺、90°角尺、钢卷尺、划针、剪刀、锉、圆规、样冲的用法	5	发现一次不正确使用扣1分，扣完为止		
	操作熟练程度	12. 设备操作熟练程度	5	视熟练程度适当扣分		
生产现场	安全文明生产	13. 场地清洁，按规定穿戴劳保用品，工业垃圾随时清理，无安全隐患	—	按国家颁发的有关法规或企业自定有关规定，每违反一项从总分中扣除2分，发生重大事故实行一票否决		
合计得分						

模块四　型 材 篇

任务一　课凳框架制作

一、识读图样及工艺

课凳框架及部件图样如图 4-1~图 4-3 所示，其工艺过程卡见表 4-1~表 4-6。

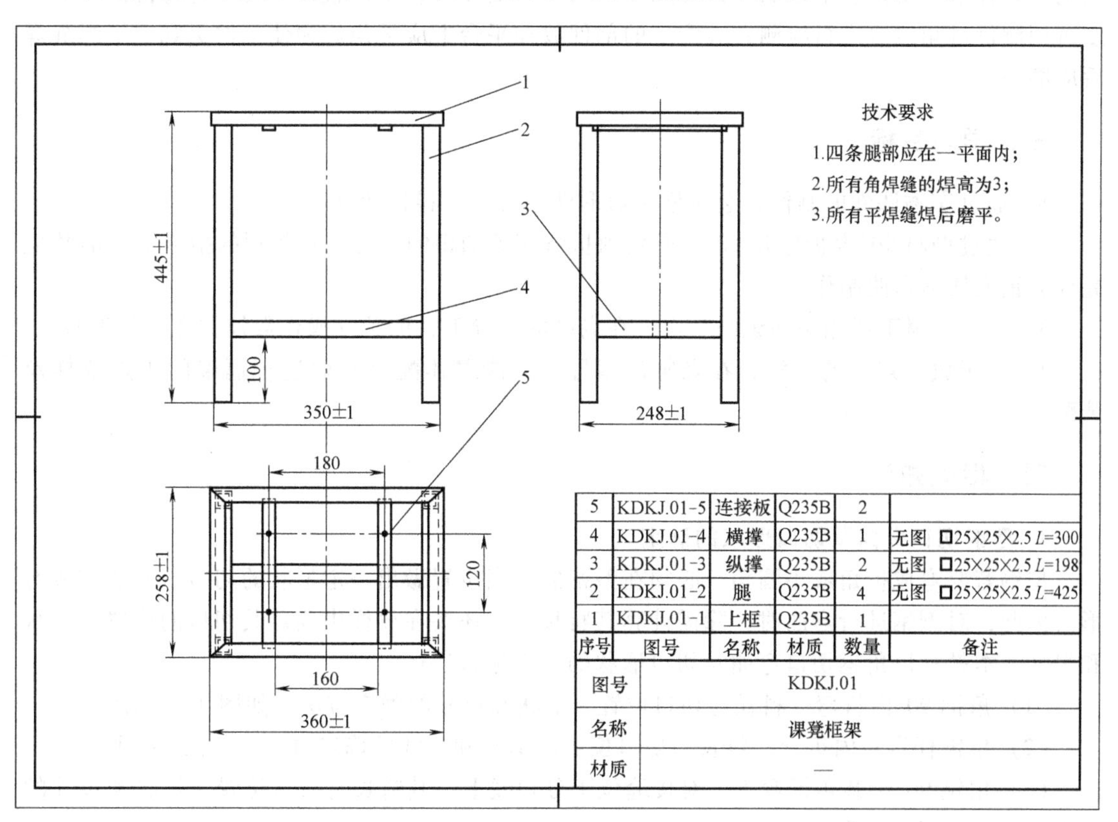

图 4-1　课凳框架

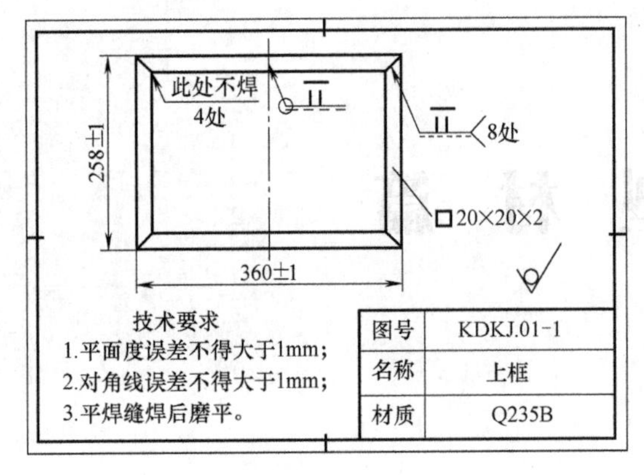

图 4-2 上框

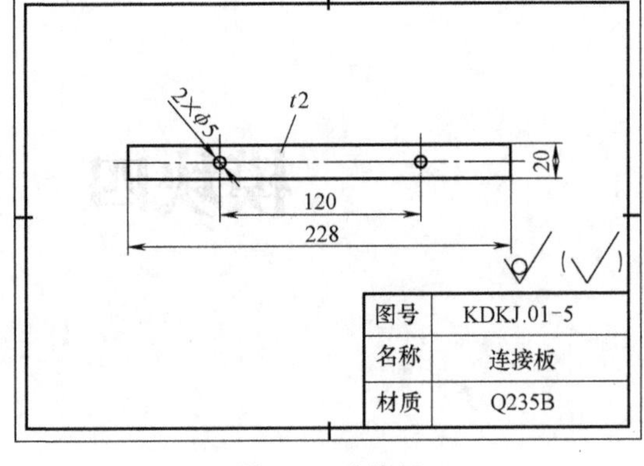

图 4-3 连接板

二、任务描述

桁架结构是以型材为主体制作的结构。课凳框架就是桁架结构的实例之一。该结构的制作需要同学们了解型材的下料、桁框架的装配放样以及型材弯曲及其展开计算等相关知识。在制作过程中，要控制上框的平面度和菱形度。平面度可将工件放在平台上进行检测；菱形度可用测量对角线法进行检测；装配后的部件放在平台上应平稳。为使工件美观，平焊缝焊后应磨平。

三、学习目标

1）通过实物课件的制作，会对型材弯形件进行展开料长计算。

2）通过型材 90°内折弯和 90°小圆角内折弯相关知识的学习，在教师的指导下，能独立完成方钢框架的弯曲制作。

3）通过型材下料相关知识的学习，在老师的指导下，能独立操作数控锯床下料设备。

4）基于放样知识的了解，在老师的指导下，能群体配合作业进行框架的拼点放样及装配。

四、相关知识

1. 型钢切口弯曲及切口形状的确定

型钢若要弯成折角或小圆角，必须在型钢的适当位置做出一定形状的切口，才能完成弯形。因此，对型钢进行弯曲时，除需计算其料长外，还要在放样中确定其切口的位置、形状和尺寸。本教材以角钢切口弯曲及切口形状的确定进行讲述。

（1）角钢 90°内折弯　料长与切口位置、形状和尺寸的确定方法，如图 4-4 所示。

（2）角钢任意角内折弯　料长与切口位置、形状和尺寸的确定方法，如图 4-5 所示。

（3）角钢 90°小圆角折弯 Ⅰ　对接缝位于分角线上，其料长与切口位置、形状和尺寸的确定方法，如图 4-6 所示。

图 4-6 中

$$c=\pi(R+t/2)/2 \tag{4-1}$$

表 4-1 课凳框架工艺过程卡

艺卡-02 总 页 第 页

徐工技师学院	工艺过程卡	产品型号	KDKJ. 00	零部件图号	KDKJ. 01	物料编码	
		产品名称	课凳	零部件名称	课凳框架	共 6 页	第 1 页

材料种类	—	材料牌号	—	材料规格	—	每毛坯件数	—	每台数量	1

	工序号	工序名称	工序内容	工作中心	设备	刃量工具	工艺装备	辅料	工时
	1	拼点 1	放样拼点序 2 与序 4		NBC-350	90°角尺、钢卷尺、锤子、石笔			0. 30
	2	拼点 2	以序 1 为基准拼点序 5、序 2 与序 4 组件，再拼点序 3		NBC-350				1. 00
	3	焊接	按图样要求和焊接工艺规范进行焊接，注意禁焊区		NBC-350			焊丝 ϕ1. 2mm	2. 00
	4	整形							1. 00
		检							
			入库						
底图号									
装订号									

标记	处数	更改文件号	签 字	日 期	标记	处数	更改文件号	签 字	日 期	设计（日期）	审核（日期）	标准化（日期）	批准（日期）
										高大伟	刘晓	王军	郑磊

表 4-2 上框工艺过程卡

艺卡-02　总　页　第　页

徐工技师学院	工艺过程卡	产品型号	KDKJ. 00	零部件图号	KDKJ. 01-1	物料编码	
		产品名称	课凳	零部件名称	上框	共 6 页	第 2 页

材料种类	方钢管	材料牌号	Q235B	材料规格	□20mm×20mm×2mm　L=1220mm	每毛坯件数	1	每台数量	1

工序号	工序名称	工序内容	工作中心	设备	刃量工具	工艺装备	辅料	工时
1	锯切	L=1220mm		GZ4232	钢直尺			0. 10
2	划线	划 90°内折弯切口位置和形状			划针、角度尺			1. 00
3	锯切	手工锯切切口			弓锯	台虎钳	弓锯条	1. 30
4	弯曲	按图样尺寸弯曲			钢直尺、90°角尺、锤子	台虎钳		0. 40
5	整形	修整平面度和菱形度			钢直尺、90°角尺、锤子	台虎钳		0. 30
6	焊接	焊接所有对接焊缝，后打磨平整		NBC-350			焊丝 ϕ1. 2mm	1. 00
	检							
		拼成 KDKJ. 01						
底图号								
装订号								

标记	处数	更改文件号	签　字	日　期	标记	处数	更改文件号	签　字	日　期	设计(日期)	审核(日期)	标准化(日期)	批准(日期)
										高大伟	刘晓	王军	郑磊

表 4-3 腿工艺过程卡

			艺卡-02	总 页	第 页

徐工技师学院	工艺过程卡	产品型号	KDKJ. 00	零部件图号	KDKJ. 01-2	物料编码	
		产品名称	课凳	零部件名称	腿	共 6 页	第 3 页

材料种类	方钢管	材料牌号	Q235B	材料规格	□25×25×2. 5 L=425mm	每毛坯件数	1	每台数量	4

工序号	工序名称	工序内容	工作中心	设备	刃量工具	工艺装备	辅料	工时
1	锯切	L=425mm		GZ4232	钢卷尺			0. 10
	检							
		拼成 KDKJ. 01						

底图号	
装订号	

										设计（日期）	审核（日期）	标准化（日期）	批准（日期）
标记	处数	更改文件号	签 字	日 期	标记	处数	更改文件号	签 字	日 期	高大伟	刘晓	王军	郑磊

表 4-4　纵撑工艺过程卡

艺卡-02　　总　页　　第　页

徐工技师学院	工艺过程卡	产品型号	KDKJ. 00	零部件图号	KDKJ. 01-3	物料编码	
		产品名称	课凳	零部件名称	纵撑	共 6 页	第 4 页

材料种类	方钢管	材料牌号	Q235B	材料规格	□25×25×2. 5 $L=198$mm	每毛坯件数	1	每台数量	2

	工序号	工序名称	工序内容	工作中心	设备	刃量工具	工艺装备	辅料	工时
	1	锯切	$L=198$mm		GZ4232	钢卷尺			0. 10
		检							
			拼成 KDKJ. 01						
底图号									
装订号									

										设计(日期)	审核(日期)	标准化(日期)	批准(日期)
标记	处数	更改文件号	签　字	日　期	标记	处数	更改文件号	签　字	日　期	高大伟	刘晓	王军	郑磊

表 4-5　横撑工艺过程卡

艺卡-02				总　页		第　页		
徐工技师学院		工艺过程卡	产品型号	KDKJ. 00	零部件图号	KDKJ. 01-4	物料编码	
			产品名称	课凳	零部件名称	横撑	共 6 页	第 5 页
材料种类	方钢管	材料牌号 Q235B	材料规格	□25mm×25mm×2. 5mm　$L=300$	每毛坯件数	1	每台数量	1
工序号	工序名称	工序内容	工作中心	设备	刃量工具	工艺装备	辅料	工时
1	锯切	$L=300$mm		GB028	钢卷尺			0. 10
	检							
		拼成 KDKJ. 01						

标记	处数	更改文件号	签　字	日　期	标记	处数	更改文件号	签　字	日　期	设计(日期)	审核(日期)	标准化(日期)	批准(日期)
										高大伟	刘晓	王军	郑磊

底图号

装订号

表 4-6　连接板工艺过程卡

		艺卡-02	总　页	第　页

徐工技师学院	工艺过程卡	产品型号	KDKJ. 00	零部件图号	KDKJ. 01-5	物料编码	
		产品名称	课凳	零部件名称	连接板	共 6 页	第 6 页

材料种类	扁铁	材料牌号	Q235B	材料规格	20mm×2mm $L=228$mm	每毛坯件数	1	每台数量	2

工序号	工序名称	工序内容	工作中心	设备	刃量工具	工艺装备	辅料	工时
1	剪切	$L=228$mm		Q11-13×2500				0. 10
2	调平	手工调平，包括调直			锤子			0. 15
3	划线	划 2×ϕ5mm 孔位线			划线、钢直尺			0. 15
4	钻孔	钻孔 2×ϕ5mm		手电钻	钻头 ϕ5mm			0. 15
	检							
		拼成 KDKJ. 01						

底图号

装订号

标记	处数	更改文件号	签　字	日　期	标记	处数	更改文件号	签　字	日　期	设计(日期)	审核(日期)	标准化(日期)	批准(日期)
										高大伟	刘晓	王军	郑磊

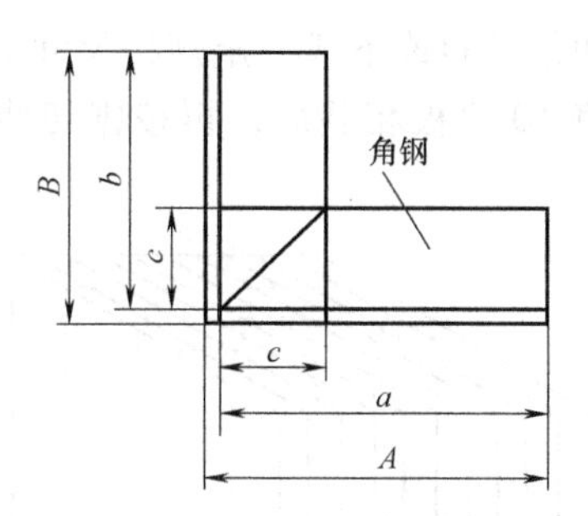

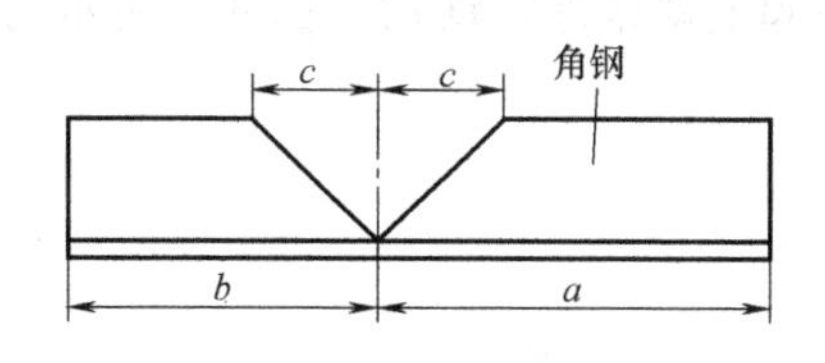

图 4-4　角钢 90°内折弯

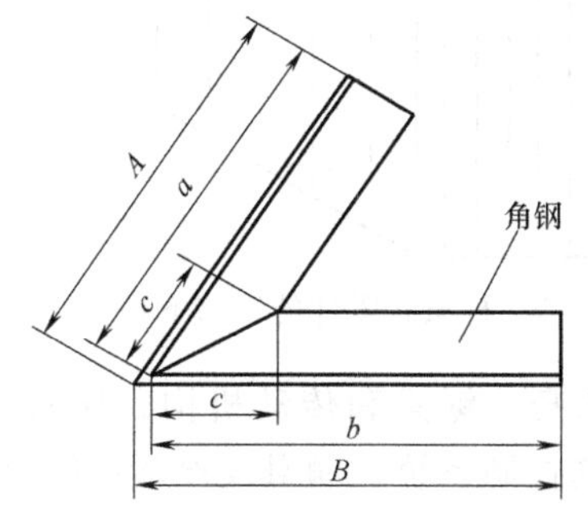

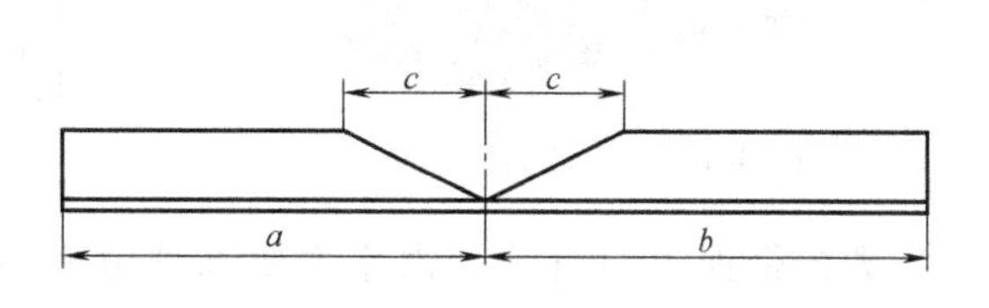

图 4-5　角钢任意角内折弯

（4）角钢 90°小圆角折弯Ⅱ　对接缝位于直角边线上，其料长与切口位置、形状和尺寸的确定方法，如图 4-7 所示。

图 4-7 中

$$c = \pi(R+t/2)/2 \tag{4-2}$$

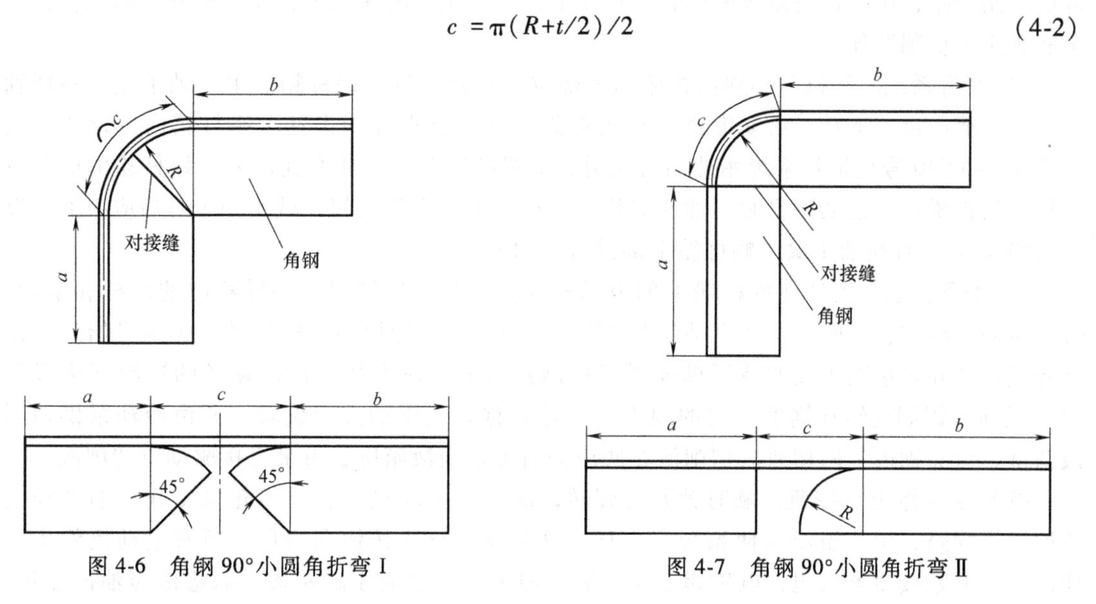

图 4-6　角钢 90°小圆角折弯 I　　图 4-7　角钢 90°小圆角折弯Ⅱ

2. 数控锯床

锯床是型材下料的主要设备之一。锯床分为弓锯床和带锯床，目前被广泛用于工程机械行业的型材下料设备为数控带锯床，如图 4-8 所示。

在实际的生产中，一些条状的板材零件和长宽较小的零件（俗称豆腐块、筷子）也用带锯床实现下料任务，前提是先将大钢板用火焰切割下料改下成一定规格尺寸的矩形件，然后多件合在一起上锯床进行锯切，图 4-9 所示为将 10 块板相叠后，再按锯切线进行锯切的示例。

图 4-8　数控带锯床

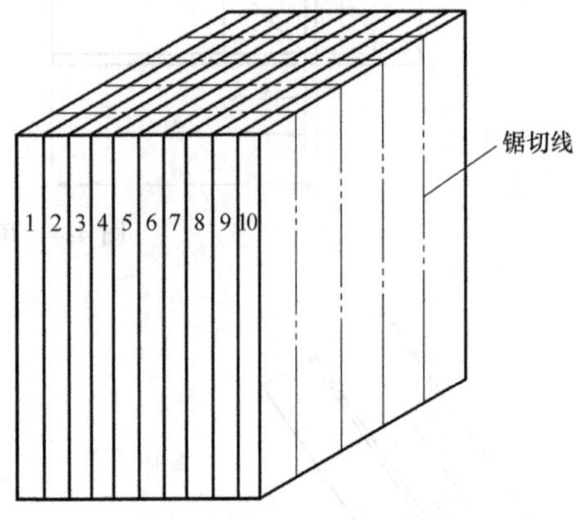

图 4-9　板条状零件的锯切下料

（1）数控带锯床的组成　锯床主要部件由底座、床身、锯梁和传动机构、导向装置、工件夹紧装置、张紧装置、送料架、液压传动系统、电气控制系统、润滑及冷却系统组成。

（2）工作原理

1）液压传动系统。由泵、阀、液压缸、油箱、管路等元辅件组成的液压回路，在电气控制下完成锯梁的升降、工件的夹紧。通过调速阀可实现进给速度的无级调速，达到对不同材质工件的锯切需要。电气控制系统是由电气箱、控制箱、接线盒、行程开关、电磁铁等组成的控制回路，用来控制锯条的回转、锯梁的升降、工件的夹紧等，使之按一定的工作程序来实现正常切削循环。

2）润滑系统。开机前必须按机床润滑部位（钢丝刷轴、蜗杆箱、主动轴承座、蜗杆轴承、升降液压缸上下轴、活动虎钳滑动面夹紧丝杠）要求加润滑油。蜗杆箱内的蜗轮、蜗杆采用 L-AN30 号全损耗系统用油油浴润滑，由蜗杆箱上部的油塞孔注入，蜗杆箱侧面备有油标，当锯梁位于最低位置时，油面应位于油标的上、下限之间。试用一个月后应换油，以后每隔 3~6 个月换油 1 次，蜗杆箱下部设有放油塞。

3）锯条传动。安装在蜗杆箱上的电动机通过带轮、V 带驱动蜗杆箱内的蜗杆和蜗轮，带动主动轮旋转，再驱动绕在主动\从动轮缘上的锯条进行切削回转运动。锯条进给运动由升降液压缸和调速阀组成的液压循环系统控制锯梁下降速度从而控制锯条的进给（无级调速）运动。锯刷旋转在锯条出屑的地方，并随着锯条走锯的方向旋转，并由冷却泵供切削液清洗、清除锯齿上的切屑。切削液在底座的右侧切削液箱里，由泵直接驱动供切削液。

按紧停（停止）按钮，顺时针方向旋转，液压泵电动机工作，齿轮泵工作，油液经过滤网进入管路，调节溢流阀使系统工作压力达要求。反之按钮向内压，所有电动机停止工作。工件夹紧按钳紧按钮，电磁阀工作，液压油进入夹紧液压缸左边，右边液压油回油箱，左钳向工件运动并将工件夹紧。

锯梁下降，按工作按钮，液压油通过电磁阀进入升降液压缸有杆腔；无杆腔液压油通过电磁阀、单向调速阀回油箱。锯梁快降，按下降按钮，液压油通过电磁阀工作，液压油进入升降液压缸有杆腔，无杆腔液压油通过电磁阀回油箱。锯梁上升，按上升按钮，液压油通过电磁阀进入升降液压缸的无杆腔；有杆腔液压油经过电磁阀回油箱。工件松开，按钳松按钮，液压油通过电磁阀进入夹紧液压缸右边；左边液压油通过电磁阀回油箱，左钳口向左运动工件松开。

系统的模拟输入输出模块，使锯削过程的监控具有广泛的意义，例如：锯床只要增加锯条变形的反馈，即可对锯削速度进行自适应调整；增加伺服阀，即可对锯削过程的速度和位置控制进行优化。系统的管理功能使材料和工件的管理更方便。系统的中文界面和实时的图形状态显示，使操作更友好更直观。由于系统采用标准计算机，使锯削的网络化管理更便捷。

（3）人、机界面操作系统

1）主控画面。主控画面如图 4-10 所示。画面上方的按钮是通往各功能区画面的切换按钮。

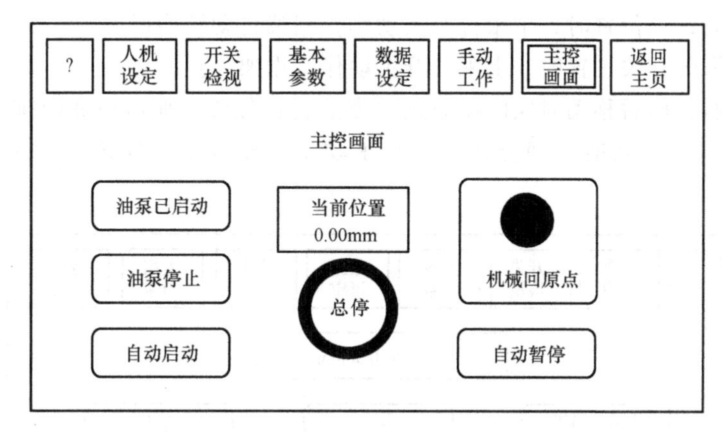

图 4-10　主控画面

① 液压泵控制：“油泵已启动”“油泵停止”按钮控制液压泵的启停，在进行其他任何工作之前必须启动液压泵，否则无法进行任何工作。

②“机械回原点”按钮：机器自动地将各功能部件移动至初始准备位置，即机床原点；自动锯削做好准备。当处于原点位置时，此按钮将自动显示为“原点满足”（绿色指示灯点亮）。

③“自动启动”按钮：按此按钮启动自动切削流程，机器将根据设定好的参数自动完成从送料定位到精确切削的多个循环。应注意的是：在“自动启动”前应做好以下几方面工作：

a. 机床处于原点位置。

b. 已在“基本参数”画面中设定好机床自动运行的基本参数。

c. 已在“数据设定”画面中设定好待加工工件的尺寸及数量。

缺少其中任一项机床将不能按预定流程正常工作。

④“自动停止”按钮：按下此按钮机器将在当前工件锯削完毕后实现暂停，如要取消暂停则再按“自动启动”即可。

⑤“总停”按钮：其作用是禁止除液压泵电动机外的所有动作输出，并消除所有的当前工作状态。

⑥“当前位置”：此处在料台前后移动时实时动态显示料台当前位置，此功能可使操作

人员在自动工作模式下方便地进行尺寸定位观察且有利于机床送料故障时的迅速排除。

2）手动工作画面。手动工作画面如图 4-11 所示。要启用手动功能，必须先按“手动确认”按钮（手动工作画面则自动显示为“手动已启用”），否则其他按钮会无效。

本画面可完成对机器所有独立动作的操作。锯轮运转为电动机驱动，其他动作均为液压驱动。注意有些动作及动作之间具有联锁、互锁、限位保护等功能，列出如下：

只有当前钳夹紧电磁阀工作后，“锯轮电机”按钮（锯轮启动）才能自锁运行，否则为点动运行。

“锯轮电机”“前钳夹紧”“后钳夹紧”“进刀”“退刀”具有自锁功能，其他均为点动。

“前钳夹紧”与“前钳松开”、“后钳夹紧”与“后钳松开”、“进刀”与“退刀”、“送料”与“退料”均为互锁。

当锯轮启动时，“前钳松开”不能被执行。

当锯架进刀到最低位置时，下限位开关动作，锯架自动转为退刀。

当退刀到上限位开关位置时，上限位开关动作，锯架停止。

画面中间在料台前后移动时实时动态显示当前料台位置，如需清零则按下数据显示框，则清零显示为 0.00。此功能可使操作人员在手动工作模式下方便地进行尺寸精确控制并锯切。

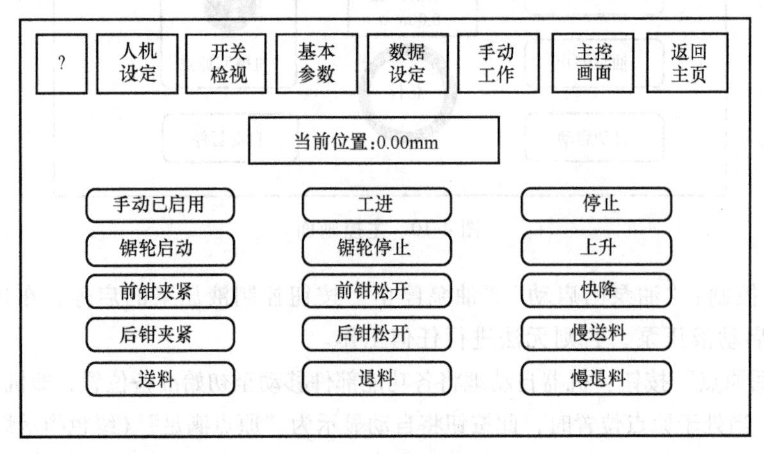

图 4-11 手动工作画面

3）基本参数画面。基本参数画面如图 4-12 所示。在自动切削前必须设定好本画面所有参数：

前后虎钳夹紧、松开的时间值（单位：s）。

“单次送料标准行程”：自动工作时机器实现一次送料的行程范围。一般设定为液压缸行程（单位：mm）。

“断带检测时间”：在此设定断带检测开关的检测间隔时间，一般设为 0.5~20s，在设定时间到达后如断带检测开关状态没有变化（ON—OFF 或 OFF—ON），则判定为断带。

“锯缝补偿”项是用于校正锯带带厚或其他机械细小偏差所造成的综合尺寸误差。尺寸偏小可输入一个较大数值，尺寸偏大则输入一个较小数值，具体数值视现场情况而定。

4）开关检视画面。开关检视画面如图 4-13 所示。本画面完成各路开关信号的状态指示，便于生产操作人员对机器状态实时监控，同时也有利于生产调试和发生故障时的快速检查。

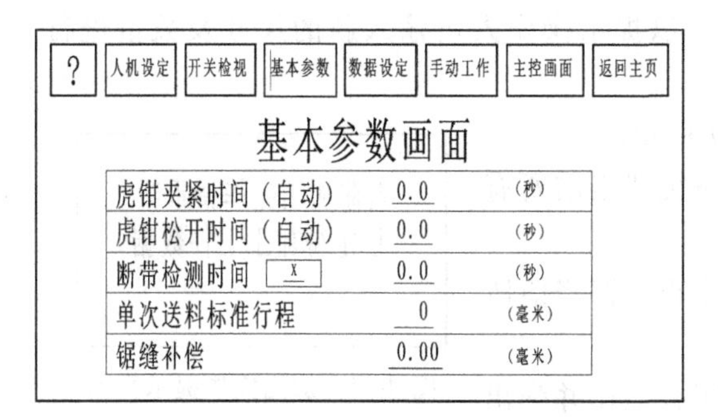

?
人机设定
开关检视
基本参数
数据设定
手动工作
主控画面
返回主页
基本参数画面
虎钳夹紧时间（自动） 0.0 （秒）
虎钳松开时间（自动） 0.0 （秒）
断带检测时间 X 0.0 （秒）
单次送料标准行程 0 （毫米）
锯缝补偿 0.00 （毫米）

图 4-12　基本参数画面

?
人机设定
开关检视
基本参数
数据设定
手动工作
主控画面
返回主页
开关检视画面
上限位开关
下限位开关
送料原点开关
断带检测开关

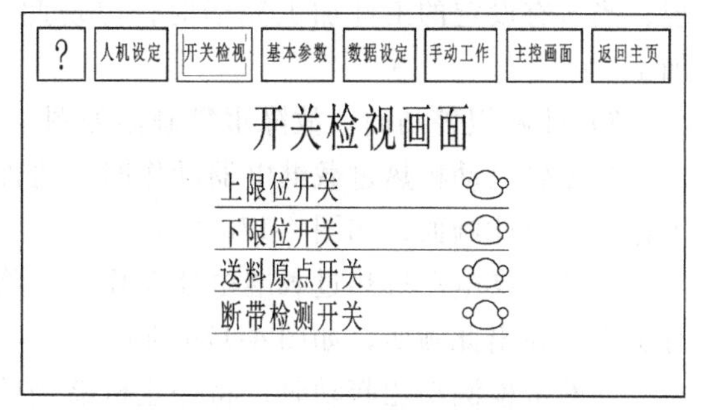

图 4-13　开关检视画面

5）数据设定画面。数据设定画面如图 4-14 所示。本画面主要完成加工过程中各项数据的设定、调整与监控。在启用自动切削功能前必须先设定好需加工工件的尺寸（单位：mm）及数量。尺寸可分别设定五组，切削时总是按由“第一组”到“第五组”的顺序进行的。

输入数值的方法：触摸数据输入区域，人机界面会自动弹出一个数值输入键盘，从而可方便地输入所需数据。注意键盘左上方提示的输入范围，超出范围系统不予接受。

触摸“加工尺寸”项中数值输入区，人机界面会自动跳出一个数值，输入键盘，从而可方便地输入所需数据。

“设定数量”项中输入对应尺寸的工件数量，如果尺寸为零则对应的数量也必须设为零。

“输入”按钮的作用很关键，当以上某一组的尺寸、数量等数据输好后必须按下本组的“输入”按钮才能生效（按钮由闪动状态变为静止状态）。

“当前数量”项中动态显示对应尺寸工件当前已加工的数量，便于生产统计。如需对当前数量清零则按一下数据显示框，则会弹出一个窗口，选择“是”则清零，按“关闭”按钮返回。

6）人机设定画面。人机设定画面如图 4-15 所示。人机设定画面自带时钟功能，在画面上方显示系统当前的日期、时间。但初始使用或长时间使用有偏差时需在画面下方校准，以便于准确地显示在画面上。

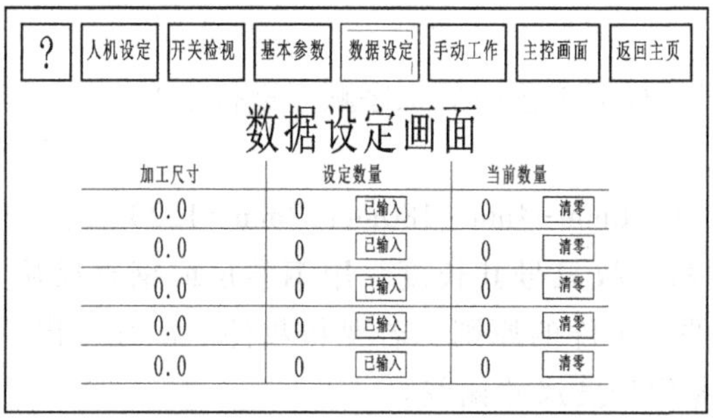

?
人机设定
开关检视
基本参数
数据设定
手动工作
主控画面
返回主页
数据设定画面
加工尺寸
设定数量
当前数量
0.0 0 已输入 0 清零
0.0 0 已输入 0 清零
0.0 0 已输入 0 清零
0.0 0 已输入 0 清零
0.0 0 已输入 0 清零

图 4-14　数据设定画面

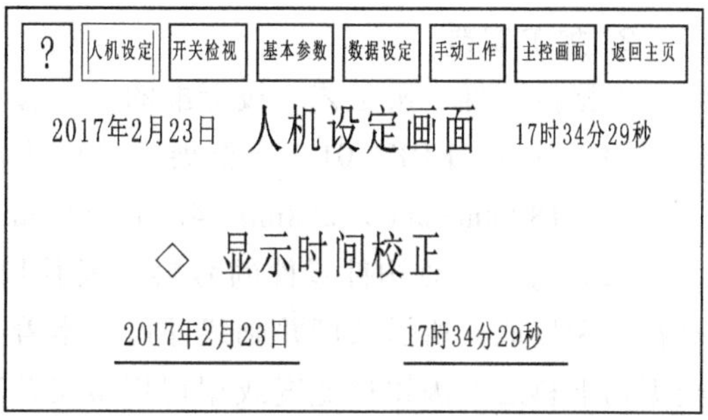

?
人机设定
开关检视
基本参数
数据设定
手动工作
主控画面
返回主页
2017年2月23日
人机设定画面
17时34分29秒
◇ 显示时间校正
2017年2月23日
17时34分29秒

图 4-15　人机设定画面

7）加工完毕提示画面。加工完毕提示画面如图 4-16 所示。正常工作时，此画面不会出现，当所有设定的工件加工完毕时，出现此画面以提示操作人员输入新的尺寸及数量进行加工。

8）故障报警画面。故障报警画面如图 4-17 所示。

当锯轮电动机热过载继电器动作时，将停止机器当前所有工作并弹出此画面，如图 4-17a 所示。

当液压泵电动机热过载继电器动作时，将停止机器当前所有工作并弹出此画面，如图 4-17b 所示。

当断带检测功能起动时，将停止机器当前所有工作并弹出此画面，如图 4-17c 所示。

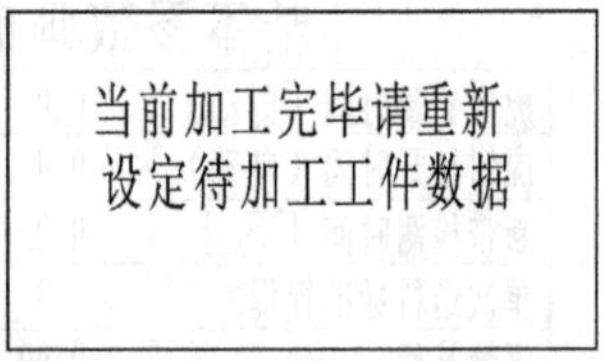

当前加工完毕请重新
设定待加工工件数据

图 4-16　加工完毕提示画面

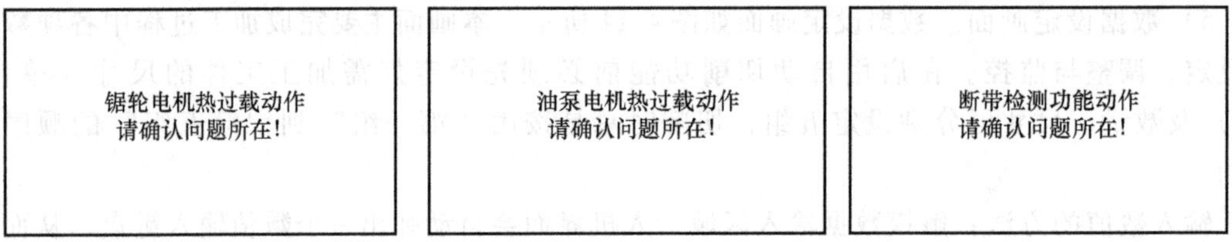

锯轮电机热过载动作
请确认问题所在！

a)

油泵电机热过载动作
请确认问题所在！

b)

断带检测功能动作
请确认问题所在！

c)

图 4-17　故障报警画面

五、任务实施

1. 生产前准备

（1）识读图样（图 4-1~图 4-3）及工艺（表 4-1~表 4-6）

（2）准备工、量具　手电钻、ϕ5mm 钻头、划针、锤子、90°角尺、钢直尺、钢卷尺、高度划线尺、样冲、石笔等。

（3）领取材料

1）Q235B，方钢管，25mm×25mm×2.5mm，$L=2396$mm。

2）Q235B，方钢管，20mm×20mm×2mm，$L=1220$mm。

3）Q235B，扁铁，t2mm×20mm，$L=456$mm。

2. 加工制造

严格按图样、按工艺、按标准的“三按生产”，根据工艺中的工序顺序进行生产。

（1）序 1　KDKJ. 01-1 上框展开料长计算

$L_{总长}$ = 180mm−2mm+258mm−4mm+360mm−4mm+258mm−4mm+180mm−2mm = 1220mm。

（2）号料　该构件零件的号料，因其均是型材，故只号其长度。用钢卷尺或钢直尺从材料一端量取其所需长度并画线即可。本着号 1 件锯 1 件的原则，若要将数件一次性号出，则锯切下料后会因锯口宽度或锯切积累误差造成零件长度尺寸偏差。

1）号 20mm×20mm×2mm 方钢。序 1，KDKJ. 01-1，上框，$L=1220$mm，1 件。

2）号 25mm×25mm×2.5mm 方钢。

序 2，KDKJ. 01-2，腿，$L=425$mm，4 件。

序 3，KDKJ. 01-3，纵撑，$L=198$mm，2 件。

序 4，KDKJ. 01-4，横撑，$L=300$mm，1 件。

3）号 T2mm×20mm 扁铁。序 5，KDKJ. 01-5，连接板，$L=228$mm，2 件。

（3）下料

1）锯切下料。采用锯床手动操作下料，将型材放入钳口内。先将原材料的端头平掉（因端头不平齐），然后将材料按照所需尺寸大致地往前送，锯弓下落接近型材（但不得接触型材），用钢直尺端部靠住锯条来量取下料长度。为使量取尺寸准确，钢直尺应与型材中心线保持一致。确认下料尺寸正确无误后，操作前钳将料夹紧，再次复量其下料长度是否因前钳夹紧造成变化，否则应重新调整下料尺寸。若复量结果正确，则操作锯床进行锯切下料。

锯切序 1，KDKJ. 01-1，上框，$L=1220$mm，1 件。

锯切序 2，KDKJ. 01-2，腿，$L=425$mm，4 件。

锯切序 3，KDKJ. 01-3，纵撑，$L=198$mm，2 件。

锯切序 4，KDKJ. 01-4，横撑，$L=300$mm，1 件。

2）剪切下料。剪切的方法在前面章节已叙述，这里就不再重复了。

剪切序 5，KDKJ. 01-5，连接板，$L=228$mm，2 件。

（4）划线　划序 1，KDKJ. 01-1，上框的切口位置和形状，具体如图 4-18 所示。

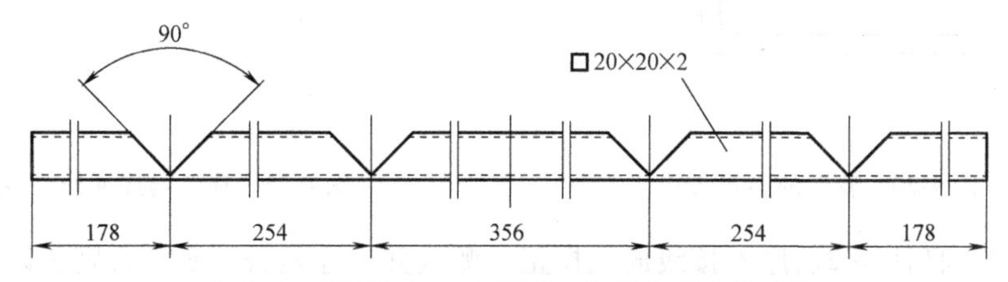

图 4-18　KDKJ. 01-1 上框切口位置和形状的确定

（5）锯切　锯切序 1，KDKJ. 01-1 上框的切口。锯切时，要确保方钢上、下两面的切口形状一致，否则将影响后续的弯曲；其次，控制开口角度 90°至关重要，角度大了会造成弯曲后的对接缝有间隙，影响焊接，角度小了则影响弯曲后的轮廓形状。锯切后，要用锉刀将切口根部清根至方钢内壁处。

（6）弯曲　弯曲序 1，KDKJ. 01-1 上框。按从两头到中间的顺序依次进行弯曲。将方钢直立夹持在台虎钳上（确保方钢铅垂），用锤子击打工件进行弯曲，如图 4-19 所示。

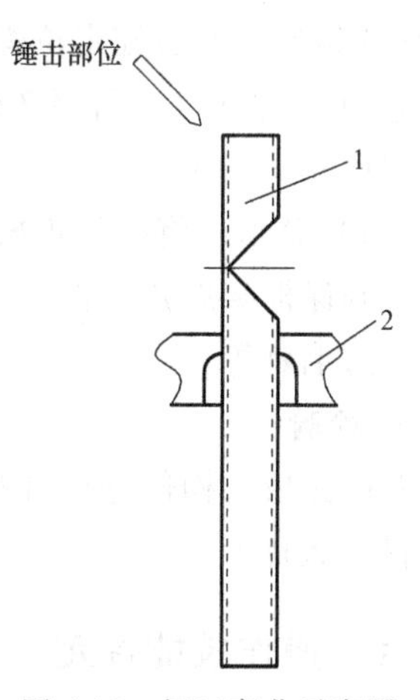

图 4-19　切口弯曲示意图

（7）整形

1）菱形。首先修整 4 个边是否相互垂直（即 90°），否则需进行修整，然后用测量对角线的方法来检查是否是菱形了。菱形的整形方法如图 4-20 所示。

2）平面度。将上框平放在平台上，可用压按、目测、用塞尺塞等方法检测，若存在平面度误差则需进行整形。将上翘部位附近垫上垫铁，使上翘部位悬空，用锤子击打上翘部位。

（8）焊接　按焊接工艺规范实施各对接缝的焊接（禁

焊处不得焊接），焊后用角磨机磨平，以使构件外观平整美观。

（9）划线　划序 5，KDKJ. 01-5 连接板上 2×ϕ5mm 孔位线。画出扁铁尺寸 20mm 的中线，再沿中线找出长度方向的中点，再以中点为基准画出尺寸 120mm，打上样冲眼，用石笔圈上。

（10）钻孔　钻序 5，KDKJ. 01-5 连接板上 2×ϕ5mm 孔。将孔的下部用垫铁垫好，使孔的下方悬空，钻头认准样冲眼进行钻孔。钻孔时，钻头要确保与工件垂直，以防钻歪或钻偏。

（11）拼点　根据工艺要求，首先放样拼点序 2 和序 4。

1）放样。选择以一个面和一条中心线作为放样画线基准，如图 4-21a 所示；按线型放样画出序 2 和序 4 外轮廓即可，如图 4-21b 所示。测量对角线尺寸，避免出现偏斜。

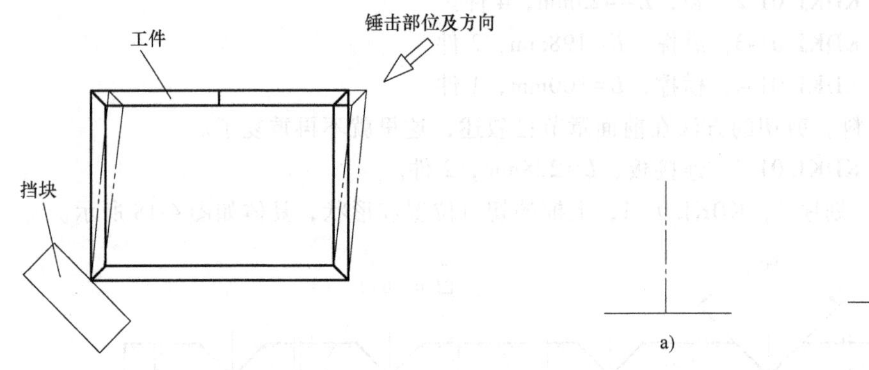

图 4-20　菱形的整形方法　　　图 4-21　序 2 与序 4 线型放样图

2）拼点 1。将件序 2、序 4 按线放入摆正，测量其尺寸是否正确，否则予以修整。用锤子按住工件，实施定位焊。

3）拼点 2。以序 1，KDKJ. 01-1 上框为基准依次拼点序 5 件、序 2 与序 4 组件、序 3 件。

① 拼点序 5 件。将序 1 件平放在平台上，划线拼点序 5。

② 拼点序 2 与序 4 组件。将序 2 与序 4 组件按尺寸立放在序 1 件上，用 90°角尺靠正序 2 与序 4 组件，并实施定位焊。拼点左右两件的同时，要兼顾尺寸宽度尺寸 350mm。

③ 拼点序 3 件。将序 3 件放入，确保序 3 方钢平面与序 2 方钢平面的平行，同时应严格控制尺寸 350mm。

（12）整形　将构件正放在平台上，检查是否有铰楞现象，若有，则对序 2 的长度进行修磨，确保框架放置平稳，修磨时应兼顾总高尺寸 445mm。与此同时，清理焊瘤、焊渣，打磨飞边毛刺等。

3. 检验

对已完成的构件进行自检。可按图样上的定形尺寸和定位尺寸进行检验，确认合格后方可交付（入库）。

六、操作技能评定

课凳框架操作技能可按表 4-7 中的项目进行评定。

表 4-7　KDKJ. 01 课凳框架操作技能评分表

考核项目	考核内容	考核要求	分值	评分标准	实测	扣分
主要项目	几何误差	1. 尺寸 360mm±1mm	10	超差 1mm 扣 2 分,扣完为止		
		2. 尺寸 258mm±1mm	10	超差 1mm 扣 2 分,扣完为止		
		3. 尺寸 350mm±1mm	10	超差 1mm 扣 2 分,扣完为止		
		4. 尺寸 248mm±1mm	10	超差 1mm 扣 2 分,扣完为止		
		5. 尺寸 445mm±1mm	5	超差 1mm 扣 1 分,扣完为止		
		6. 尺寸 180mm±1mm	5	超差 1mm 扣 1 分,扣完为止		
		7. 尺寸 120mm±1mm	5	超差 1mm 扣 1 分,扣完为止		
		8. 尺寸 160mm±1mm	5	超差 1mm 扣 1 分,扣完为止		
		9. 尺寸 100mm±1mm	5	超差 1mm 扣 1 分,扣完为止		
		10. ϕ5mm 孔±0. 5mm	5	超差 0. 5mm 扣 1 分,扣完为止		
		11. 序 1 上框的平面度误差≤1mm	5	超差 1mm 扣 1 分,扣完为止		
		12. 序 1 上框的菱形度误差≤1mm	5	超差 1mm 扣 1 分,扣完为止		
		13. 序 4 腿的平稳度误差≤1mm	5	超差 1mm 扣 1 分,扣完为止		
		14. 序 4 腿的对角线误差≤1mm	5	超差 1mm 扣 1 分,扣完为止		
外观	外观平整	15. 平对接焊缝打磨光滑平整无痕迹;表面无锤痕	5	视打磨情况适当扣分;锤痕 1 处扣 1 分,扣完为止		
一般项目	熟练程度	16. 钢直尺、90°角尺、钢卷尺、划针、剪刀、锉、圆规、样冲的用法	5	发现一次不正确使用扣 1 分,扣完为止		
生产现场	安全文明生产	17. 场地清洁,按规定穿戴劳保用品,工业垃圾随时清理,无安全隐患	—	按国家颁发的有关法规或企业自定有关规定,每违反一项从总分中扣除 2 分,发生重大事故实行一票否决		
合计得分						

任务二　桁架臂制作

一、识读图样及工艺

桁架臂及部件图样如图 4-22 和图 4-23 所示，其工艺过程卡见表 4-8~表 4-11。

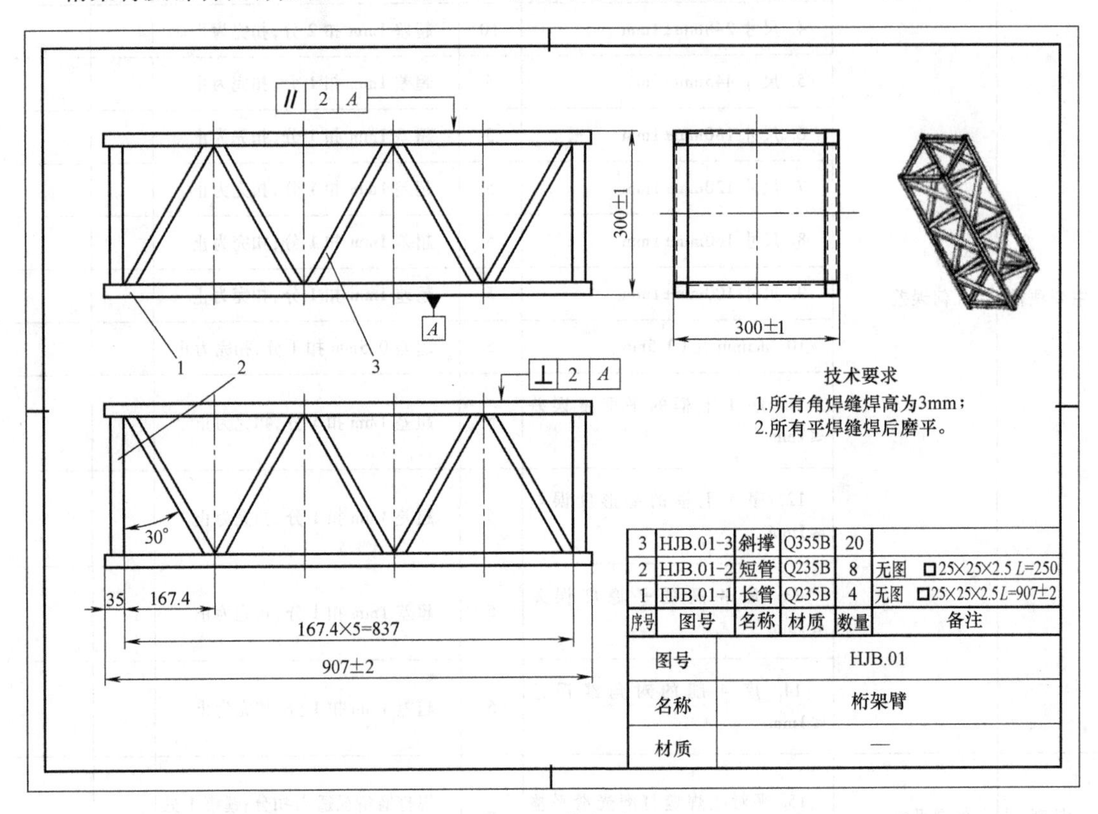

图 4-22　桁架臂

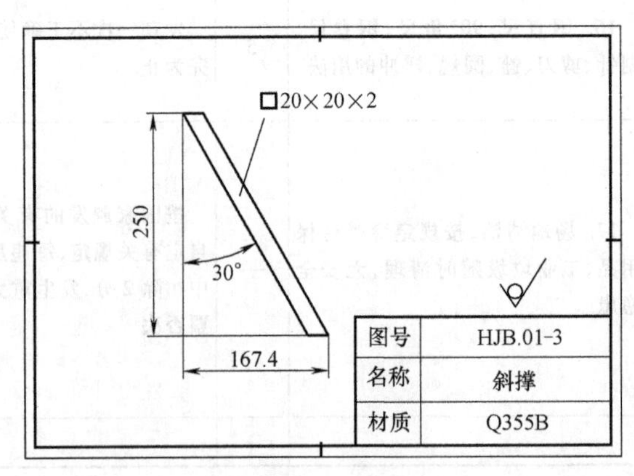

图 4-23　斜撑

表 4-8 筒体工艺过程卡

				艺卡-02	总 页	第 页

徐工技师学院	工艺过程卡	产品型号	HJB.01	零部件图号	HJB.01	物料编码	
		产品名称	桁架臂	零部件名称	筒体	共 4 页	第 1 页
材料种类 —	材料牌号 —	材料规格	—	每毛坯件数	—	每台数量	1

	工序号	工序名称	工序内容	工作中心	设备	刃量工具	工艺装备	辅料	工时
	1	拼点 1	放样拼点单扇。先将序 1 长管 2 件、序 2 短管 2 件按线放入拼成矩形框，再将序 3 斜撑 5 件按线放入拼点（共拼点 2 个单扇）		NBC-350	90°角尺、钢卷尺、锤子		石笔、焊丝 $\phi1.2$mm	2.00
	2	拼点 2	利用原放样图，将拼点好的 2 个单扇分别立放在两边，用 90°角尺靠成与平台成 90°，依次拼入序 2 短管 2 件和序 3 斜撑 5 件		NBC-350			焊丝 $\phi1.2$mm	2.00
	3	拼点 3	将已拼点的部件翻个，重复拼点 2 的内容		NBC-350			焊丝 $\phi1.2$mm	2.00
	4	焊接	按焊接工艺规范实施焊接，平焊缝焊后磨平		NBC-350			焊丝 $\phi1.2$mm	4.00
	5	整形	按尺寸和平行度、垂直度要求进行整形						2.00
		检							
			入库						
底图号									
装订号									

标记	处数	更改文件号	签 字	日 期	标记	处数	更改文件号	签 字	日 期	设计（日期）	审核（日期）	标准化（日期）	批准（日期）
										高大伟	刘晓	王军	郑磊

表 4-9 长管工艺过程卡

艺卡-02 总 页 第 页

徐工技师学院	工艺过程卡	产品型号	HJB. 01	零部件图号	HJB. 01-1	物料编码	
		产品名称	桁架臂	零部件名称	长管	共 4 页	第 2 页

材料种类	方钢管	材料牌号	Q355B	材料规格	□25mm×25mm×2. 5mm $L=907$mm	每毛坯件数	1	每台数量	4

	工序号	工序名称	工序内容	工作中心	设备	刃量工具	工艺装备	辅料	工时
	1	号料	号料 $L=907$mm±2mm			90°角尺、钢卷尺		石笔	0. 10
	2	锯切	锯成 $L=907$mm±2mm		GZ4232				0. 15
		检							
			拼成 HJB. 01						
底图号									
装订号									

										设计(日期)	审核(日期)	标准化(日期)	批准(日期)
标记	处数	更改文件号	签 字	日 期	标记	处数	更改文件号	签 字	日 期	高大伟	刘晓	王军	郑磊

表 4-10 短管工艺过程卡

艺卡-02　　总　页　　第　页

徐工技师学院	工艺过程卡	产品型号	HJB. 01	零部件图号	HJB. 01-2	物料编码	
		产品名称	杵架臂	零部件名称	短管	共 4 页	第 3 页

材料种类	方钢管	材料牌号	Q355B	材料规格	□25mm×25mm×2. 5mm　$L=250$mm	每毛坯件数	1	每台数量	8

工序号	工序名称	工序内容	工作中心	设备	刃量工具	工艺装备	辅料	工时
1	号料	号料 $L=250_{-1}^{\ 0}$mm			90°角尺、钢卷尺		石笔	0. 10
2	锯切	锯成 $L=250_{-1}^{\ 0}$mm		GZ4232				0. 15
	检							
		拼成 HJB. 01						

	底图号		装订号	

标记	处数	更改文件号	签　字	日　期	标记	处数	更改文件号	签　字	日　期	设计(日期)	审核(日期)	标准化(日期)	批准(日期)
										高大伟	刘晓	王军	郑磊

表 4-11　斜撑工艺过程卡

					艺卡-02	总　页	第　页
徐工技师学院	工艺过程卡	产品型号	HJB. 01	零部件图号	HJB. 01-3	物料编码	
		产品名称	杵架臂	零部件名称	斜撑	共 4 页	第 4 页
材料种类	方钢管	材料牌号	Q355B	材料规格	□20mm×20mm×2mm　$L=300$mm	每毛坯件数	1
每台数量	20						

工序号	工序名称	工序内容	工作中心	设备	刃量工具	工艺装备	辅料	工时
1	号料 1	号料 $L=300_{-1}^{0}$mm			90°角尺、钢卷尺		石笔	0.10
2	锯切	锯成 $L=300_{-1}^{0}$mm		GZ4232				0.15
3	号料 2	按图样放样制作样板并号两端斜头				HJB. 01-3/Y-1		0.15
4	锯切	手工锯切两端斜头			弓锯	台虎钳	弓锯条	1.00
	检							
		拼成 HJB. 01						

底图号

装订号

										设计(日期)	审核(日期)	标准化(日期)	批准(日期)
标记	处数	更改文件号	签　字	日　期	标记	处数	更改文件号	签　字	日　期	高大伟	刘晓	王军	郑磊

二、任务描述

履带起重机是工程机械的主要产品之一，而桁架臂又是履带起重机的主要结构件之一，它是以型材为主体制作的结构，是桁架结构在工程机械产品中得以应用的典型实例。该结构均以方钢管为原材料，在制作过程中将会体现型材号料、锯切下料、利用放样进行拼点等知识内容，更能彰显学生利用实物课件进行制作的技能。在该课件的制作中有三个难点：一是同一种零件的一致性；二是斜撑两端斜头形状的控制；三是在拼点过程中垂直度的把控。

三、学习目标

1. 通过桁架臂的制作，进一步熟知生产实际中的结构件制作工艺。

2. 加深按图样、按工艺、按标准进行生产的“三按生产”要求的理解，增强对工程机械产品的了解。

3. 桁架臂的制作需要群体作业，因而通过课件的制作过程，培养学生的团队意识，使学生具有一定的默契配合能力。

4. 通过该课件的制作，了解不同结构件生产的工艺流程，培养学生适应不同结构件生产的能力。

四、任务实施

1. 生产前准备

（1）识读图样（图 4-22，图 4-23）及工艺（表 4-8~表 4-11）。

（2）准备工具、量具　划针、锤子、90°角尺、钢直尺、钢卷尺、石笔等。

（3）领取材料

1）Q355B，方钢管，25mm×25mm×2.5mm，$L=5628$mm。

2）Q235B，方钢管，20mm×20mm×2mm，$L=6000$mm。

2. 加工制造

严格按图样、按工艺、按标准的“三按生产”，根据工艺中的工序顺序进行生产。

（1）序 3　HJB. 01-3 斜撑样板制作：在 t0. 5mm 的镀锌薄钢板上，根据图样尺寸，按线型放样进行画图，并沿放样线手工进行样板剪切，如图 4-24 所示。

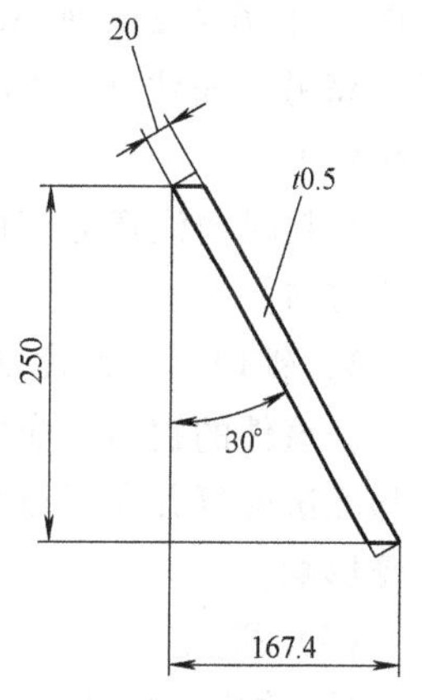

图 4-24　HJB. 01-3 斜撑样板

（2）序 3　HJB. 01-3 斜撑总长尺寸的计算如图 4-25 所示。

$\cos30° = 250 \div X_1$

$$X_1 = 250 \div \cos30° = 250 \div \frac{\sqrt{3}}{2} = 250 \div \frac{1.732}{2} \approx 288.68$$

$$\frac{X_2}{20} = \tan30° = \frac{\sqrt{3}}{3}$$

$$X_2 = 20 \times \tan30° = 20 \times \frac{\sqrt{3}}{3} = 20 \times \frac{1.732}{3} \approx 11.55$$

$$X = X_1 + X_2 = 288.68 + 11.55 \approx 300$$

该件的总长尺寸也可利用 1∶1 的比例进行线型放样，从图中直接量取。

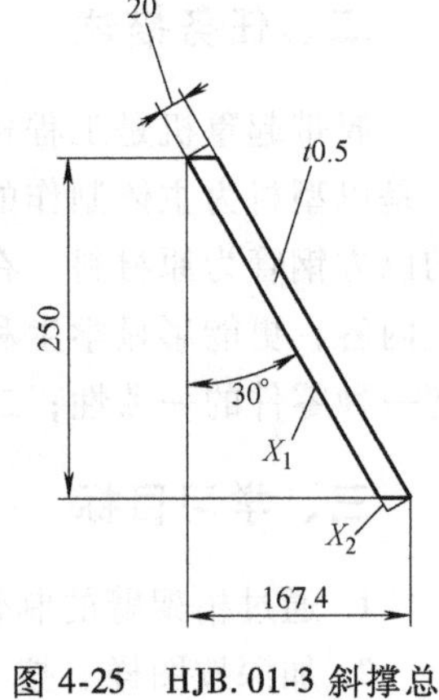

图 4-25　HJB. 01-3 斜撑总长尺寸的计算

（3）号料　号料方法与任务 1 相同。在此需要提示的是，为了提高材料利用率，根据原材料（方钢管）的实际长度，对同材质、同规格的件进行长短搭配下料，以使剩余的余料最短为宜。同时要关注各个零件的下料数量，不得多下或少下。

1）号 25mm×25mm×2. 5mm 方钢。

序 1，HJB. 01-1，长管，L=907mm±2mm，4 件。

序 2，HJB. 01-2，短管，$L=250_{-1}^{\ 0}$mm，8 件。

2）号 20mm×20mm×2mm 方钢。

序 3，HJB. 01-3，斜撑 $L=300_{-1}^{\ 0}$mm，20 件。

（4）下料

1）锯切下料。采用锯床手动操作下料。将型材放入钳口内，先将原材料的端头平掉（因端头不平齐），然后将材料按照所需尺寸大致地往前送，锯弓下落接近型材（但不得接触型材），用钢直尺端部靠住锯条来量取下料长度，为使量取尺寸准确，钢直尺应与型材中心线保持一致。确认下料尺寸正确无误后，操作前钳将料夹紧，再次复量其下料长度是否因前钳夹紧造成变化，否则应重新调整下料尺寸。若复量结果正确，则操作锯床进行锯切下料。在锯床锯切下料时，因原材料的管壁较薄，为防止方钢管在前钳夹紧力的作用下变形，要控制和调整好前钳夹紧力的大小。

锯切序 1，HJB. 01-1，长管，□25mm×25mm×2. 5mm，L=907mm±2mm，4 件。

锯切序 2，HJB. 01-2，短管，□25mm×25mm×2. 5mm，$L=250_{-1}^{\ 0}$mm，8 件。

锯切序 3，HJB. 01-3，斜撑，□20mm×20mm×2mm，$L=300_{-1}^{\ 0}$mm，20 件。

2）划线（二次号料）。利用样板 HJB. 01-3/Y-I 号斜撑两端的斜头。将样板平放在方钢平面上，沿方钢的长度方向靠齐，将样板压实进行划线，如图 4-26a 所示；用 90°角尺将线过画到另一面，如图 4-26b 所示；再用 90°角尺（或直尺）将另一面线连出即可（也可用样板将另一面线画出）。

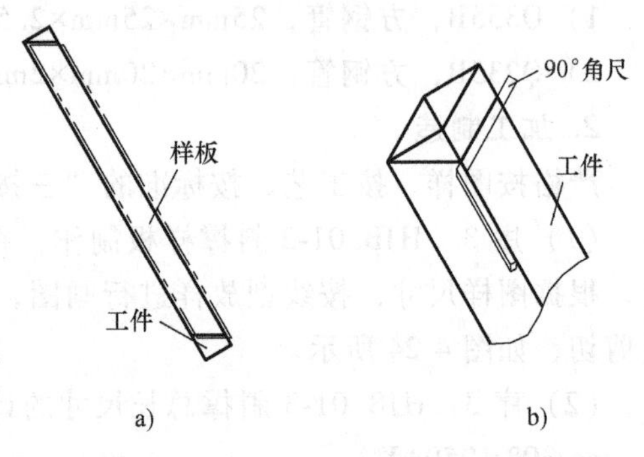

图 4-26　HJB. 01-3 斜撑斜头号料

号料时要注意方钢两端斜头的方向性，以免号错方向。

3）锯切。锯切序 3，HJB. 01-3 斜撑的两端斜头。该件的锯切，应本着宁走线外不走线里的原则进行手工锯切，大了可以进行修磨，小了却无法修复并在拼点时有缝隙影响焊接。此外还要确保方钢两对称面的一致，以确保拼点不受影响。

（5）拼点

1）放样。按图示尺寸按 1∶1 的比例在平台上进行单扇的线型放样，其放样图如图 4-27 所示。为确保放样准确，应测量放样图的对角线是否存在误差，否则应进行修整。

2）拼单扇。将序 1 长管 2 件、序 2 短管 2 件按线摆放，检查相关尺寸（包括其对角

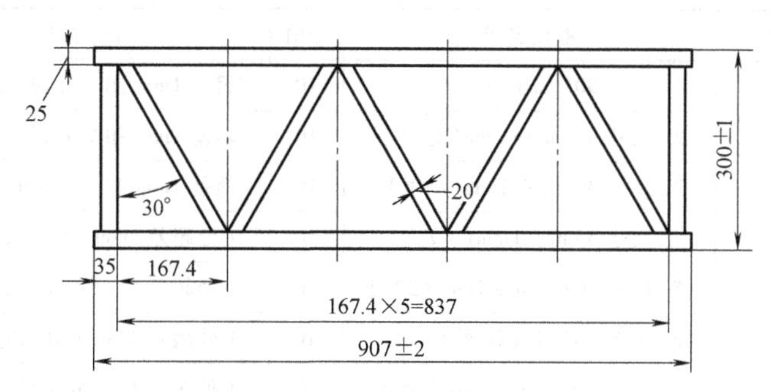

图 4-27 桁架臂单扇放样图

线）合格后进行定位焊。再将序 3 斜撑 5 件依次按线进行拼点。拼点过程中，若序 3 件相互影响，说明件的尺寸大了，应及时进行修复。共拼 2 个单扇。

3）合拼。将拼好的 2 个单扇按放样图分别立放在两侧并用 90°角尺靠正（2 个单扇与平台面垂直），先将序 2 短管 2 件按线放入拼点，此时应检查尺寸 837mm 是否合格。再将序 3 斜撑 5 件依次按线进行拼点。边拼点边对序 3 件进行修整。将拼点好的 3 扇组件不动，继续拼点序 2 短管 2 件，此时可在序 1 长管上画线拼点，也可参照前后两扇中序 2 的位置进行拼点，并及时检查尺寸 300mm 和 837mm 是否在图样、工艺要求的范围内。最后再依次拼点序 3 斜撑 5 件，边拼边进行修整。

（6）焊接　按焊接工艺规范实施各焊缝的焊接，平焊缝焊后用角磨机磨平，以使构件外观平整美观，焊后清渣清瘤。

（7）整形　该构件焊接后，不同程度的会出现平面度误差和垂直度误差以及菱形变形。其矫正顺序依次为矫正菱形、矫正平面度、矫正垂直度。

1）矫正菱形。将桁架臂放在平台上，分别测量前后端的对角线长度是否一致，如果存在误差则需进行修整。菱形度的矫正方法同厚板篇任务三中吊臂菱形的矫正相同。

2）矫正平面度。将桁架臂平放在平台上，可用压按、目测、用塞尺塞等方法检测，若存在平面度误差则需进行整形。将上翘部位附近垫上垫铁，使上翘部位悬空，用锤子击打上翘部位。

3）矫正垂直度。将桁架臂平放在平台上，用 90°角尺分别检测两立面相对基准面 *A*（底面）的垂直度。若两侧面的垂直度误差一正一负（即一面大于 90°，两另一面小于 90°），说明菱形矫正不当，可对出现误差的部位按菱形的矫正方法进行矫正；若两侧面的垂直度误差均为正值或负值（即两立面都大于 90°或两立面都小于 90°），该类型的垂直度误差无法进行矫正，说明在拼点过程中因序 3 斜撑件尺寸短而造成的。

3. 检验

对已完成的桁架臂进行自检。可按图样上的定形尺寸和定位尺寸进行检验，确认合格后方可交付（入库）。

五、操作技能评定

桁架臂操作技能可按表 4-12 中的项目进行评定。

表 4-12　HJB.01 桁架臂操作技能评分表

考核项目	考核内容	考核要求	分值	评分标准	实测	扣分
主要项目	几何误差	1. 尺寸 907mm±2mm	10	超差 1mm 扣 2 分，扣完为止		
		2. 尺寸 300mm±1mm（宽度）	10	超差 1mm 扣 2 分，扣完为止		
		3. 尺寸 300mm±1mm（高度）	10	超差 1mm 扣 2 分，扣完为止		
		4. 尺寸 35mm±1mm（4 处）	10	1 处超差 1mm 扣 1 分，扣完为止		
		5. 尺寸 167.4mm±1mm（20 处）	10	1 处超差 1mm 扣 1 分，扣完为止		
		6. 角度 30°±1°（20 处）	10	1 处超差 1°扣 1 分，扣完为止		
		7. 平面度误差≤1mm（4 个面）	5	1 处超差 1mm 扣 1 分，扣完为止		
		8. 垂直度误差≤1mm（2 个面）	5	1 处超差 1mm 扣 1 分，扣完为止		
		9. 对角线误差≤1mm（两端面）	5	1 处超差 1mm 扣 1 分，扣完为止		
		10. 平行度误差≤1mm	5	超差 1mm 扣 1 分，扣完为止		
	外观	11. 表面无锤痕	5	发现 1 处扣 1 分，扣完为止		
		12. 无焊瘤焊渣	5	发现 1 处扣 1 分，扣完为止		
一般项目	工、量具的正确使用	13. 钢直尺、90°角尺、钢卷尺、划针、剪刀、锉、圆规、样冲的用法	5	发现一次不正确使用扣 1 分，扣完为止		
	操作熟练程度	14. 操作熟练程度	5	视熟练程度适当扣分		
生产现场	安全文明生产	15. 场地清洁，按规定穿戴劳保用品，工业垃圾随时清理，无安全隐患	—	按国家颁发的有关法规或企业自定有关规定，每违反一项从总分中扣除 2 分，发生重大事故实行一票否决		
合计得分						

模块五　拓展篇

任务一　球体制作

一、识读图样及工艺

球体图样如图 5-1 所示，其工艺过程卡见表 5-1。

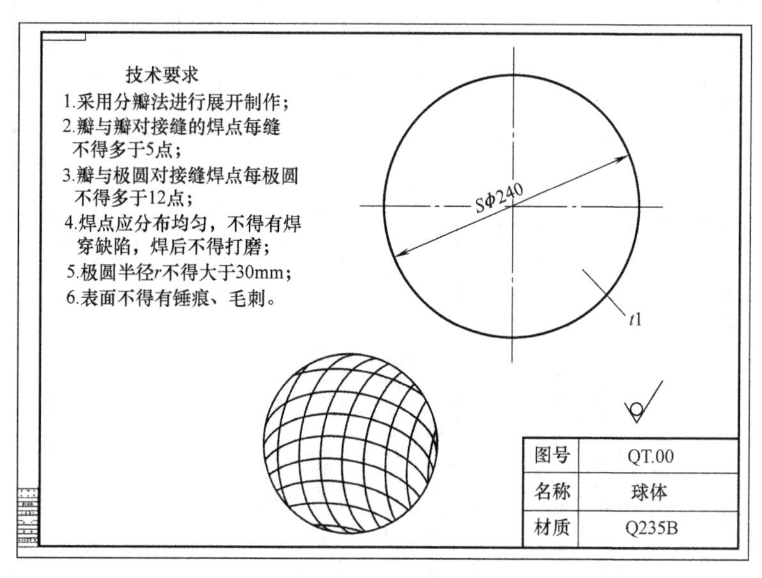

技术要求
1.采用分瓣法进行展开制作；
2.瓣与瓣对接缝的焊点每缝不得多于5点；
3.瓣与极圆对接缝焊点每极圆不得多于12点；
4.焊点应分布均匀，不得有焊穿缺陷，焊后不得打磨；
5.极圆半径r不得大于30mm；
6.表面不得有锤痕、毛刺。
SΦ240
t1
图号
QT.00
名称
球体
材质
Q235B

图 5-1　球体

二、任务描述

球体展开制作是冷作工通过劳动部门高级工鉴定的候选题之一，它的展开制作，即要有相关展开放样的基础知识并能扩展应用，又要有较高的实际操作动手能力。该构件制作的难点是展开放样的精确程度和各瓣制作的一致性。因此，从展开放样、样板制作、号料、下料、弯曲、拼点等各个工序都要控制好质量，避免因某一工序的误差影响最终构件的整体质量。

表 5-1　球体工艺过程卡

艺卡-02　总　页　第　页

徐工技师学院	工艺过程卡	产品型号	QT. 00	零部件图号	QT. 00	物料编码	
		产品名称	球体	零部件名称	球体	共 1 页	第 1 页
材料种类	钢板	材料牌号	Q235B	材料规格	t1mm×400mm×900mm	每毛坯件数	1
每台数量	1						

工序号	工序名称	工序内容	工作中心	设备	刃量工具	工艺装备	辅料	工时
1	展开放样	用分瓣法进行展开放样并制作样板			绘图仪器		纸板	0.30
2	号料	用样板号分瓣外形(12 件),极圆 2 件			划针			0.15
3	剪切	手工剪切下料			薄钢板剪刀			0.40
4	调平	手工调平包括锉修毛刺			木锤、平锉			0.15
5	弯曲	手工弯曲,确保每瓣的曲率一致			木锤	台虎钳、圆钢、规铁		0.40
6	修形	修整相邻两瓣的轮廓,确保对接缝严密,并做好标识			木锤、平锉			1.00
7	拼点	先进行瓣与瓣的拼点,再拼点上、下极圆	NBC-350		QT. 00/P-Ⅰ			0.20
8	整形	进行瓣与瓣拼接的修整,不得有错口			木锤			0.20
	检							
		入库						

底图号

装订号

标记	处数	更改文件号	签　字	日　期	标记	处数	更改文件号	签　字	日　期	设计(日期)	审核(日期)	标准化(日期)	批准(日期)
										高大伟	刘晓	王军	郑磊

三、学习目标

1）接受工作任务后，能识读产品图样和工艺。

2）在识读图样和工艺的基础上，能按 1∶1 比例绘制构件单线图。

3）通过相关知识的学习，根据构件特征，进行形体分析，能独立地完成构件的展开放样及样板制作。

4）在老师的指导下，能独立地号料、下料及构件的弯曲制作和装配。

5）在老师的指导下，能对已制作的构件进行检测，并进行质量分析。

四、相关知识

1. 不可展曲面的近似展开

几何形体的表面展开分为可展几何形体表面和不可展几何形体表面。如果物体表面不能摊平，就称为不可展表面，也称不可展曲面。如球体表面、螺旋面等。具有不可展表面的几何形体有以下两类：

1）以曲线为母线的旋成体。例如球体、圆环体、瓶形物体。这类物体的素线本身是弯曲的，在绕轴线旋转构成物体表面时，线上各点形成的轨迹也是弯曲的。显然，双向弯曲的表面是无法摊平的。

2）虽然物体表面素线为直线，但相邻素线不平行，呈空间交叉状态的扭曲表面。例如各种螺旋面。

但是，如果把物体表面有规律地划分成一系列小单元，当这些小单元满足一定条件时，可以将其近似地看作是平面，或是单向弯曲的曲面，进而将其近似展开。

2. 球体表面的近似展开

球面是典型的不可展曲面，只能做近似的展开，即假设球面由许多小块板料拼接而成，而每一块板料可看成是单向弯曲可展的，于是整个球面便可近似地展开。

球面的展开有分瓣法、分带法和分块法三种。

（1）分瓣法　分瓣法是球体表面近似展开的基本方法之一。从立体角度看和橘子分瓣所占有的橘皮形式相似，所以，也有称其为橘皮法。分瓣法就是沿径向线方向分割球面为若干瓣，每瓣大小相同，展开后为柳叶形。其展开作图步骤如下：

1）按 1∶1 比例画出主、俯视图（单线图），在圆心处标注 O，如图 5-2 所示。

2）将俯视图圆周等分 12 等份，将等分点与圆心相连（即分瓣线在俯视图中的投影），如图 5-3 俯视图所示。

3）同样等分主视图圆周 12 等份，过等分点水平连线，即得球的辅助截面，如图 5-3 主视图所示。

4）在俯视图中作出辅助平面的投影，得分瓣线与辅助截面的交点 a、a_1、b、b_1、c、c_1，如图 5-4 所示。

5）在俯视图上任取一瓣，作出中点 P，将 P 点与圆心连线并画射线，如图 5-5 所示。

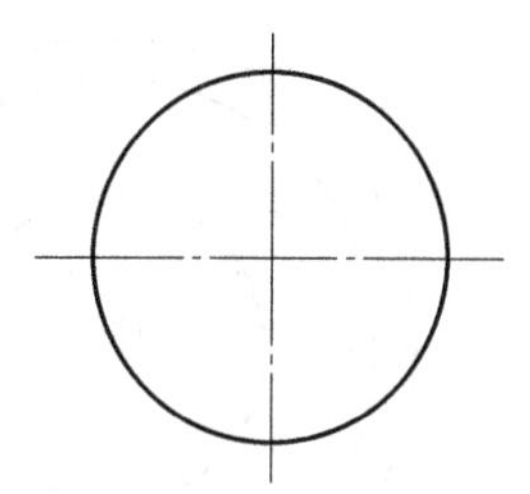

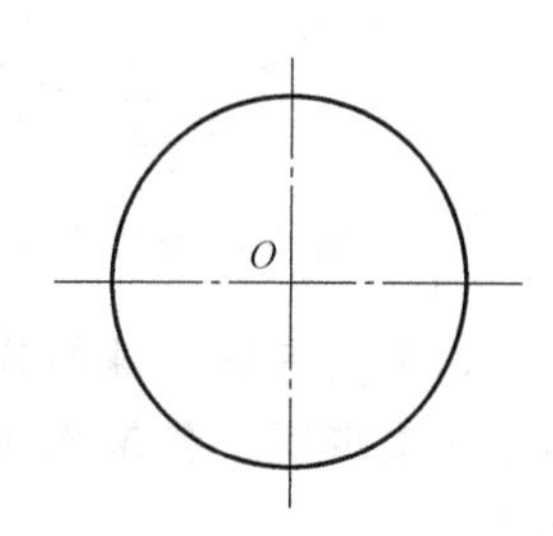

图 5-2　球体的单线图

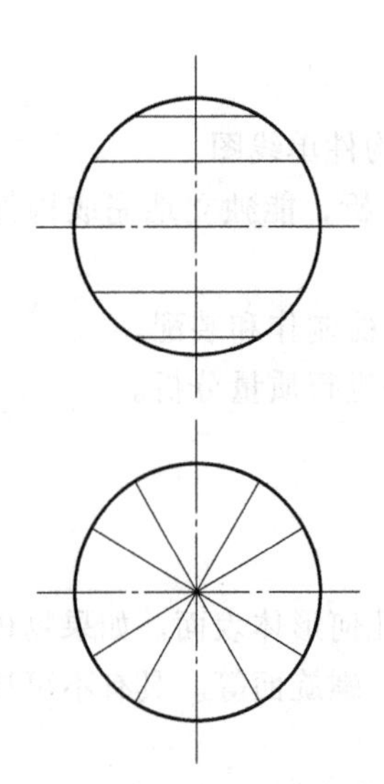

图 5-3　球的分瓣线和辅助截面

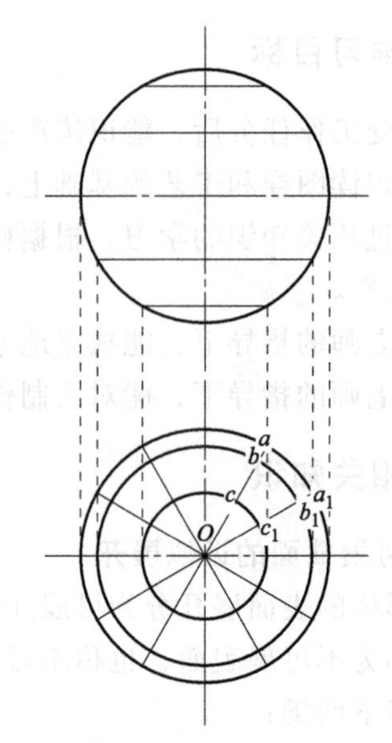

图 5-4　分瓣线与辅助截面的交点

6）在射线上截取半圆周长 πR 即为分瓣长的长度，标注 O、O，将线段 O-O 等分六等份，并过等分点作线段 O-O 的垂线，如图 5-6 所示。

7）将俯视图中的 a-a_1、b-b_1、c-c_1 的分瓣宽度对应在 O-O 的垂线上分别截取并对应标注，如图 5-7 所示。

8）顺序光滑连接各点即得球体表面一瓣的展开图，如图 5-8 所示。

9）画极圆：以 O 点为圆心，O-C 长为半径画圆即为极圆的展开图，如图 5-9 所示，极圆不宜过大，一般以分瓣展开图上的 1/6 等分作为极圆或更小。

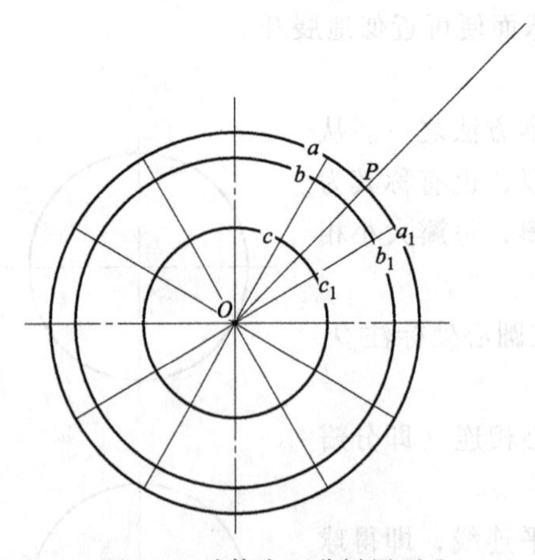

图 5-5　球体表面分瓣展开 Ⅰ

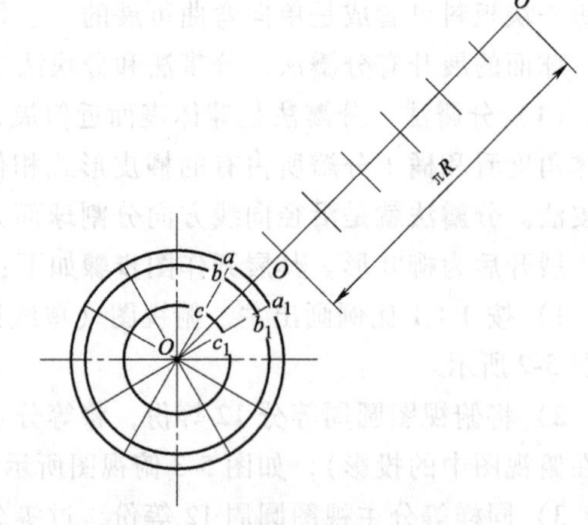

图 5-6　球体表面分瓣展开 Ⅱ

（2）分带法　球的分带类似地球仪划分纬度带的作法，将球体表面划分成两个极圆和若干个横带圈，各带圈可分别近似视为圆柱管表面和圆锥台管表面的展开。其展开步骤如下：

1）画单线图。用已知尺寸按 1∶1 比例画出球的主视图，16 等分球面圆周，标注各等分点，并将各等分点引水平线（纬线），将纬线端点间用直线顺次连接，便把整个球面分割成两个极圆（上、下各 1 个）、七个带圈（6 个圆锥台面和 1 个圆柱面），如图 5-10 所示，（等分份数越多，球面越近于真圆，但展开的复杂程度也随之增加）。

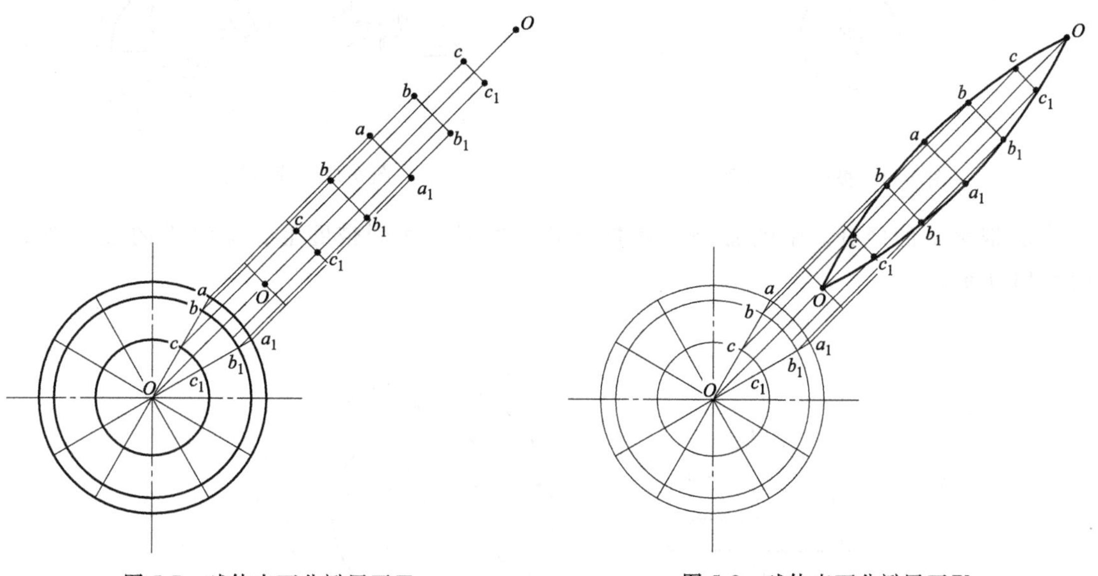

图 5-7　球体表面分瓣展开Ⅲ　　　图 5-8　球体表面分瓣展开Ⅳ

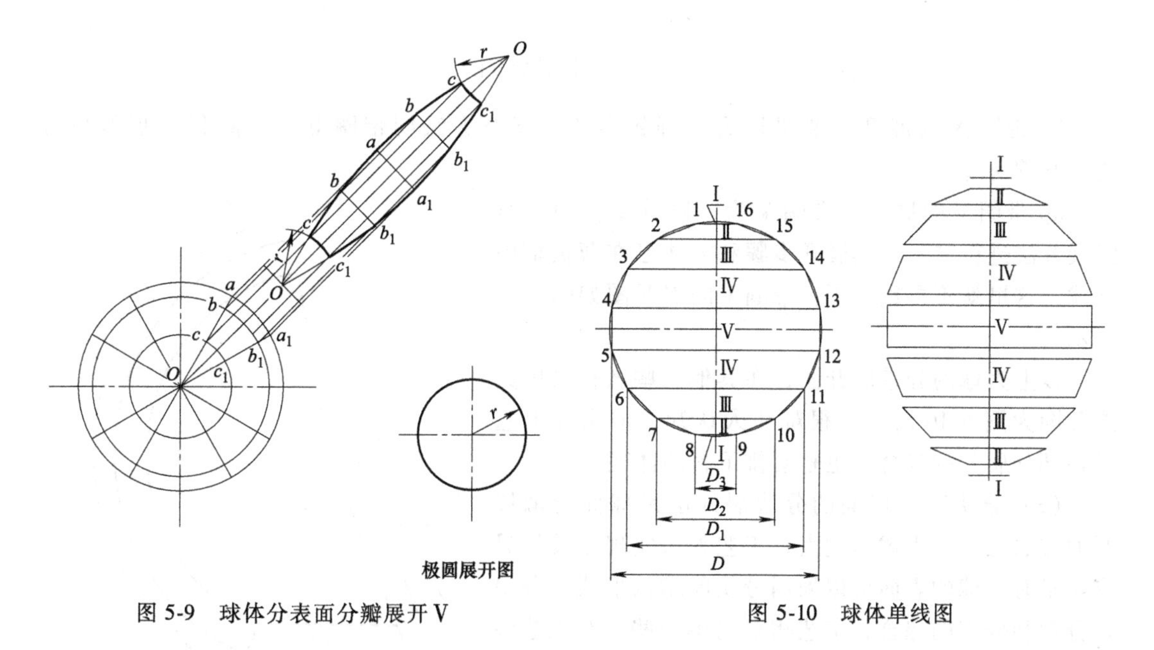

图 5-9　球体分表面分瓣展开Ⅴ　　　图 5-10　球体单线图

2）展开作图。

① 极圆Ⅰ的展开。画十字中心线，以 O 点为圆心，以$\frac{D_3}{2}$（R_1）为半径画圆，此圆即为极圆，如图 5-11 所示。

② 带圈Ⅱ的展开。带圈Ⅱ为一圆锥台管，用放射线展开法进行展开，其展开步骤和方

法已在薄板篇中细述，这里就不再重复了，带圈Ⅱ的展开图如图 5-12 所示。

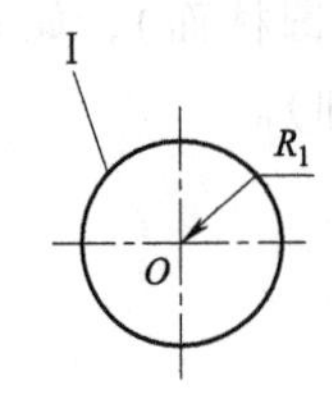

图 5-11　极圆Ⅰ展开图

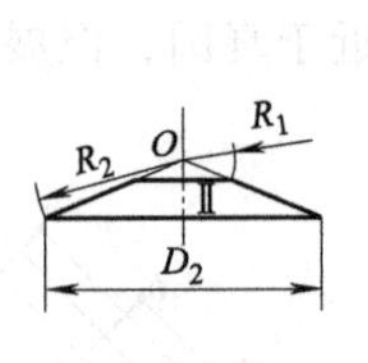

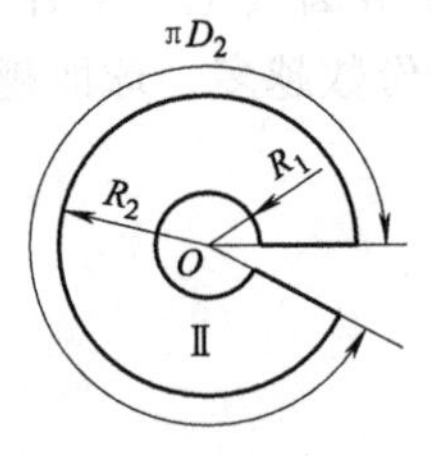

图 5-12　带圈Ⅱ展开图

③ 带圈Ⅲ的展开。带圈Ⅲ为一圆锥台管，展开方法同带圈Ⅱ，带圈Ⅲ的展开图如图 5-13 所示。

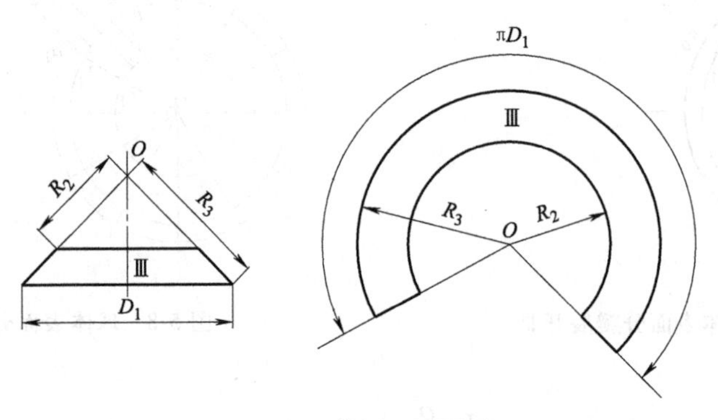

图 5-13　带圈Ⅲ展开图

④ 带圈Ⅳ的展开。带圈Ⅳ为一圆锥台管，展开方法同带圈Ⅱ，带圈Ⅳ的展开图如图 5-14 所示。

⑤ 带圈Ⅴ的展开。带圈Ⅴ为一圆柱管，用平行线展开法进行展开，其展开步骤和方法已在薄板篇中细述，这里就不再重复了，带圈Ⅴ的展开图如图 5-15 所示。

以上为球的分带展开图，在其他一些教科书中其展开图为图 5-16 所示，很难让人认知，但实际上它是各部分展开的集合，也是套排下料的体现。

（3）分块法　球面的分块展开法是球面近似展开的方法之一，当球体过大、工艺无法实现或设计另有要求时，球的表面可以采用分块的结构形式。分块是分瓣和分带的综合，工艺相对简单一些，对工艺装备要求不高，特别适用于大型球体结构。

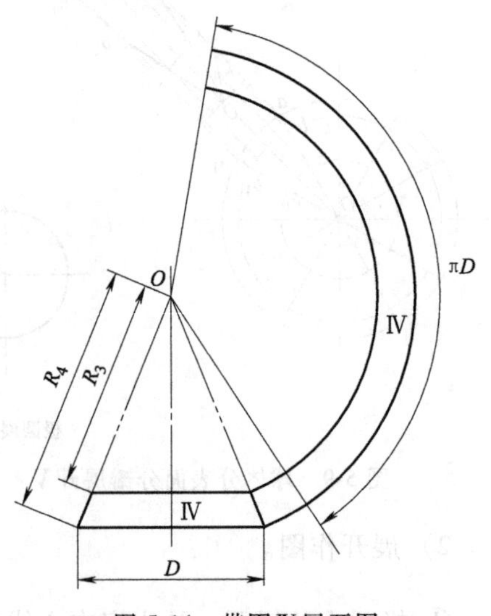

图 5-14　带圈Ⅳ展开图

球面的分块展开步骤如下：

1）画单线图。根据已知尺寸按 1∶1 比例画出球的主俯视图（单线图，这里只画出半球），在主视图中等分圆周 6 等份，并按图标注，将等分点对应连线，即将球分为三个横带，主视图中的连

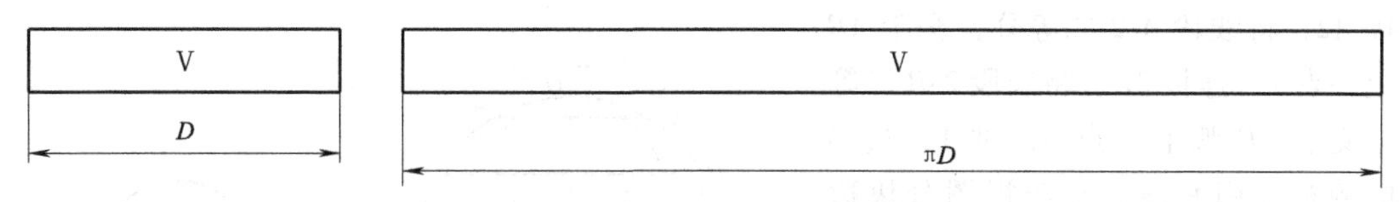

图 5-15　带圈Ⅴ展开图

线 A-C、B-D、E-F 也是三个特殊位置截面在主视图中的投影，如图 5-17 所示。

2）画出三个截面在俯视图中的投影，其直径分别为 AC、BD、EF，并将各圆周等分 8 等份，对应等分点连线（为使接缝错开，相邻截面圆周等分点应错开），便将各带等分成八块。这些连线也是分块线在俯视图中的投影，如图 5-18 所示。

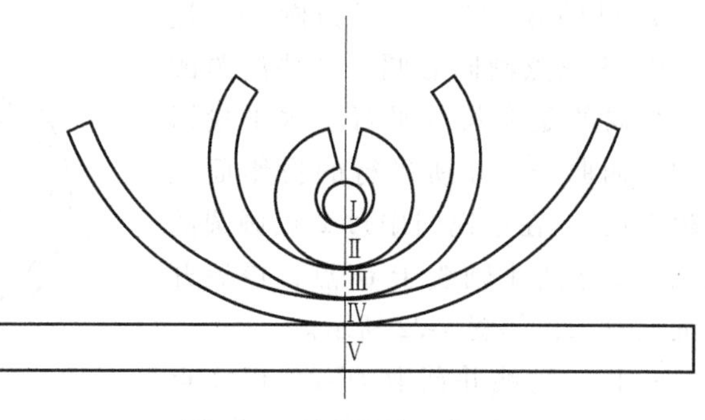

图 5-16　球体的表面展开

3）将俯视图中的分块线向主视图上投影，因展开时用不到主视图中的分块线，故画法从略，主视图中的分块线仅为大家在分块展开时，增强一定的效果感觉，如图 5-19 所示。

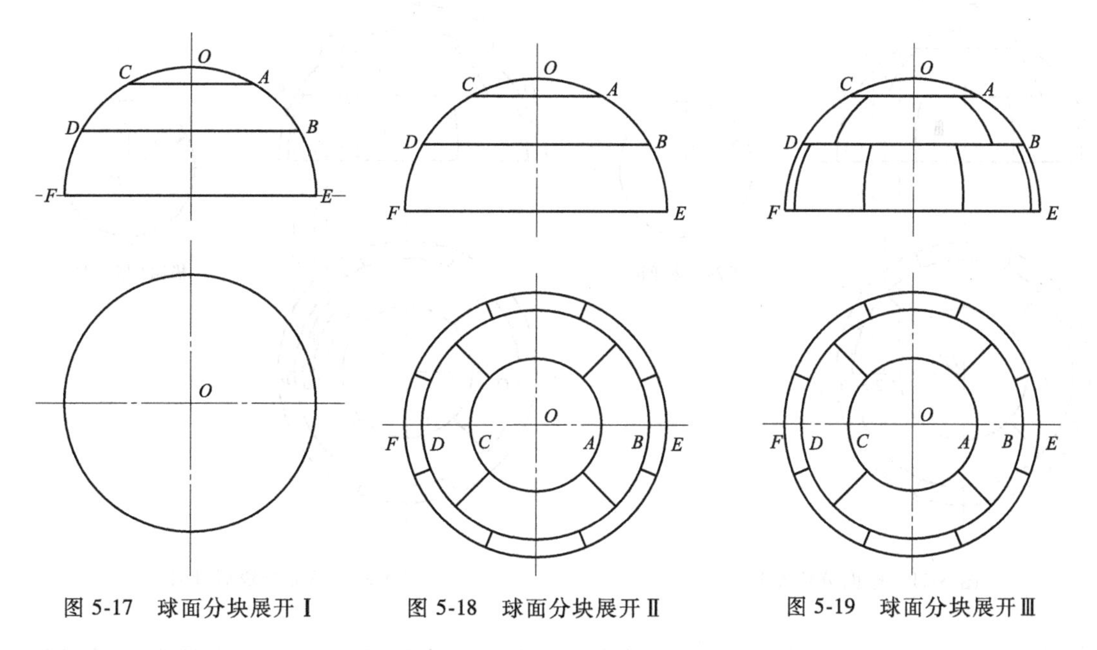

图 5-17　球面分块展开Ⅰ　　图 5-18　球面分块展开Ⅱ　　图 5-19　球面分块展开Ⅲ

4）展开作图。由于每一横带都是均分的，因而各块的大小是一致的，所以每一横带只展开一个分块即可。

① 极圆Ⅰ的展开。画十字中心线，以 O 点为圆心，以主视图中 O-C 长度为半径画圆，即得极圆的展开图，如图 5-20 所示。

② 分块Ⅱ的展开

a. 在主视图中四等分 AB 弧，即连接 AB，将线段 A-B 二等分，交于 AB 弧上一点 2；再

连接 $A2$，将线段 A-2 二等分，交于 AB 弧上一点 1；连接 $2B$，将线段 2-B 二等分，交于 AB 弧上一点 3，过 1、2、3 点向俯视图引垂线，交俯视图分块边 $A'B'$ 于 1′、2′、3′点，如图 5-21 所示。

b. 以俯视图圆心 O' 为圆心，过 1′、2′、3′三点画同心圆，分块所跨的弧长反映的是实长（平行于水平投影面的平面曲线，在所平行的投影面上反映实长）。在主视图中过 2 点画圆的切线，交球的中轴线于 O'' 点，得展开基准长 O''-2，如图 5-22 所示。

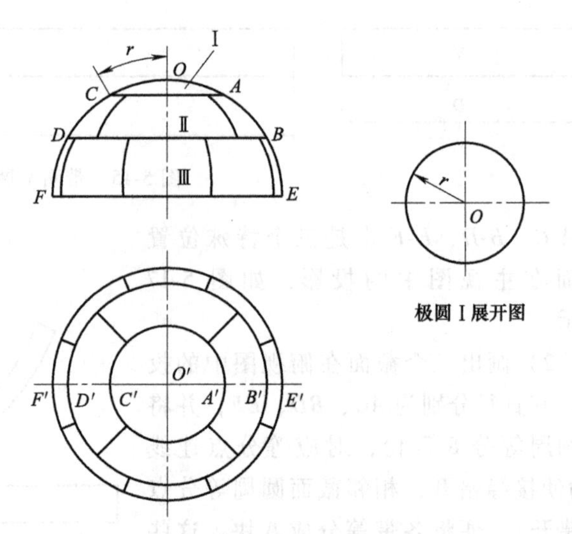

图 5-20　球面分块展开Ⅳ

c. 作一射线并截取 O''-2，以 2 点为中心，将 AB 弧长（附带各等分点）展开在射线上，并画出同心圆弧，在同心圆弧上对应截取俯视图中反映的分块弧长，得一系列分块轮廓点。圆滑连接，即完成分块Ⅱ的展开，如图 5-23 所示。

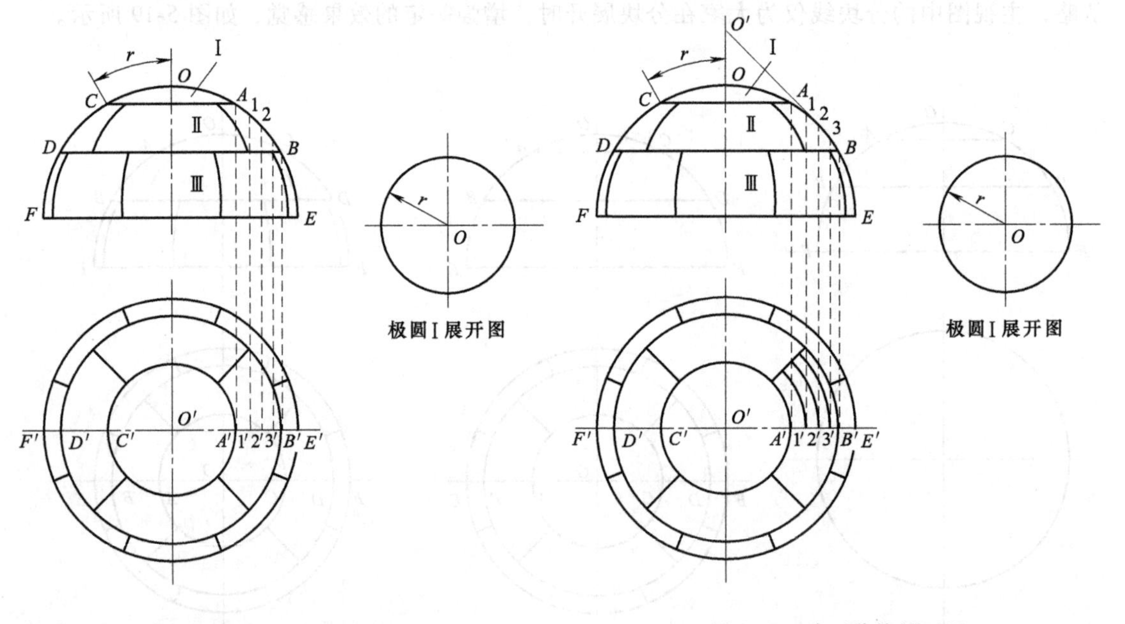

图 5-21　球面分块展开Ⅴ　　　　图 5-22　球面分块展开Ⅵ

③ 分块Ⅲ的展开。分块Ⅲ的展开同分块Ⅱ的展开完全相同，这里就不再重复，其展开图如图 5-24 所示。

五、任务实施

1. 生产前准备：

(1) 识读图样（图 5-1）和工艺（表 5-1）。

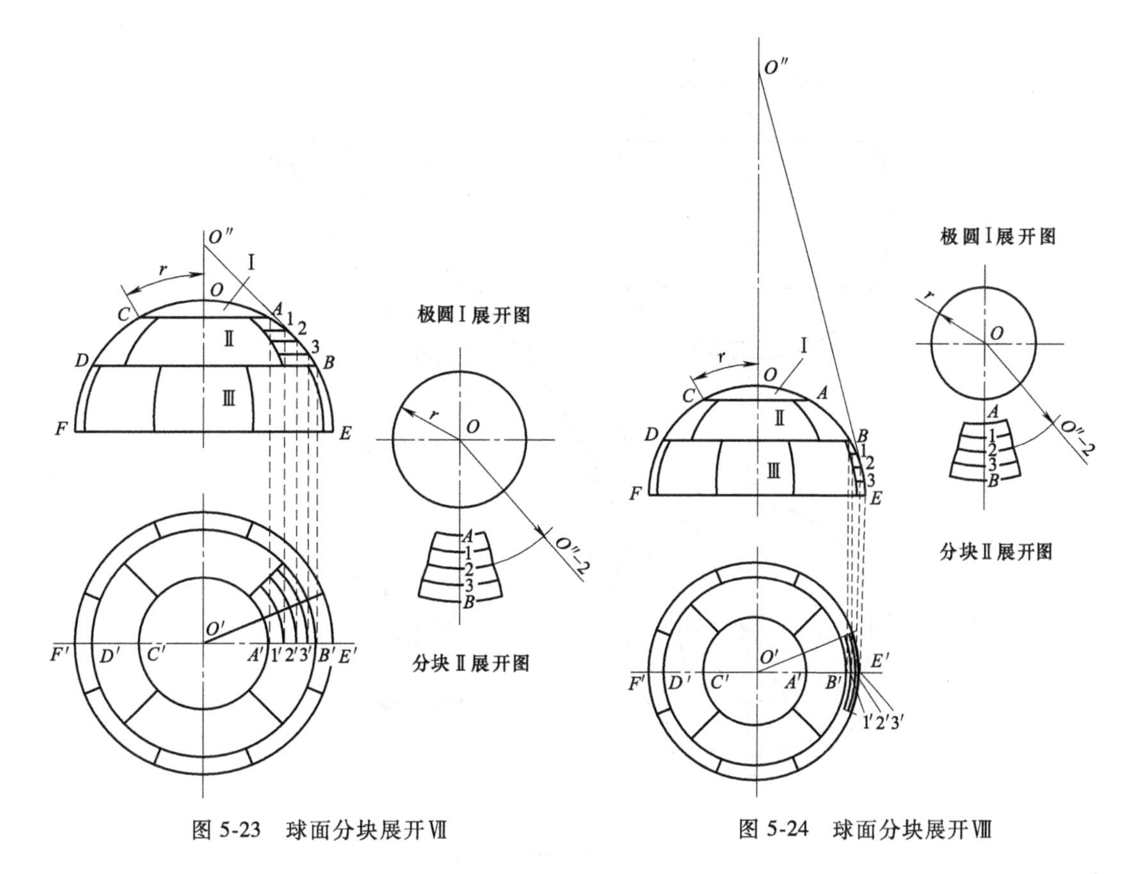

图 5-23　球面分块展开Ⅶ　　　　图 5-24　球面分块展开Ⅷ

（2）自备放样工具和量具　准备放样所用的三角板、圆规、铅笔、橡皮、剪刀等。

（3）领取构件制作工具与量具　领取划针、钢直尺、薄钢板剪刀、锉、木锤、钢卷尺、90°角尺等。

（4）领取纸板和材料

1）领取放样用纸板；t1mm×700mm×500mm。

2）根据图样、工艺要求领取相应材料：薄钢板，t1mm×400mm×900mm。

2. 构件制作

（1）展开放样　按相关知识中的分瓣法进行展开放样，其展开放样及作图步骤就不再重复了，该球体表面的展开图如图 5-25 所示。

（2）样板制作

1）号料样板。沿球瓣和极圆展开图的外轮廓剪下，剪口应圆滑，其号料样板如图 5-26 所示。

2）弯曲样板。可利用放样图中的主视图或俯视图的一半作为弯曲样板，其弯曲样板如图 5-27 所示。

（3）号料　将球瓣样板平铺在钢板上，按实用划针沿外轮廓划线，12 件并排排列，极圆 2 件用余料进行号料，其号料套排图如图 5-28 所示。

（4）剪切　根据工艺安排，采用薄钢板剪刀手工剪切下料。下料时沿号料外轮廓剪下。手工剪切下料时，不要将剪刀剪到底，应不断跟进剪刀一点一点地剪，避免因剪刀尖造成剪

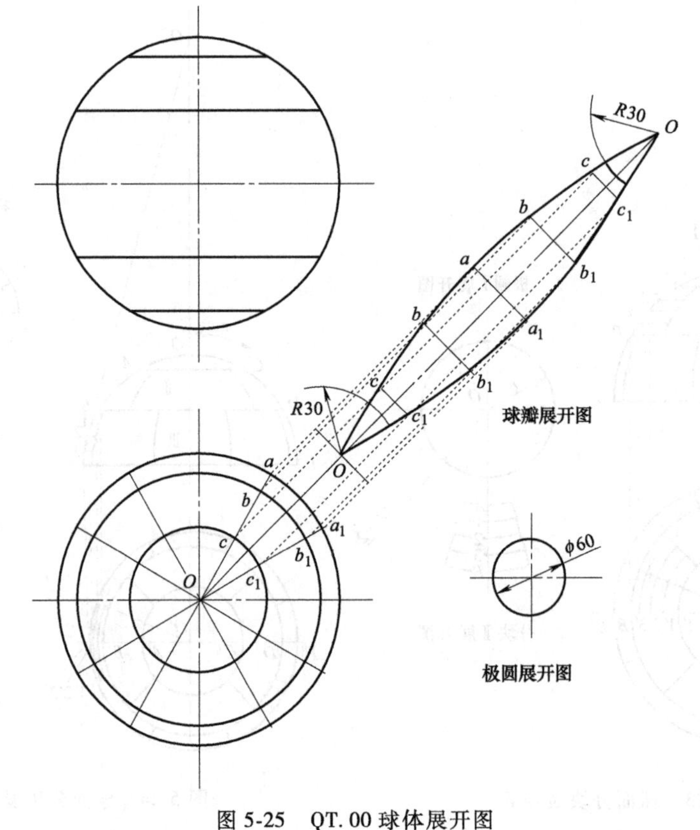

图 5-25　QT. 00 球体展开图

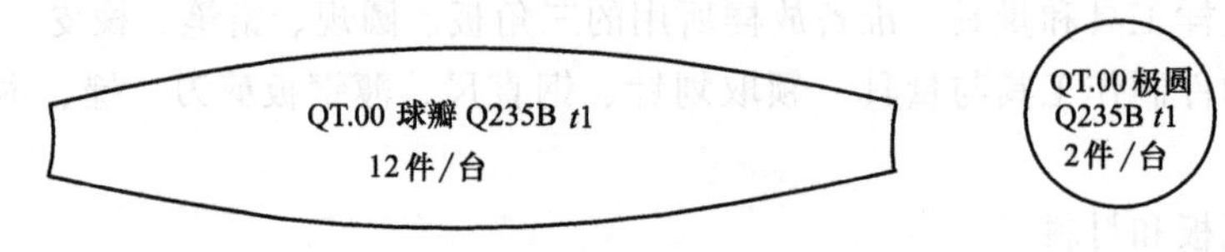

图 5-26　QT. 00 球体分瓣号料样板

切挤压痕点影响下料件周边质量。

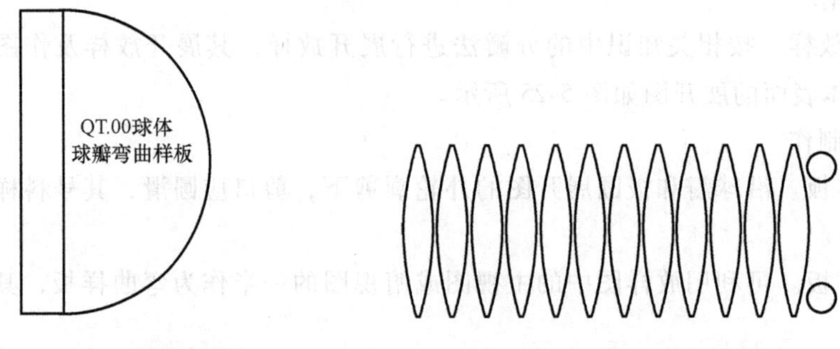

图 5-27　QT. 00 球瓣弯曲样板　　　图 5-28　球瓣、极圆套料图

（5）调平　用木锤进行调平。

（6）弯曲　将圆钢夹持在台虎钳上进行球瓣的弯曲。为使球面圆滑过渡，棱线不得弯出，边弯曲边用样板检测其弯曲曲率，最终以与弯曲样板吻合为准，如图 5-29 所示。

（7）修形 修整瓣与瓣拼接的轮廓，确保对接缝严密，要做好位置标识（各件标识还应标出方向，避免混用和用错方向），其标识可参见图 5-30 所示。

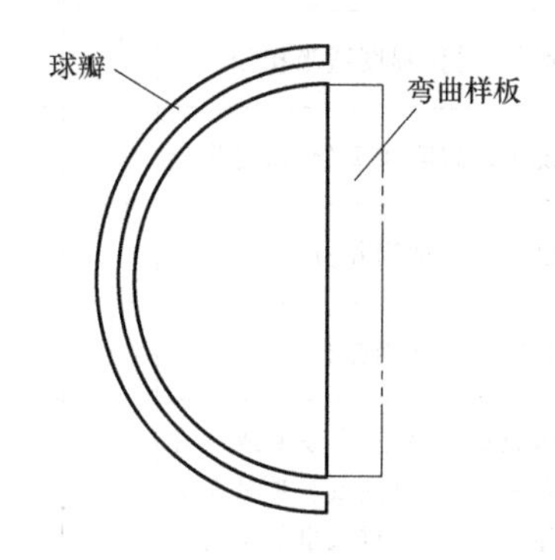

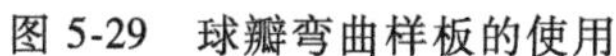
图 5-29 球瓣弯曲样板的使用

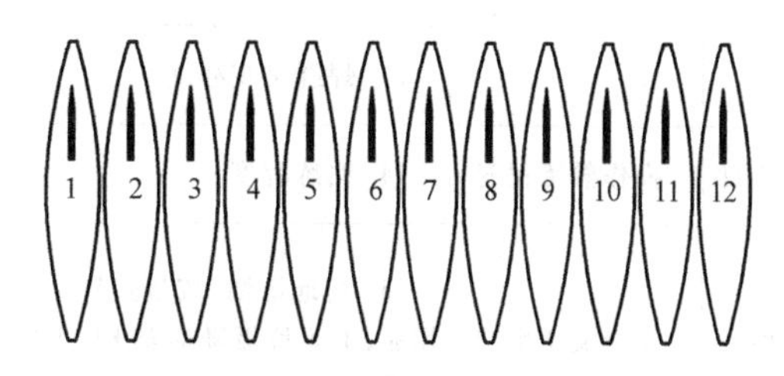

图 5-30 球瓣拼点顺序标识

（8）拼点 将拼点工装放置在平台上，以球瓣 1 为基准拼点球瓣 2，转动一个球瓣的位置，再以球瓣 2 拼点球瓣 3，依此类推完成各球瓣的拼点，控制瓣与瓣拼接缝定位焊的数目；修磨上下极圆口，并用极圆比对，适合了就进行极圆与球瓣的拼点，否则再次进行极圆口的修磨，注意极圆与球瓣定位焊数目。

（9）整形 修整球瓣与球瓣拼接缝的错口，对突出的部位可用木锤进行轻轻敲击，避免用力过猛整过；同理进行极圆与球瓣拼接缝的错口。

（10）检验 按图样、工艺要求进行自检。

六、操作技能评定

球体制作操作技能评分表见表 5-2。

表 5-2 球体制作操作技能评分表

考核项目	考核内容	考核要求	分值	评分标准	实测	扣分
主要项目	尺寸公差	1. 尺寸 $S\phi240\text{mm}\pm2\text{mm}$	10	超差 1mm 扣 2 分,扣完为止		
		2. 极圆尺寸≤$\phi60\text{mm}$	5	超差 1mm 扣 1 分,扣完为止		
	拼接质量	3. 瓣与瓣拼接处缝隙≤1mm	20	超差 1mm 扣 2 分,扣完为止		
		4. 极圆与瓣拼接处缝隙≤1mm	10	超差 1mm 扣 2 分,扣完为止		
		5. 瓣与瓣拼接处错口	10	1 处错口 1mm 扣 1 分，错口 2mm 扣 2 分,扣完为止		
		6. 极圆与瓣拼接处错口	5	1 处错口 1mm 扣 1 分，错口 2mm 扣 2 分,扣完为止		
	外观	7. 表面无明显折弯痕迹	5	发现 1 处扣 1 分,扣完为止		
		8. 表面无明显锤痕、剪口无毛刺	5	发现 1 处扣 1 分,扣完为止		
	焊接质量	9. 瓣与瓣定位焊焊点数目≤5 点	5	超出 1 点扣 1 分,扣完为止		
		10. 极圆与瓣定位焊焊点数目≤12 点	5	超出 1 点扣 1 分,扣完为止		

（续）

考核项目	考核内容	考核要求	分值	评分标准	实测	扣分
主要项目	焊接质量	11. 焊点分布均匀、对称	5	视均匀、对称程度适当扣分		
		12. 定位焊无焊穿、开焊缺陷	5	发现1处缺陷扣1分，扣完为止		
		13. 焊缝美观程度	5	视目测情况适当扣分		
一般项目	操作熟练程度	14. 熟练程度	5	视熟练程度适当扣分		
生产现场	安全文明生产	15. 场地清洁，按规定穿戴劳保用品，工业垃圾随时清理，无安全隐患		按国家颁发的有关法规或企业自定有关规定，每违反一项从总分中扣除2分，发生重大事故实行一票否决		
合计得分						

任务二　螺旋输送杆制作

一、识读图样及工艺

螺旋输送杆图样如图5-31所示，其工艺过程卡见表5-3~表5-5。

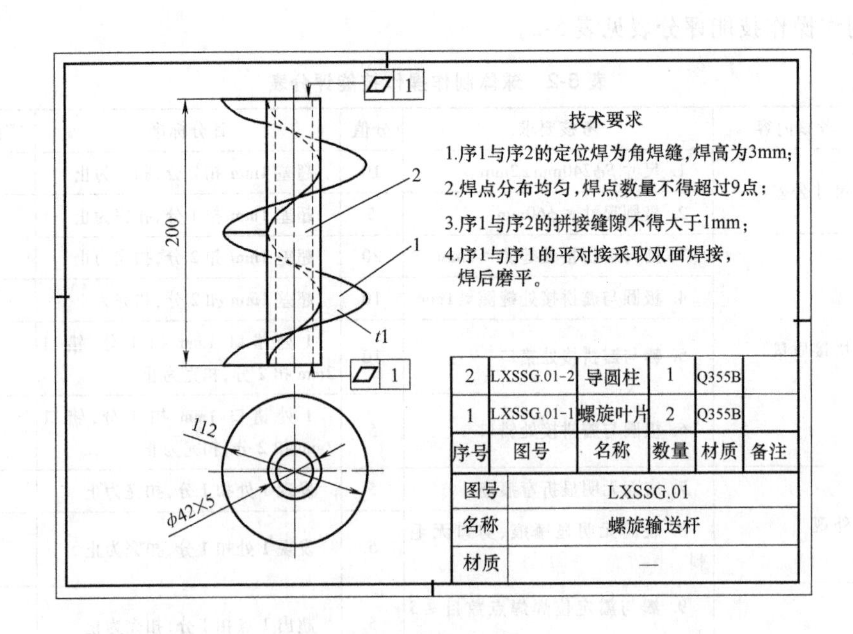

图5-31　螺旋输送杆

表 5-3 螺旋输送杆工艺过程卡

		艺卡-02	总 页	第 页			
徐工技师学院	工艺过程卡	产品型号	LXSSG. 01	零部件图号	LXSSG. 01	物料编码	
		产品名称	螺旋输送杆	零部件名称	螺旋输送杆	共 3 页	第 1 页
材料种类	—	材料牌号	—	材料规格	—	每毛坯件数	—
每台数量	1						

工序号	工序名称	工序内容	工作中心	设备	刃量工具	工艺装备	辅料	工时
1	划线	在序 2 上画出两条表面素线(180°对称)作为拼点序 1 的起始基准			200mm 高度划线尺			0. 10
2	拼点	以序 2 为基准拼点序 1,确保图样要求的平面度		NBC-350	锤子、钢卷尺			2. 00
3	整形							1. 00
	检							
		入库						

底图号

装订号

标记	处数	更改文件号	签 字	日 期	标记	处数	更改文件号	签 字	日 期	设计(日期)	审核(日期)	标准化(日期)	批准(日期)
										高大伟	刘晓	王军	郑磊

表 5-4　螺旋叶片工艺过程卡

						艺卡-02	总　页	第　页
徐工技师学院		工艺过程卡		产品型号	LXSSG. 01	零部件图号	LXSSG. 01-1	物料编码	
				产品名称	螺旋输送杆	零部件名称	螺旋叶片	共 3 页	第 2 页
材料种类	钢板	材料牌号	Q355B	材料规格	t1mm×150mm×150mm	每毛坯件数	1	每台数量	2

工序号	工序名称	工序内容	工作中心	设备	刃量工具	工艺装备	辅料	工时
1	放样	按图示尺寸展开放样并制作样板			绘图仪器		纸板	3.00
2	号料	按样板号料			划针			0.10
3	剪切	按号料线手工剪切下料			薄钢板剪刀			0.30
4	调平	包括修剪切毛刺			木锤、平锉			0.10
	检							
		拼成 LXSSG. 01						
底图号								
装订号								

标记	处数	更改文件号	签　字	日　期	标记	处数	更改文件号	签　字	日　期	设计(日期)	审核(日期)	标准化(日期)	批准(日期)
										高大伟	刘晓	王军	郑磊

表 5-5 导圆柱工艺过程卡

艺卡-02 总 页 第 页

徐工技师学院	工艺过程卡	产品型号	LXSSG. 01	零部件图号	LXSSG. 01-2	物料编码	
		产品名称	螺旋输送杆	零部件名称	导圆柱	共 3 页	第 3 页

材料种类	无缝管	材料牌号	Q355B	材料规格	ϕ42mm×5mm L=200mm	每毛坯件数	1	每台数量	1

工序号	工序名称	工序内容	工作中心	设备	刃量工具	工艺装备	辅料	工时
1	号料	L=200mm			钢直尺			0. 05
2	锯切	锯切下料 L=200mm		GB4028				0. 15
	检							
		拼成 LXSSG. 01						

底图号

装订号

标记	处数	更改文件号	签　字	日　期	标记	处数	更改文件号	签　字	日　期	设计(日期)	审核(日期)	标准化(日期)	批准(日期)
										高大伟	刘晓	王军	郑磊

二、任务描述

螺旋输送杆是圆柱形螺旋输送机的主要部件，是冷作工通过劳动部门高级工鉴定的备选技能题之一。该任务的实施，需要有较高的展开放样的水平，有过硬的手工制作技能，同时还要有群体作业配合的默契。通过细致的展开放样和严格的拼点装配，最终才能使完成的构件达到与图样要求的一致性。

三、学习目标

1）接受工作任务后，能识读产品图样和工艺。

2）在识读图样和工艺的基础上，能按 1∶1 比例绘制出螺旋杆的单线图。

3）通过螺旋面近似展开知识的学习，能独立地完成螺旋叶片的展开放样及样板制作。

4）在老师的指导下，能独立地进行号料、下料及构件的拼点。

5）在老师的指导下，能对已制作的螺旋输送杆进行检测。

四、相关知识

1. 螺旋面的近似展开

（1）螺旋线的形成及画法　螺旋线是工程上应用较广的空间曲线之一，螺旋线可以在不同的基面上形成，它分为圆柱螺旋线和圆锥螺旋线等，其中最常见的是圆柱螺旋线。

螺旋线是一个点运动的轨迹，当一个点沿着圆柱面的一条素线做匀速直线运动，同时素线绕着柱轴做匀速转动时，点的这种复合运动在空中的轨迹便形成了圆柱螺旋线，如图 5-32 所示。

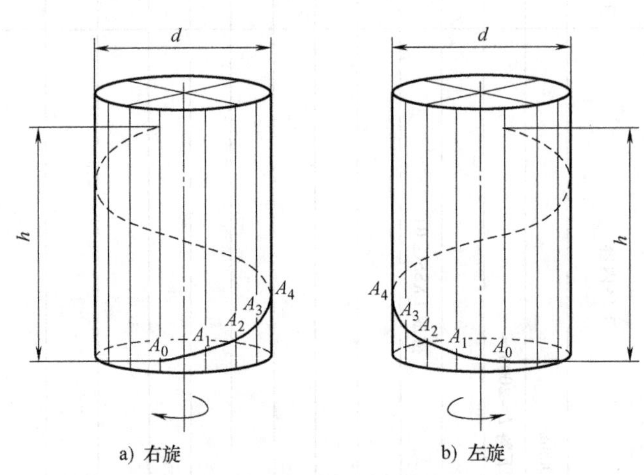

图 5-32　螺旋线的形成

图 5-32 中圆柱 d 被称为螺旋线的导圆柱；素线旋转一周，点在素线上移动的距离 h 称为导程。当点的移动方向不变、而素线的旋转方向不同，所产生的螺旋线便有了不同的旋向。导圆柱、导程和旋向是构成螺旋线的三要素。

当给定了圆柱螺旋线的三个基本要素时，可画出螺旋线的投影图，其画法如下：

1）首先根据已知条件画出导圆柱的主、俯视图（1∶1 的单线图），如图 5-33 所示。

2）在俯视图中将圆周等分 12 等份，在主视图中将圆柱高 h（即导程）也划分成相应等份，并过等分点作水平线，过俯视图中各等分点向上引投影线，与主视图中相应水平等分线相交得一系列交点，这些交点便是螺旋线在特殊位置的轨迹点，如图 5-34 所示。

3）顺序圆滑连接这些轨迹点，便得到圆柱螺旋线的主视图投影，圆柱螺旋线在俯视图中的投影是一个圆（投影积聚与导圆柱在水平投影面上重合），如图 5-35 所示。

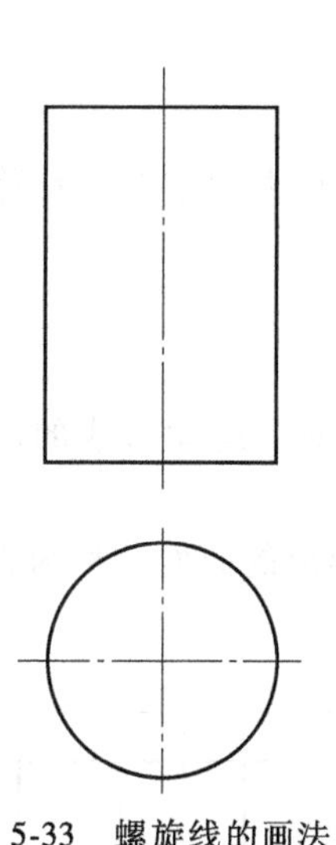

图 5-33　螺旋线的画法 Ⅰ
（导圆柱的主、俯视图）

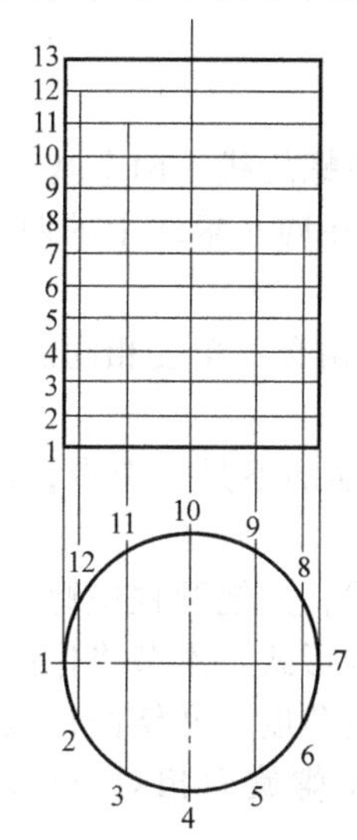

图 5-34　螺旋线的画法 Ⅱ
（螺旋线轨迹点）

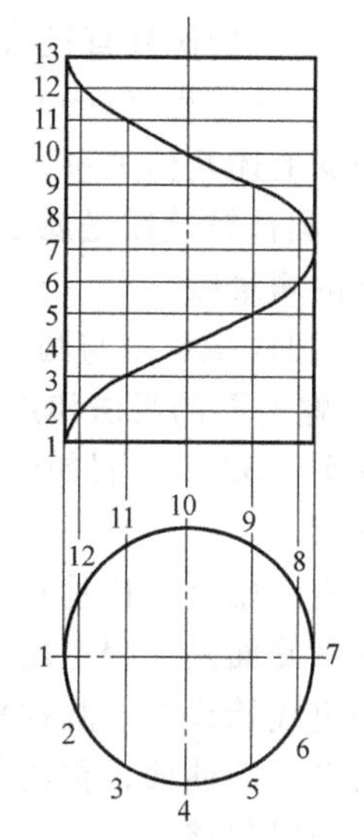

图 5-35　螺旋线的画法 Ⅲ
（螺旋线投影图）

（2）螺旋线的基本特性　图 5-36 所示为圆柱螺旋线展开后的图形。图中 α 角称为圆柱螺旋线的升角，β 角称为螺旋角，α 角和 β 角互为余角。

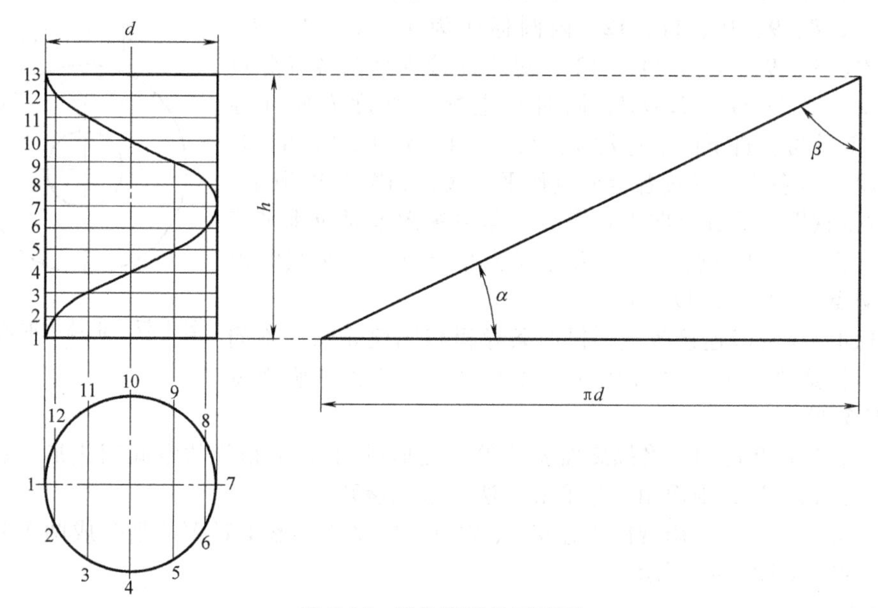

图 5-36　圆柱螺旋线展开图

根据圆柱螺旋线的形成规律，点在展开图中水平方向与垂直方向都是匀速运动，因此，圆柱螺旋线的展开为一直线。它是以导圆柱正截面圆周长 πd 和导程 h 为两直角边的直角三角形的斜边。

在一个导程内，圆柱螺旋线的长度

$$L=\sqrt{(\pi d)^2+h^2}$$

式中 L——螺旋线展开长（mm）；

d——导圆柱直径（mm）；

h——导程（mm）。

根据上述几何关系，可以得出圆柱螺旋线的两个基本特性：

1）圆柱螺旋线是属于圆柱表面不在同一素线上的两点之间最短距离的连线，也称为圆柱面上的测量线。

2）圆柱螺旋线与圆柱上任何素线相交，角度相同。

2. 螺旋面的画法和展开

在图 5-32 中，假如沿圆柱轴向运动的不是一个点，而是一条线时，运动形成的曲面称为螺旋面。

当直线始终保持垂直于导圆柱轴线，并绕圆柱做螺旋线运动时形成的曲面，称为正螺旋面。正螺旋面是工程上用得最多的一种形式，本节将作详细讲述。

当直线始终与导圆柱轴线保持一定角度，并绕圆柱做螺旋线运动时形成的曲面，称为斜螺旋面。斜螺旋面相对应用的较少，本章将予以忽略。

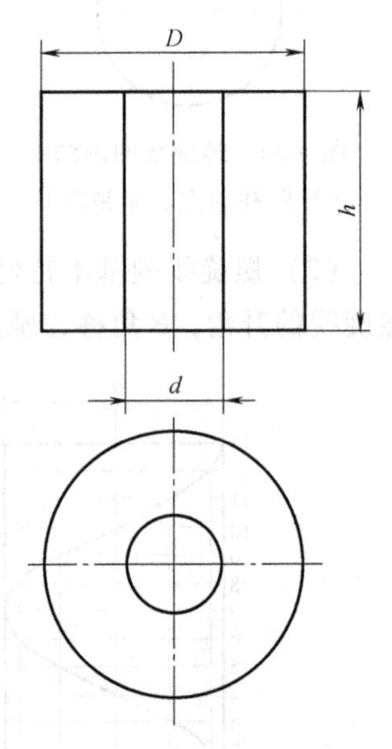

图 5-37　正螺旋面的展开 I

正螺旋面的画法及展开步骤如下：

1）根据给定条件 d、D、h 按 1∶1 比例画主、俯视图（单线图），如图 5-37 所示。

2）将俯视图内外圆周等分 12 等份，外圆标注为 1、2、3、4、5、6、7、8、9、10、11、12；内圆标注为 1′、2′、3′、4′、5′、6′、、7′、8′、9′、10′、11′、12′，对应连接内外圆各等分点 1-1′，2-2′，…，11-11′、12-12′；同时将主视图高度方向（导程）等分 12 等份，自下向上标注 1、2、3、4、5、6、7、8、9、10、11、12、13 各点，并过各等分点作平行线，如图 5-38 所示。

3）过俯视图各等分点向上作垂线，与主视图上对应水平等分线相交，得一系列交点（虚线为外螺旋线交点，细实线为内螺旋线的交点），如图 5-39 所示。

4）分别顺序圆滑连接各点，得两条导程相同但导圆柱不同的螺旋线，构成螺旋面（两导圆柱直径差的一半称为螺旋面宽度），如图 5-40 所示。

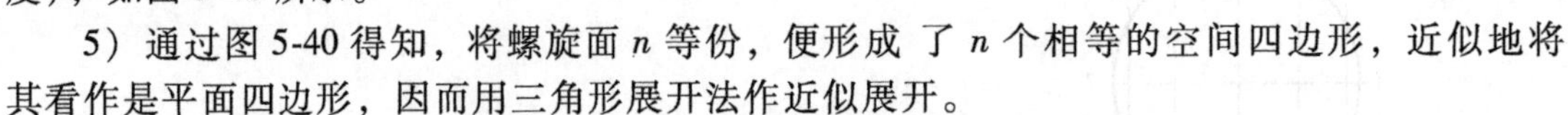

5）通过图 5-40 得知，将螺旋面 n 等份，便形成了 n 个相等的空间四边形，近似地将其看作是平面四边形，因而用三角形展开法作近似展开。

选取一等份，在主、俯视图中连接 1、2′点，即将四边形 1-1′-2′-2 划分成两个三角形 1-1′-2′和 1-2′-2，如图 5-41 所示。

6）线段分析：

图 5-41 中，线段 1-1′侧垂线在主、俯视图上反映实长。

线段 1-2′一般位置的直线需求实长。

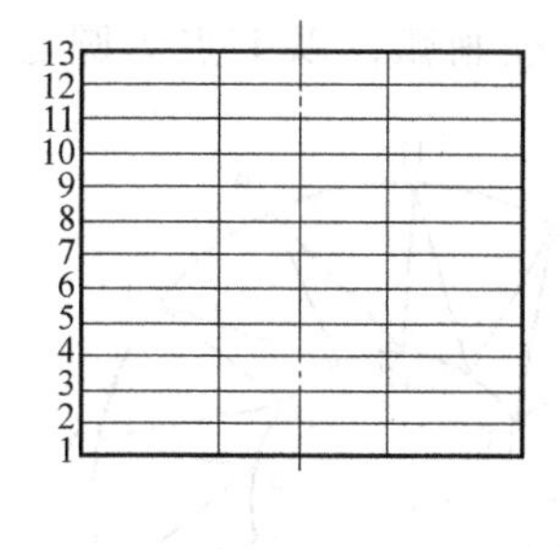

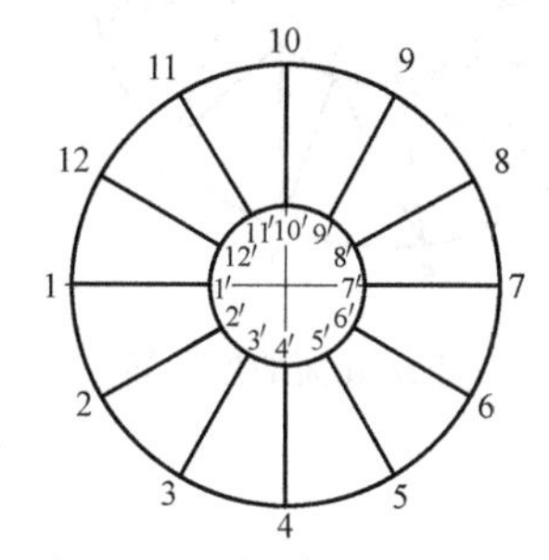

图 5-38　正螺旋面的展开Ⅱ

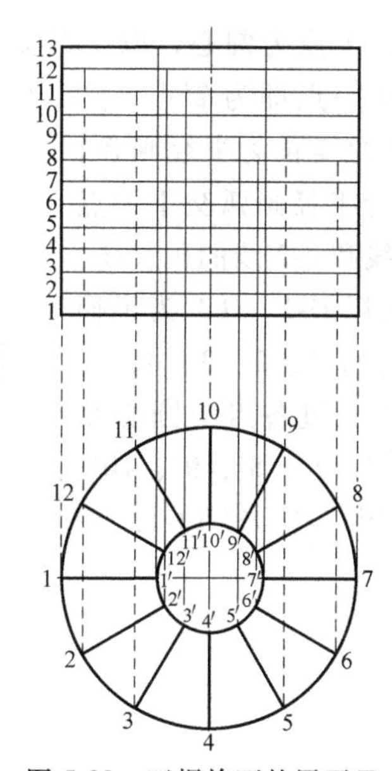

图 5-39　正螺旋面的展开Ⅲ

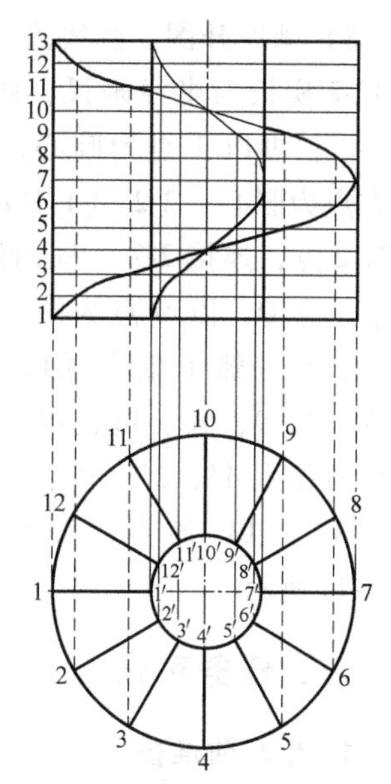

图 5-40　正螺旋面的展开Ⅳ

线段 1-2 一般位置的直线需求实长。

线段 1′-2′一般位置的直线需求实长。

线段 2-2′水平线在俯视图上反映实长。

7）求实长线（1-2′、1-2、1′-2′），如图 5-42 所示。

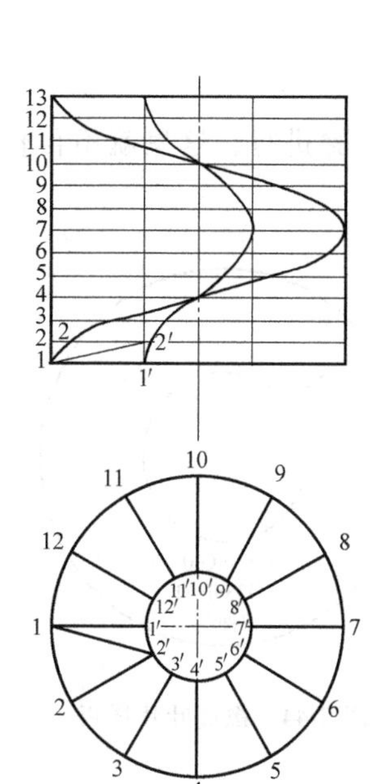

图 5-41　正螺旋面的展开Ⅴ

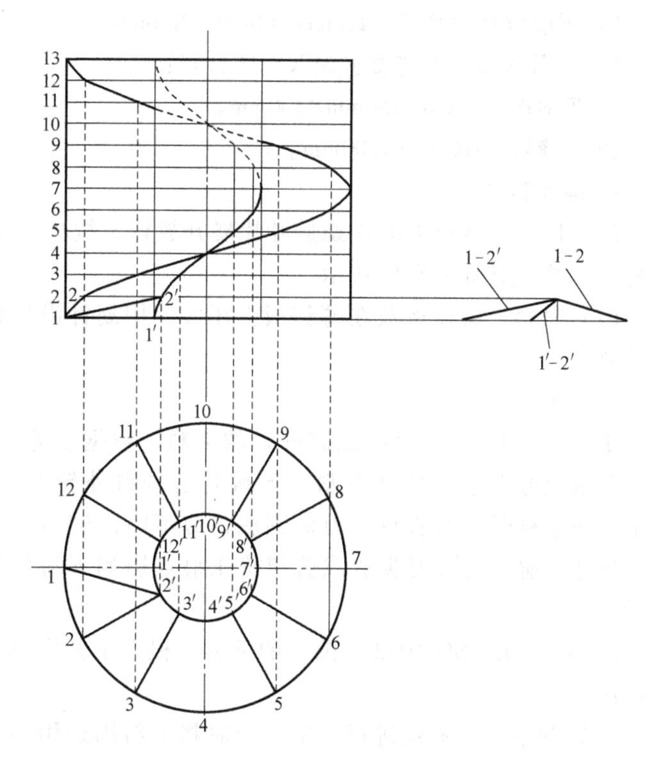

图 5-42　正螺旋面的展开Ⅵ

8）画展开图。画线段1-1′，以1点为圆心，以1-2′实长为半径画弧，以1′点为圆心，以1′-2′实长为半径画弧，两弧交于一点即为2′点，连接1-2′；再以1点为圆心，以1-2的实长为半径画弧，以2′点为圆心，2-2′（1-1′）实长为半径画弧交于一点即为2点，连接2-2′；同向作1-1′线和2-2′线的延长线，交于一点O，以O点为圆心，分别以O-1、O-1′为半径画弧，在外弧上依次截取12等份得1、2、3、4、5、6、7、8、9、10、11、12、13各点；过各点与圆心相连交内弧上1′、2′、3′、4′、5′、6′、7′、8′、9′、10′、11′、12′、13′各点，即得展开图1-1′-13′-13-1，如图5-43所示。

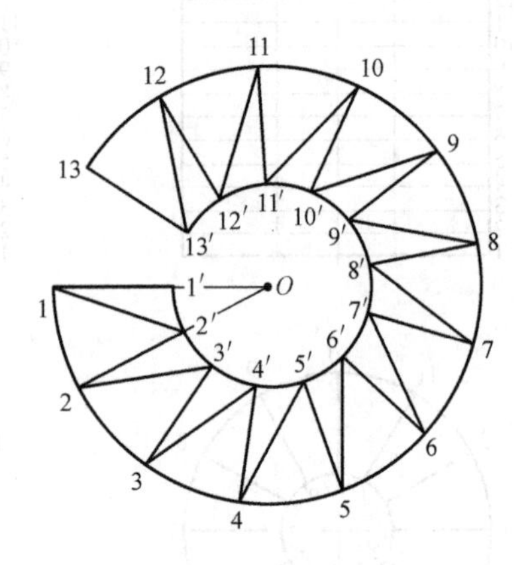

图5-43　正螺旋面的展开Ⅶ

五、任务实施

1. 生产前准备

（1）识读图样（图5-31）和工艺（表5-3~表5-5）。

（2）自备放样工具和量具　准备放样所用的三角板、圆规、铅笔、橡皮、剪刀等。

（3）领取构件制作工具与量具　领取划针、钢直尺、薄钢板剪刀、锉、木锤、钢卷尺等。

（4）领取纸板和材料

1）领取放样用纸板；t1mm×300mm×300mm。

2）根据图样、工艺要求领取相应材料：

① 薄钢板，t1mm×150mm×300mm。

② 无缝管，ϕ42mm×200mm。

2. 构件制作

（1）序1　LXSSG. 01-1螺旋叶片展开放样，按相关知识中的步骤进行，这里就不再作重复，其展开图如图5-44所示。

（2）号料　将样板放在薄钢板上压实，用划针沿样板轮廓号料。

（3）下料

① 序1　LXSSG. 01-1螺旋叶片的下料。根据工艺安排，采用薄钢板剪刀手工剪切下料。下料时沿号料外轮廓剪下。手工剪切下料时，不要将剪刀剪到底，应不断跟进剪刀一点一点地剪，避免因剪刀尖造成剪切挤压痕点影响下料件周边质量。

② 序2　LXSSG. 01-2导圆柱的下料。根据工艺安排，采用锯床下料。

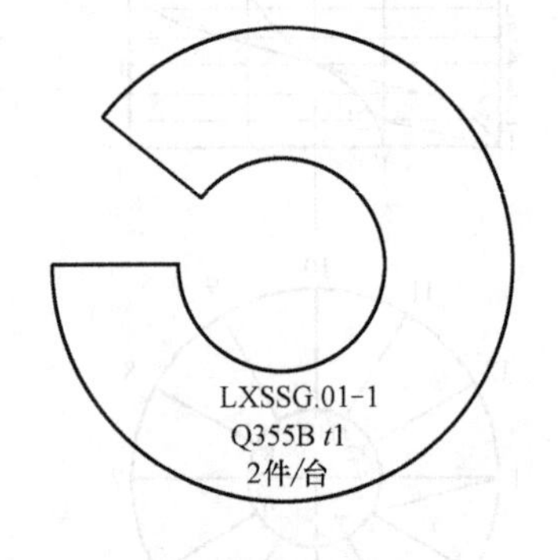

图5-44　螺旋叶片样板

（4）调平　用木锤进行调平。同时将下料周边用半圆锉和内圆磨修整圆滑。

（5）划线　在序2 LXSSG. 01-2导圆柱上画出两条表面素线（相邻180°），作为拼点的基准；再画出导程线，供拼点时作为参考线。

（6）拼点　以序2为基准拼点序1。拼点前将序1件自然上、下拉开，套入序2导圆柱上，并立放在工作台上，以序2上的表面素线为基准开始拼点序1，此时注意图样要求的平面度，在起始点实施定位焊；然后再用力自然上拉序1件，兼顾导程的距离，分段实施定位焊，根据图样技术要求，在距第1点的90°方向实施第2点的定位焊；依此类推完成拼点。定位焊位置点参考图5-45所示。

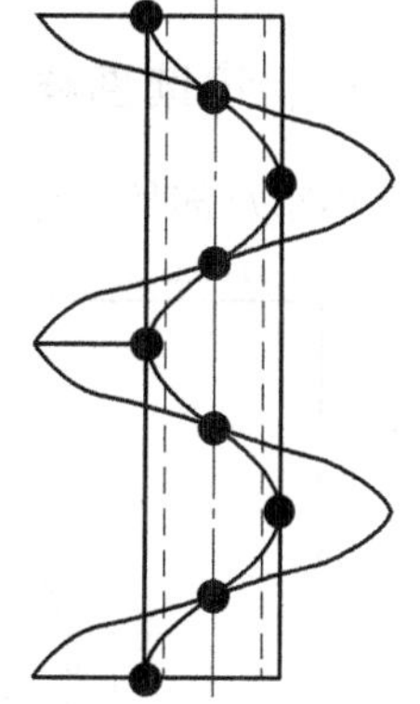

图5-45　定位焊位置

（7）整形　首先修整螺旋输送杆的上、下面的平面度，可用平锉或角磨机进行锉削或打磨，立放在平台上目测或用塞尺进行测量。

其次修整螺旋叶片的圆滑过渡，不得有明显的弯曲变形。修整时兼顾螺旋叶片上的螺旋线与导圆柱轴线的垂直，以目视观测。

（8）检验　按照图样、工艺进行自检。

六、操作技能评定

螺旋输送杆操作技能评定见表5-6。

表5-6　螺旋输送杆操作技能评分表

考核项目	考核内容	考核要求	分值	评分标准	实测	扣分
主要项目	尺寸公差	1. 尺寸200mm±1mm	10	超差1mm扣2分,扣完为止		
		2. 尺寸ϕ112mm±1mm	10	超差1mm扣2分,扣完为止		
		3. 尺寸ϕ42mm±1mm	5	超差1mm扣2分,扣完为止		
	几何误差	4. 上平面平面度误差≤1mm	10	超差1mm扣2分,扣完为止		
		5. 下平面平面度误差≤1mm	10	超差1mm扣2分,扣完为止		
	外观	6. 螺旋叶片表面无明显锤痕	5	发现1处扣1分,扣完为止		
		7. 下料周边圆滑、无毛刺	5	发现1处扣1分,扣完为止		
		8. 叶片与导圆柱的拼接缝隙≤1mm	10	发现1处超差扣2分,扣完为止		
	焊接质量	9. 焊点数目≤9点	5	超出1点扣1分,扣完为止		
		10. 焊点分布均匀	5	视均匀程度适当扣分		
		11. 定位焊无焊穿、开焊缺陷	5	发现1处缺陷扣1分,扣完为止		
		12. 叶片与叶片对接平整无焊接缺陷	10	视目测情况和缺陷数量适当扣分		
一般项目	工具的正确使用	13. 钢直尺、90°角尺、钢卷尺、划针、剪刀、锉、圆规、样冲的用法	5	发现一次不正确使用扣1分,扣完为止		
	操作熟练程度	14. 熟练程度	5	视熟练程度适当扣分		
生产现场	安全文明生产	15. 场地清洁,按规定穿戴劳保用品,工业垃圾随时清理,无安全隐患		按国家颁发的有关法规或企业自定有关规定,每违反一项从总分中扣除2分,发生重大事故实行一票否决		
合计得分						

任务三　小车制作

一、识读图样及工艺

小车及部件图样如图 5-46～图 5-50 所示，其工艺过程卡见表 5-7～表 5-14。

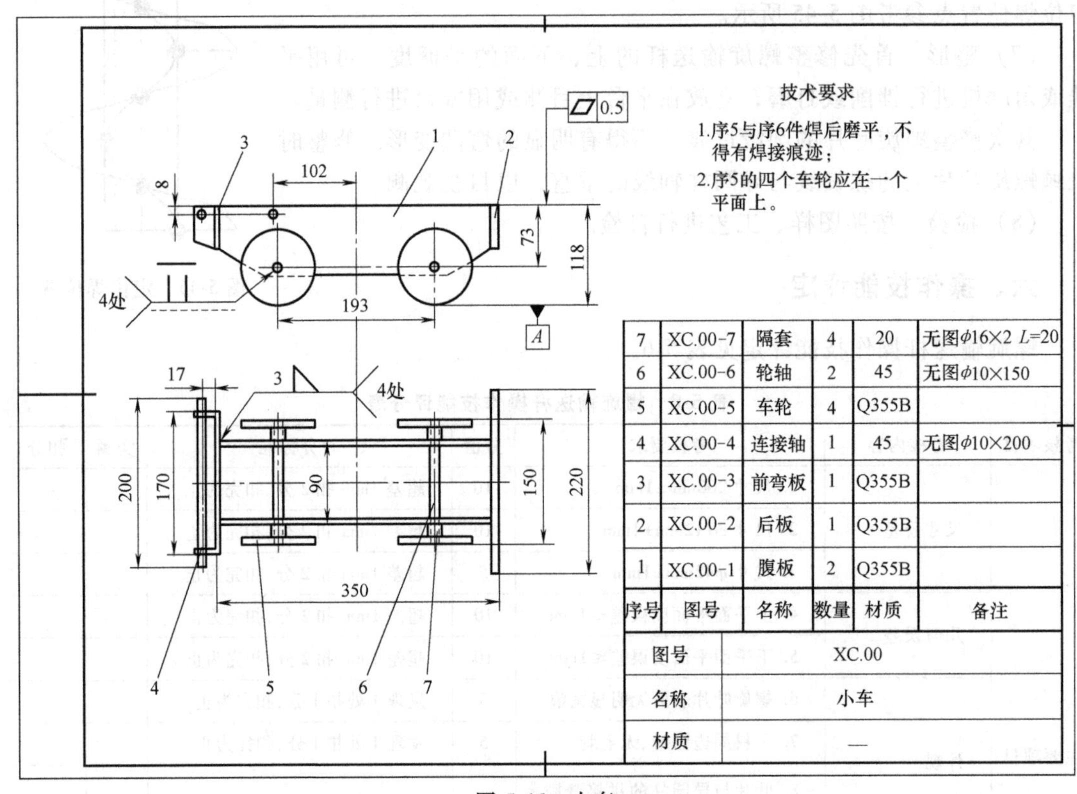

序号	图号	名称	数量	材质	备注
7	XC.00-7	隔套	4	20	无图$\phi16\times2$ L=20
6	XC.00-6	轮轴	2	45	无图$\phi10\times150$
5	XC.00-5	车轮	4	Q355B	
4	XC.00-4	连接轴	1	45	无图$\phi10\times200$
3	XC.00-3	前弯板	1	Q355B	
2	XC.00-2	后板	1	Q355B	
1	XC.00-1	腹板	2	Q355B	

图 5-46　小车

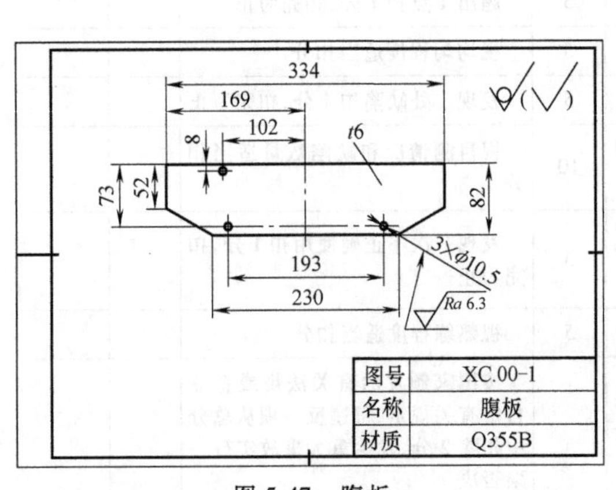

图 5-47　腹板

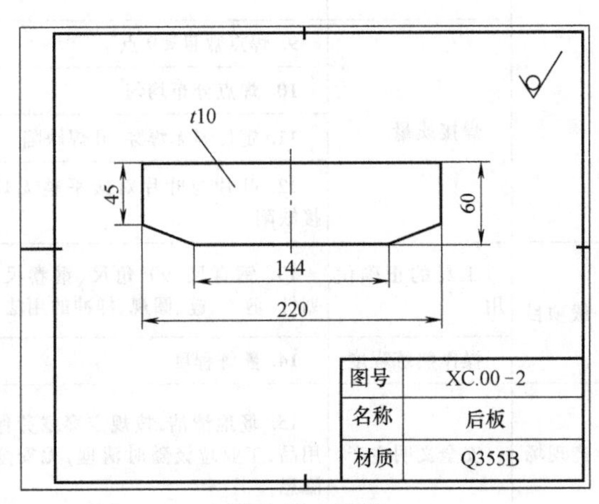

图 5-48　后板

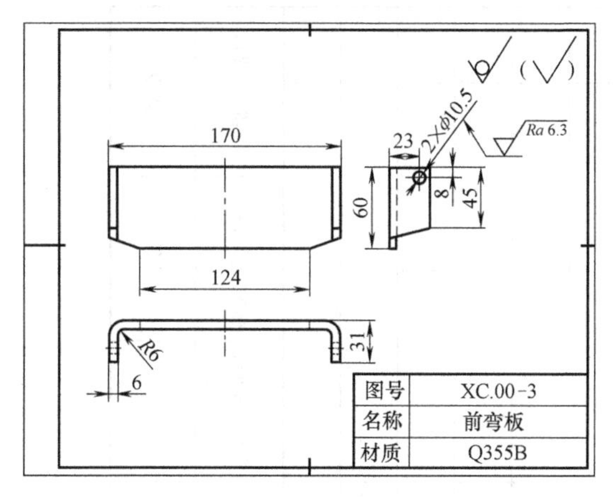

图 5-49　前弯板

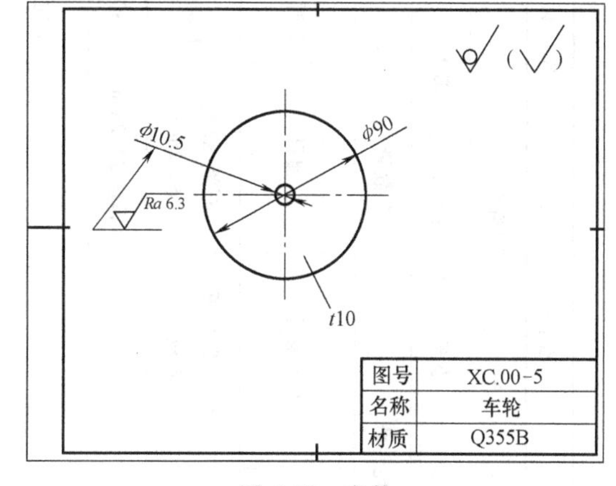

图 5-50　车轮

二、任务描述

该任务为第44届世界技能大赛建筑金属构造项目全国选拔赛题目，它主要涉及了金属结构的制作、组装及焊接等工作。它的制作需要识图、展开、放样、切割下料、弯曲、钻孔、拼点、焊接、整形、检验等技能。该件在制作过程中需重点控制的除所有尺寸精度外，还应保证相关的位置精度，以达到完工后的小车行走平稳。

三、学习目标

1）接受工作任务后，能提高阅读并理解图样、工艺及说明的能力。

2）能够按照图样、工艺要求在误差范围内，将不同厚度的材料进行切割加工。

3）根据图样、工艺要求，能够正确使用设备进行工件的弯曲与钻孔等。

4）能够依据图样、工艺要求制作零件并进行拼点、焊接、整形。

四、任务实施

1. 生产前准备

（1）识读图样（图5-46~图5-50）及工艺（表5-7~表5-14）。

（2）领取构件制作工具与量具　领取划针、钢规、钢直尺、锤子、样冲、平锉、割规、钢卷尺、90°角尺、高度划线尺、卡兰、90°弯板、芯板、ϕ10.5mm钻头、300mm游标卡尺等。

（3）领取材料

1）领取钢板；Q355B *t*6mm×360mm×270mm。

2）领取钢板；Q355B *t*10mm×280mm×240mm。

3）领取圆钢：45# ϕ10mm　*L*=510mm

4）领取无缝管：20# ϕ16mm×2mm　*L*=100mm

2. 构件制作

（1）号料

1）序3。XC.00-3前弯板展开计算，并画出展开图。

表 5-7　小车工艺过程卡

艺卡-02　　总　页　　第　页

徐工技师学院	工艺过程卡	产品型号	XC.00	零部件图号	XC.00	物料编码	
		产品名称	小车	零部件名称	小车	共8页	第1页

材料种类	—	材料牌号	—	材料规格	—	每毛坯件数	—	每台数量	1

	工序号	工序名称	工序内容	工作中心	设备	刃量工具	工艺装备	辅料	工时
	1	拼点	放样拼点。以序1为基准拼点序2、序3；穿轴序6后拼点序5		NBC-350	90°角尺、钢卷尺、锤子	卡兰、90°弯板芯板	石笔、焊丝$\phi1.2$mm	1.00
	2	焊接	焊接各焊缝，序5与序6焊后磨平		NBC-350			焊丝$\phi1.2$mm	0.30
	3	整形	上下面的平面度和序1与序2的菱形，确保序1、序3上的孔同轴			90°角尺、钢卷尺、锤子			0.30
		检							
			入库						
底图号									
装订号									

标记	处数	更改文件号	签　字	日　期	标记	处数	更改文件号	签　字	日　期	设计（日期）	审核（日期）	标准化（日期）	批准（日期）
										高大伟	刘晓	王军	郑磊

表 5-8 腹板工艺过程卡

艺卡-02　　总　页　　第　页

徐工技师学院		工艺过程卡		产品型号	XC. 00	零部件图号	XC. 00-1	物料编码	
				产品名称	小车	零部件名称	腹板	共 8 页	第 2 页
材料种类	钢板	材料牌号	Q355B	材料规格	t6mm×334mm×82mm	每毛坯件数	1	每台数量	2

工序号	工序名称	工序内容	工作中心	设备	刃量工具	工艺装备	辅料	工时
1	号料	号外形，3×ϕ10. 5mm 孔不号			划针、钢直尺、90°角尺			0. 05
2	气割	手工气割下料		射吸式割炬				0. 10
3	调平	手工调平，包括棱边倒钝，外露割口处不得打磨			90°角尺、钢卷尺、锤子			0. 05
4	划线	划线 3×ϕ10. 5mm 孔位线			划针、高度划线尺、钢直尺、90°角尺、锤子、样冲			0. 05
5	钻孔	钻孔 3×ϕ10. 5mm		台钻	钻头 ϕ10. 5mm	台虎钳		0. 15
	检							
		拼成 XC. 00						

底图号

装订号

										设计(日期)	审核(日期)	标准化(日期)	批准(日期)
标记	处数	更改文件号	签　字	日　期	标记	处数	更改文件号	签　字	日　期	高大伟	刘晓	王军	郑磊

表 5-9　后板工艺过程卡

				艺卡-02	总　页	第　页
徐工技师学院	工艺过程卡	产品型号	XC. 00	零部件图号	XC. 00-2	物料编码	
		产品名称	小车	零部件名称	后板	共 8 页	第 3 页

材料种类	钢板	材料牌号	Q355B	材料规格	t10mm×220mm ×60mm	每毛坯件数	1	每台数量	1

工序号	工序名称	工序内容	工作中心	设备	刃量工具	工艺装备	辅料	工时
1	号料	号外形			划针、钢直尺、90°角尺			0.05
2	气割	手工气割下料		射吸式割炬				0.10
3	调平	手工调平，包括棱边倒钝，外露割口处不得打磨			90°角尺、钢卷尺、锤子			0.05
	检							
		拼成 XC. 00						
底图号								
装订号								

标记	处数	更改文件号	签　字	日　期	标记	处数	更改文件号	签　字	日　期	设计（日期）	审核（日期）	标准化（日期）	批准（日期）
										高大伟	刘晓	王军	郑磊

表 5-10 前弯板工艺过程卡

				艺卡-02	总 页	第 页		
徐工技师学院	工艺过程卡	产品型号	XC. 00	零部件图号	XC. 00-3	物料编码		
		产品名称	小车	零部件名称	前弯板	共 8 页	第 4 页	
材料种类	钢板	材料牌号	Q355B	材料规格	t6mm×212mm×60mm	每毛坯件数	1	每台数量 1

工序号	工序名称	工序内容	工作中心	设备	刃量工具	工艺装备	辅料	工时
1	号料	按展开号外形,2×ϕ10. 5mm 孔不号			划针、钢直尺、90°角尺			0. 05
2	气割	手工气割下料		射吸式割炬				0. 10
3	调平	手工调平,包括棱边倒钝,外露割口处不得打磨			90°角尺、钢卷尺、锤子			0. 05
4	弯曲	按图弯曲成形		WC67Y-100/3200	钢直尺、90°角尺钢卷尺			0. 15
5	划线	划线 2×ϕ10. 5mm 孔位线			划针、高度划线尺、钢直尺、90°角尺			0. 05
6	钻孔	钻孔 2×ϕ10. 5mm		台钻	钻头 ϕ10. 5mm			0. 10
	检							
		拼成 XC. 00						

底图号

装订号

标记	处数	更改文件号	签 字	日 期	标记	处数	更改文件号	签 字	日 期	设计(日期)	审核(日期)	标准化(日期)	批准(日期)
										高大伟	刘晓	王军	郑磊

表 5-11　连接轴工艺过程卡

				艺卡-02	总　页	第　页	
徐工技师学院	工艺过程卡	产品型号	XC. 00	零部件图号	XC. 00-4	物料编码	
		产品名称	小车	零部件名称	连接轴	共 8 页	第 5 页

材料种类	圆钢	材料牌号	45#	材料规格	ϕ10mm×200mm	每毛坯件数	1	每台数量	1

	工序号	工序名称	工序内容	工作中心	设备	刃量工具	工艺装备	辅料	工时
	1	号料	L=200mm			划针、钢直尺			0. 05
	2	锯切	手工锯切下料，L=200mm		手弓锯		台虎钳	弓锯条	0. 05
	3	调直	手工调直，包括棱边倒钝，锯口处不得打磨			锤子、平锉			0. 05
		检							
			拼成 XC. 00						
底图号									
装订号									

标记	处数	更改文件号	签　字	日　期	标记	处数	更改文件号	签　字	日　期	设计（日期）	审核（日期）	标准化（日期）	批准（日期）
										高大伟	刘晓	王军	郑磊

表 5-12　车轮工艺过程卡

			艺卡-02	总　页	第　页
徐工技师学院	工艺过程卡	产品型号	XC. 00	零部件图号	XC. 00-5
		产品名称	小车	零部件名称	车轮
物料编码		共 8 页	第 6 页		

材料种类	钢板	材料牌号	Q355B	材料规格	t10mm×90mm×90mm	每毛坯件数	1	每台数量	4

工序号	工序名称	工序内容	工作中心	设备	刃量工具	工艺装备	辅料	工时
1	号料	号圆 ϕ90mm 并在圆心处打上样冲，ϕ10. 5mm 孔不号			划针、钢直尺、划规、样冲、锤子			0. 05
2	气割	手工气割下料		射吸式割炬	割规			0. 10
3	调平	手工调平，包括棱边倒钝，割口处不得打磨			钢直板、锤子、平锉			0. 10
4	钻孔	钻孔 ϕ10. 5mm		台钻	钻头 ϕ10. 5mm	台虎钳		0. 10
	检							
		拼成 XC. 00						
底图号								
装订号								

标记	处数	更改文件号	签　字	日　期	标记	处数	更改文件号	签　字	日　期	设计（日期）	审核（日期）	标准化（日期）	批准（日期）
										高大伟	刘晓	王军	郑磊

表 5-13　轮轴工艺过程卡

艺卡-02　　总　页　　第　页

徐工技师学院	工艺过程卡	产品型号	XC. 00	零部件图号	XC. 00-6	物料编码	
		产品名称	小车	零部件名称	轮轴	共 8 页	第 7 页

材料种类	圆钢	材料牌号	45#	材料规格	ϕ10mm×150mm	每毛坯件数	1	每台数量	2

工序号	工序名称	工序内容	工作中心	设备	刃量工具	工艺装备	辅料	工时
1	号料	号成 $L=150_{-2}^{-1}$mm			划针、钢直尺			0.05
2	锯切	手工锯切下料，$L=150_{-2}^{-1}$mm		手弓锯		台虎钳	弓锯条	0.05
3	调直	手工调直，包括棱边倒钝，锯口处不得打磨			锤子、平锉			0.05
	检							
		拼成 XC. 00						
底图号								
装订号								

										设计(日期)	审核(日期)	标准化(日期)	批准(日期)
标记	处数	更改文件号	签　字	日　期	标记	处数	更改文件号	签　字	日　期	高大伟	刘晓	王军	郑磊

表 5-14 隔套工艺过程卡

				艺卡-02	总 页	第 页	
徐工技师学院		工艺过程卡		产品型号	XC. 00	零部件图号	XC. 00-7
				产品名称	小车	零部件名称	隔套
材料种类	无缝钢管	材料牌号	20#	材料规格	ϕ16mm×2mm $L=20$mm	每毛坯件数	1

物料编码	
共 8 页	第 8 页
每台数量	4

	工序号	工序名称	工序内容	工作中心	设备	刃量工具	工艺装备	辅料	工时
	1	号料	号成 $L=20_{-1}^{0}$mm			划针、钢直尺			0.05
	2	锯切	手工锯切下料，$L=20_{-1}^{0}$mm		手弓锯		台虎钳	弓锯条	0.05
		检							
			拼成 XC. 00						
底图号									
装订号									

										设计(日期)	审核(日期)	标准化(日期)	批准(日期)
标记	处数	更改文件号	签 字	日 期	标记	处数	更改文件号	签 字	日 期	高大伟	刘晓	王军	郑磊

① 展开料长计算：$L=170-12-12+(31-12)\times2+\pi(R+t/2)$

$$=146+38+3.14\times(6+6/2)\approx212(\text{mm})$$

② 画展开图：如图 5-51 所示。

2）Q355B *t*6mm 钢板号料。将同材质、同厚度的零件集中号料。根据工艺安排，均采取手工气割下料，为了确保手工气割下料后的零件与图样要求的一致性，加之零件的形状并不复杂，故在 Q355B *t*6mm 钢板上直接进行放样，并合理套排，零件号料不得借用原材料的料边，零件与料边须留有 5mm 搭边；零件与零件之间也均留有 10mm 的搭边。其套排图如图 5-52 所示，其中：

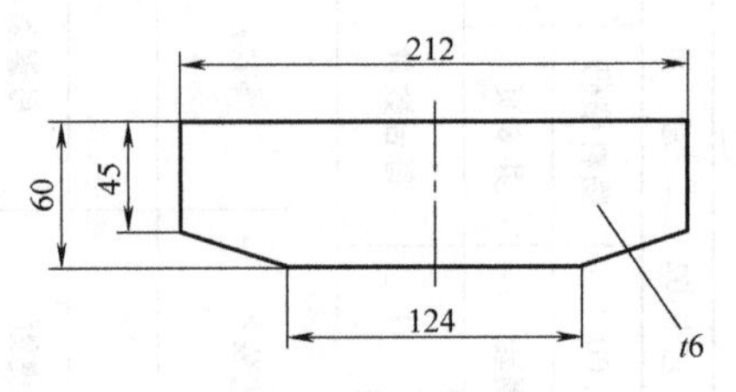

图 5-51　XC. 00-3 前弯板展开图

① XC. 00-1　腹板 2 件。

② XC. 00-3　前弯板 1 件。

3）Q355B *t*10mm 钢板号料。同 Q355B *t*6mm 号料一样，将同材质、同厚度的零件集中号料，故在 Q355B *t*10mm 钢板上直接进行放样，并合理套排，零件号料不得借用原材料的料边，零件与料边须留有 8mm 搭边；零件与零件之间也均留有 12mm 的搭边。其套排图如图 5-53 所示，其中：

① XC. 00-2，后板，1 件。

② XC. 00-5，车轮，4 件。

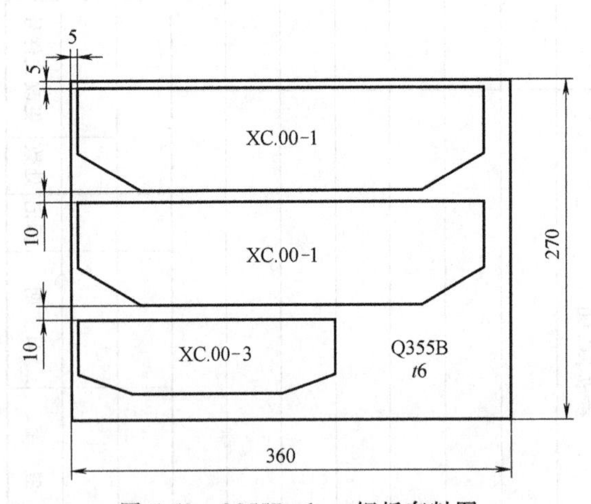

图 5-52　Q355B *t*6mm 钢板套料图

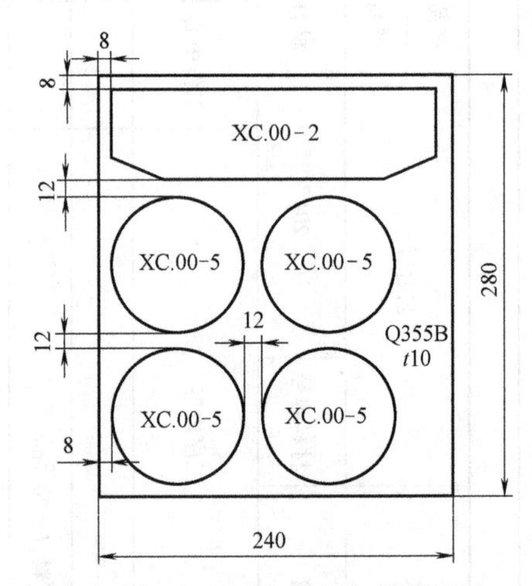

图 5-53　Q355B *t*10mm 钢板套料图

4）45# *ϕ*10mm 圆钢号料。圆钢号料时，若圆钢的端面平齐可直接进行长度号料，否则应先平头。为了避免出现积累误差，圆钢零件的号料应与锯切下料同步进行，即号 1 件锯 1 件，但应本着先长后短的原则依次进行号料、下料。其中 XC. 00-6 轮轴的号料应本着宁短不长，因其与 XC. 00-5 车轮拼点后采取的是填平焊，即使号（下）短一点也无妨，其数量如下：

① XC. 00-4，连接轴，$L=200$mm，1 件。

② XC. 00-6，轮轴，$L=150_{-2}^{-1}$mm，2 件。

5）20# ϕ16mm×2mm 无缝钢管号料。号料方法同圆钢号料，其数量如下：

XC. 00-7，隔套，$L=200_{-1}^{0}$mm，4 件。

（2）下料

1）板材下料。根据工艺安排，t6mm、t10mm 钢板均采取手工气割下料。根据板材厚度，选用 0#或 1#割嘴进行切割。为了切口质量和切割边的直线度，可采取利用挡块辅助进行切割，挡块距离切割线的位置为割嘴外直径的一半，再根据风线宽度予以修整其距离，避免因风线宽度影响造成下料后尺寸偏小或偏大。下料后所有外露边缘或外露面需保留火焰切割状态，并且不能进行打磨，也不能进行锤锻或者锉削。火焰切割边缘可以使用平锉修除尖锐边缘，即棱边倒钝，其值不得大于 0. 5mm。

切割 XC. 00-5 车轮时，可用割规进行切割。正式切割之前，应利用边角余料进行试割，量取样冲眼距离切割边的尺寸，来检查割规的定位距离是否正确，否则予以调整。

2）圆钢下料。根据工艺安排，ϕ10mm 圆钢下料均采取手工锯切下料。号 1 件锯 1 件。将工件夹持在台虎钳上，弓锯应保持与圆钢中心线垂直，以防锯口倾斜。

3）无缝钢管下料。下料方法同圆钢下料相同，但需注意的是，无缝钢管的管壁较薄，用台虎钳夹持时夹紧力不能过大，以防管子变形。

（3）弯曲　序 3 XC. 00-3 前弯板需进行弯曲。弯曲时不允许用定位挡板，均采取画线弯曲方式进行。

1）画弯曲线。根据展开料长的计算结果，在展开料上画弯曲线，如图 5-54 所示。

2）画对刀线。根据弯曲线画弯曲对刀线。因该件弯曲选用钩形上模（钩形上模 R 中心至端面的尺寸为 20mm），将弯曲线 1 向右位移 20mm；将弯曲线 2 向左位移 20mm，如图 5-55 所示。

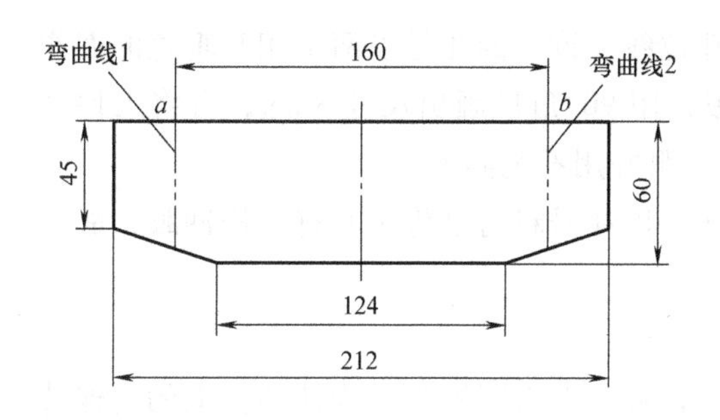

图 5-54　XC. 00-3 前弯板弯曲线

图中：$ab=170-12-12+\pi R/2=146+3.14\times9/2\approx160$（mm）

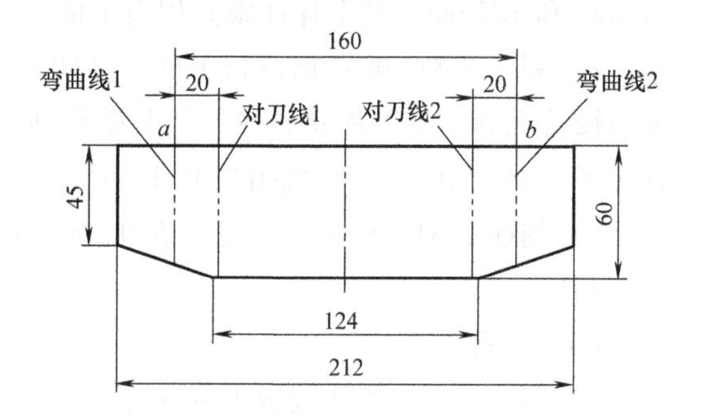

图 5-55　XC. 00-3 前弯板弯曲对刀线

3）选取弯曲模具。上模采用钩形上模；下模根据板材厚度与 V 字形的宽度比率约为 1∶8 的原则选取开口尺寸为 50mm 的下模。

4）安装上、下模。

5）试压。用同厚度的余料试压，检查上模行程和所弯件的曲率角度是否能满足工件弯曲的要求，否则要予以调整设备。

6）折弯。将工件放在凹模上，上模下落至上刀接近坯料，用 90°角尺（或自制 90°靠板）将工件上的对刀线 1 与上模端面对齐（对刀线两端对齐），脚踩脚踏板，完成弯曲线 1

的折弯；将工件转动 180°，用同样的方法完成弯曲线 2 的折弯。弯曲的同时用半径样板检查其弯曲 R 是否符合图样要求，否则予以修整。

（4）整形　将工件放在平台上，用 90°角尺检查两折弯边与底面的垂直度，如图 5-56 所示。

当折弯边大于 90°或小于 90°时均应进行整形，其整形方法如图 5-57 所示。当折弯边大于 90°时，锤击部位如图 5-57a 所示；当折弯边小于 90°时，锤击部位如图 5-57b 所示。

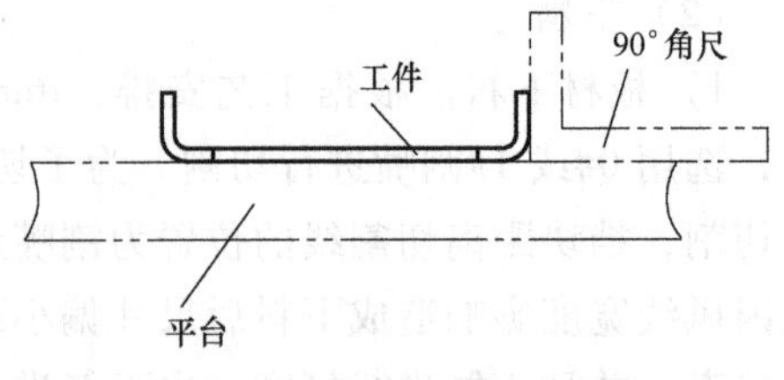

图 5-56　折弯边垂直度测量

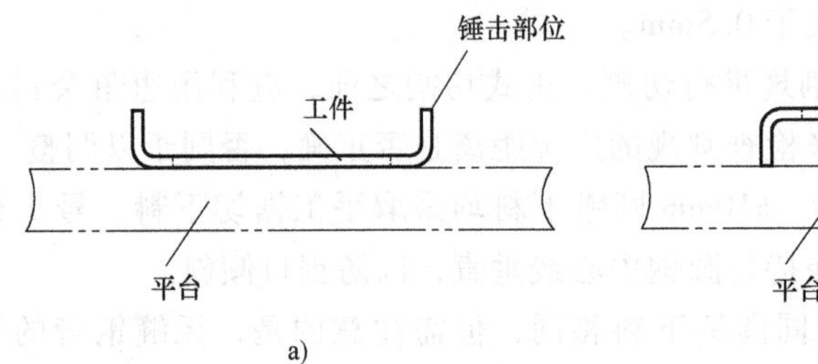

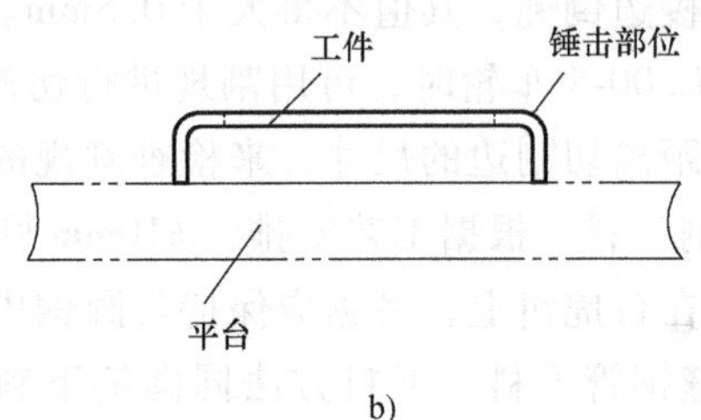

图 5-57　折弯边整形

（5）划线

1）划序 1 XC. 00-1 腹板上的 3×ϕ10. 5mm 孔位线。根据图样可以看出 3×ϕ10. 5mm 孔的位置是以上平面和中心线作为基准的，因此，应先画出其中心线；将工件倒立靠在 90°弯板上，用高度尺分别画出尺寸 8mm 和尺寸 73mm，再以所画的中心线作为基准画出尺寸 193mm 和 102mm，打上样冲眼并用石笔圈上。

2）划序 3 XC. 00-3 前弯板上的 2×ϕ10. 5mm 孔位线。该件的孔是以两个相互垂直的面作为画线基准的。将工件立放在平台上靠着 90°弯板，用 90°角尺画出尺寸 8mm；再将工件平放在平台上，用 90°角尺画出尺寸 23mm，打上样冲眼并用石笔圈上。

3）划序 5 XC. 00-5 车轮上的 ϕ10. 5mm 孔位线。因在号料时已将中心打上样冲眼，故可直接利用。

（6）钻孔

1）钻序 1 XC. 00-1 腹板上的 3×ϕ10. 5mm 孔。该件为左右对称件，为使两件上的孔保持在一条中心线上，可将两件合在一起进行钻孔，但必须保证两件的基准一致。钻孔时，钻头一定要与被钻孔平面垂直，否则，所钻的孔就会歪斜，影响其部件拼点。

2）钻序 3 XC. 00-3 前弯板上的 2×ϕ10. 5mm 孔。将工件夹持在台虎钳上进行钻孔，钻完一个孔后，再将工件翻转，用同样的方法钻另一个孔。钻孔时，钻头一定要与被钻孔平面垂直，否则，所钻的孔就会歪斜，造成序 4 连接轴不能穿入。

3）钻序 5 XC. 00-5 车轮上的 ϕ10. 5mm 孔。将工件夹持在台虎钳上进行钻孔，钻孔时，钻头一定要与被钻孔平面垂直，否则，所钻的孔就会歪斜，造成序 6 轮轴穿入困难或穿入后使该件歪斜。

以上钻孔完毕后，对所有钻的孔进行去毛刺，并对孔进行孔边倒钝，其值不得大于 0.25mm。

（7）放样和拼点

1）放样。在平台上进行拼点放样。从图样的俯视图上不难看出，应选取十字中心线作为放样基准。其放样图如图 5-58 所示。

2）拼点。为了保证拼点后小车上平面的平面度，采取倒装方式进行拼点。按放样图分别放上序 1、序 2、序 3，在序 1 件的一侧可借助 90°弯板来定位，在序 1 件与序 1 件之间可采用芯板来定位，序 2 件与序 3 件可采用卡兰或 F 钳来夹紧，但都必须保证各件与平台平面的垂直，测量拼点尺寸是否合格，否则予以调整。确认尺寸符合要求后实施定位焊。

穿入序 6 轮轴，套上序 7 隔套，拼点序 5 车轮。拼点时用宽座弯尺靠正车轮，保证车轮的平面与平台台面的垂直和车轮与车轮的平行，然后实施定位焊。

（8）焊接　按焊接工艺规范实施焊接，为防止工件焊后变形，其各焊缝的焊接顺序如图 5-59 所示。焊接时，要首先穿入序 4 连接轴，以免因焊接变形造成序 3 件上 2×ϕ10.5mm 孔不同轴；焊缝 5、6、7、8 为填平焊，焊接时要焊得略高于车轮平面，焊后用角磨机进行磨平。若局部焊得低于车轮平面，打磨后则会留下焊接痕迹。焊缝 1、2、3、4 处焊后清瘤，但焊缝严禁打磨。

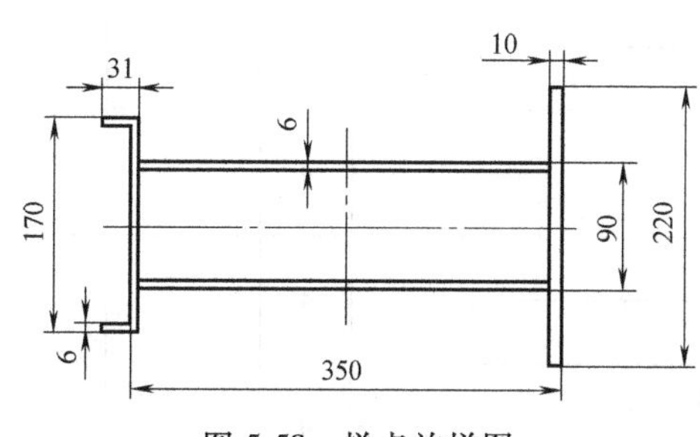

图 5-58　拼点放样图

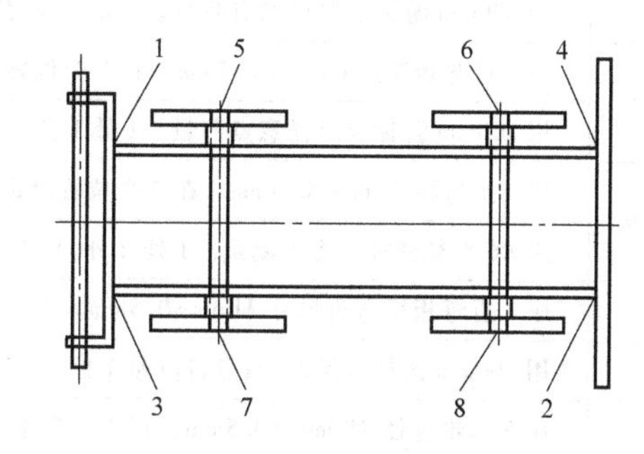

图 5-59　小车焊接顺序

（9）整形

1）整棱形。用测量对角线的方法检查车架是否出现棱形变形，若存在误差将车架倒置在平台上，在对角线尺寸较大的两个位置，一个位置放上挡块，用锤击打另一个位置，直至车架得到矫正。

2）整垂直度。将工件倒置在平台上，用 90°角尺检查序 1、序 2、序 3、序 5 是否与平台平面垂直，若存在误差，则予以矫正。用锤朝变形部位的反方向进行击打，矫正时还要兼顾单件的平面度或直线度，若对单个零件有影响，则该垂直度无法修复。

3）整序 3 件 2×ϕ10.5mm 孔的同轴度。穿上序 4 连接轴，若序 4 能顺利地穿入，说明两孔同轴；若穿入困难或穿入后连接轴转动不自如，均需进行矫正。将对孔与轴接触的部位朝反方向锤击。

（10）检验　按照图样、工艺进行自检。

五、操作技能评定

小车操作技能评定见表 5-15。

表 5-15　小车操作技能评分表

序号	检测要素	分值	实测尺寸	扣分
1	序 1 左板宽 82mm±0.5mm。在 2 个位置测量 用 300mm 游标卡尺任意点测量。1 处 1 分，共 2 分	2		
2	序 1 右板宽 82mm±0.5mm。在 2 个位置测量 用 300mm 游标卡尺任意点测量。1 处 1 分，共 2 分	2		
3	序 1 左板孔 ϕ10.5mm±0.25mm。在 1 个位置测量 用 150mm 游标卡尺任意点测量。1 处 2 分，共 2 分	2		
4	序 1 右板孔 ϕ10.5mm±0.25mm。在 1 个位置测量 用 150mm 游标卡尺任意点测量。1 处 2 分，共 2 分	2		
5	序 2 板长度 220mm±0.5mm。在 2 个位置测量 用 300mm 游标卡尺任意点测量。1 处 1 分，共 2 分	2		
6	序 2 板宽度 60mm±0.5mm。在 2 个位置测量 用 300mm 游标卡尺任意点测量。1 处 1 分，共 2 分	2		
7	序 3 折弯板长度 170mm±0.5mm。在 1 个位置测量 用 300mm 游标卡尺任意点测量。1 处 1 分，共 1 分	1		
8	序 3 折弯板宽度 60mm±0.5mm。在 2 个位置测量 用 300mm 游标卡尺任意点测量。1 处 1 分，共 2 分	2		
9	序 3 折弯板 *R*6mm±0.5mm。在 2 个位置测量 用 *R*6 半径样板任意点测量。1 处 2 分，共 4 分	4		
10	序 3 折弯板折弯边尺寸 31mm±0.5mm。在 2 个位置测量 用 300mm 游标卡尺左、右点各测量 1 处。1 处 2 分，共 4 分	4		
11	序 5 车轮直径 ϕ90mm±0.5mm。每 1 个车轮在 2 个位置测量 用 300mm 游标卡尺任意点测量。按轮计分，每轮 1 分，共 4 分	4		
12	序 4 连接轴长度 200mm±0.5mm。在 1 个位置测量 用 300mm 游标卡尺测量。1 处 1 分，共 1 分	1		
13	序 2-序 3 长度 350mm±0.5mm。在 2 个位置测量 用 500mm 游标卡尺在左、右测量。1 处 1 分，共 2 分	2		
14	序 1 与序 1 宽度 90mm±0.5mm。在 2 个位置测量 用 300mm 游标卡尺在前、后测量。1 处 1 分，共 2 分	2		
15	序 6 与序 6 轮轴前后距离 193mm±0.5mm。在 2 个位置测量 用 300mm 游标卡尺在左、右测量。1 处 1 分，共 2 分	2		
16	序 5 与序 5 的距离尺寸 150mm±0.5mm。在 2 个位置测量 用 300mm 游标卡尺在前、后测量。1 处 1 分，共 2 分	2		
17	序 1 与序 1 上部 ϕ10.5mm 孔的同轴度 用 ϕ10mm 轴穿入检查，轴不能顺利通过不得分。1 处 2 分，共 2 分	2		
18	序 1 高度尺寸 118mm±1.0mm。在前、后、左、右 4 个位置测量 高度测量——前后左右 4 点测量。1 处 1 分，共 4 分	4		

（续）

序号	检测要素	分值	实测尺寸	扣分
19	序 2 高度尺寸 118mm±1.0mm。在 2 个位置测量 高度测量——左、右 2 点测量。1 处 1 分，共 2 分	2		
20	序 3 高度尺寸 118mm±1.0mm。在 2 个位置测量 高度测量——左、右 2 点测量。1 处 1 分，共 2 分	2		
21	序 4 高度 115mm±1.0mm。在 2 个位置测量 高度测量——从轴两端测量。1 处 1 分，共 2 分	2		
22	序 1 与基准 A 的垂直度≤0.5mm。共 4 件 用宽座弯尺和塞尺测量，每件任意测量 1 处，1 处 1 分，共 4 分	4		
23	序 2 与基准 A 的垂直度≤0.5mm。在 2 个位置测量 用宽座弯尺和塞尺测量，左右测量 2 处，1 处 1 分，共 2 分	2		
24	序 3 与基准 A 的垂直度≤0.5mm。在 2 个位置测量 用宽座弯尺和塞尺测量，左右测量 2 处，1 处 1 分，共 2 分	2		
25	序 5 与基准 A 的垂直度≤0.5mm。共 4 件 用宽座弯尺和塞尺测量，每件测量 1 处，1 处 1 分，共 4 分	4		
26	序 1、序 2、序 3、序 5 焊后上平面的平面度≤0.5mm 将件倒置在平台上，用塞尺测量，发现 1 处不符合要求均不得分	1		
27	序 2 与序 3 的对角线误差≤1mm 超差不得分	1		
28	序 1 火焰切割切口垂直度≤0.5mm。在 2 个位置测量。共 2 件 用 90°角尺在任意处测量，1 处不符合不得分，棱边倒钝>0.5mm 或未倒钝均不得分	2		
29	序 1 火焰切割割纹深度≤0.5mm，共 2 件 目测检查，超差不得分，有切割豁口不得分，切口有打磨痕迹不得分	2		
30	序 2 火焰切割切口垂直度≤0.5mm。在 2 个位置测量 用 90°角尺在任意处测量，1 处不符合不得分，棱边倒钝>0.5mm 或未倒钝均不得分	1		
31	序 2 火焰切割割纹深度≤0.5mm 目测检查，超差不得分，有切割豁口不得分，切口有打磨痕迹不得分	1		
32	序 3 火焰切割切口垂直度≤0.5mm。在 2 个位置测量 用 90°角尺在任意处测量，1 处不符合不得分，棱边倒钝>0.5mm 或未倒钝均不得分	1		
33	序 3 火焰切割割纹深度≤0.5mm 目测检查，超差不得分，有切割豁口不得分，切口有打磨痕迹不得分	1		
34	序 4 连接轴两端面锯口平齐。2 处 锯口不平齐或有打磨痕迹或棱边未倒钝不得分。1 处 1 分，共 2 分	2		
35	序 5 火焰切割切口垂直度≤0.5mm。每件在 2 个位置测量，共 4 件 用 90°角尺在任意处测量，1 处不符合不得分，棱边倒钝>0.5mm 或未倒钝均不得分	4		
36	序 5 火焰切割割纹深度≤0.5mm。共 4 件 目测检查，超差不得分，有切割豁口不得分，切口有打磨痕迹不得分	4		

（续）

序号	检测要素	分值	实测尺寸	扣分
37	序5与序6填焊饱满并磨平，不得有痕迹，共4件	4		
	目测和触摸检查，不平或有痕迹不得分			
38	序1与序2焊接质量—外观检测—焊缝轮廓，焊道尺寸，焊趾熔合，规定尺寸。共2处	2		
	评估可见的焊缝长度，外观检测缺陷如夹渣、气孔、未熔合，起弧收弧处缺陷，咬边，裂纹，工具痕，飞溅等			
39	序1与序3焊接质量—外观检测—焊缝轮廓，焊道尺寸，焊趾熔合，规定尺寸。共2处	2		
	评估可见的焊缝长度，外观检测缺陷如夹渣、气孔、未熔合，起弧收弧处缺陷，咬边，裂纹，工具痕，飞溅等			
40	小车行走平稳	4		
	移动小车观察平稳程度，视平稳程度适当扣分			
41	序4连接轴穿入序3件后转动自如	4		
	用手转动连接轴观察转动情况，视转动平稳程度适当扣分			
42	按规定时间完成工件制作	4		
	提前不加分，超时5分钟扣1分，依此类推。超时20min以上做弃权处理			
43	安全生产无事故	—		
	出现安全事故实行一票否决			
合计得分：				

参考文献

[1] 孟广斌. 冷作工工艺与技能训练 [M]. 北京：中国劳动社会保障出版社，2001.
[2] 王长忠. 焊工工艺与技能训练 [M]. 北京：中国劳动社会保障出版社，2006.
[3] 秦荣健. 钳工工艺与技能训练 [M]. 北京：中国劳动社会保障出版社，2011.
[4] 机械工业职业技能鉴定指导中心. 高级冷作工技术 [M]. 北京：机械工业出版社，2005.
[5] 杨老记，马英. 机械制图 [M]. 北京：机械工业出版社，2010.